현장 중심의

영양교육과 상담

NUTRITION EDUCATION AND COUNSELING

현장 중심의 ————

영양교육과 상담

서정숙 · 이보경 · 이혜상 · 이수경 · 이윤나 · 정상진 · 김원경 지음

교문사

머리말

우리나라는 저출산과 고령화라는 사회인구적 변화를 관통하며 건강수명의 중요성을 체험적으로 배워가고 있다. 기대수명뿐만 아니라 건강수명의 연장이 국민 개인 삶의 질을 보장하며, 나아가 사회와 국가의 건강성을 담보한다. 건강수명을 늘리는 것은 여러 분야가 함께 움직여야 달성할 수 있는데, 식생활 개선을 통한 바람직한 영양상태 유지는 건강수명으로 가는 가장 기본이 되는 디딤돌이다. 늘어나는 수명과 함께 건강에 이로운 식생활에 관한 관심도 높아지고 있으나 식품 환경이 매우 복잡해지고 있으며 변화방향이 반드시 건강에 이롭다고만은 할 수 없다. 이러한 상황에서 국민이 본인에게 맞는 식품선택과 식생활을 할 수 있도록 돕는 중재 방법 중 영양교육과 영양상담이 더욱 중요해지고 있다.

이에 《현장 중심의 영양교육과 상담》은 현장에서 영양교육과 영양상담을 실행함에 도움이 되도록 구성하였다. 먼저, '영양상담' 부분을 강화하였다. 우리나라에서 영양교육의 역사는 길고, 이제 많은 경험이 쌓이고 있으며 관련 연구가 진행되고 있다. 그러나 영양상담은 현실적으로 시간과 영역이 제한적이다. 그러다 보니 영양상담 교육에도 어려움이 있는 듯하다. 학생들이 영양상담을 기초적인 수준에서 실시할 수 있도록 내용을 구성하였다. 또한, 영양교육과 영양상담을 진행하면서 기본적인 식품영양학 지식의 단순 전달이 아닌 식행동 변화를 이끌어 낼 수 있기를 기대하며, '식행동의 이해'를 배우고, 사회건강이론을 잘 이해하여 영양교육과 영양상담에 활용할 수 있도록 관련 장과 내용을 배치하였다. 각 장에서 배운 내용을 경험적으로 학습할 수 있도록 활동을 제시하여, 학생들이 수업내용을 되집어 이해하고 활용해볼 수 있도록 하였다.

이 책은 기존 《영양교육과 상담》을 계승하였다. 영양교육과 상담에 대한 토대가 무척 부족했던 과거에 영양교육과 상담 교재 기틀을 잡아주신 박영숙 교수님과 이정원 교수님께 깊은 감사를 드린다. 이 책의 장별 저자는 1장 서정숙·이수경, 2장 정상진, 3장과 4장 이수경, 5장 정상진, 6장 이보경·김원경, 7장 김원경, 8장 이윤나, 9장 정상진, 10장 이윤나, 11장 김원경, 12장 이혜상·이윤나, 13장 김원경이다. 새 교재로써 아직 미흡하고 아쉬운 부분이 많으나 앞으로 계속 내용을 수정하고 보완하여 훌륭한 교재로 거듭날 수 있도록 하겠다. 이 책이 나오도록 애써주신 교문사에 깊은 감사를 드린다.

2021년 8월
저자 일동

차례

PART

1

영양교육과 상담의 기초

CHAPTER 1
영양교육과 상담의 개요

CHAPTER 2
식행동의 이해

CHAPTER 3
영양교육 및 상담 이론

CHAPTER 4
영양교육 및 상담을 위한 대상자 진단

CHAPTER 6
영양교육의 과정 II- 방법

PART
2
영양교육

CHAPTER 7
영양교육의 과정 III – 매체와 미디어 활용

CHAPTER 5
영양교육의 과정 I – 계획

CHAPTER 8
영양교육의 과정 IV- 평가

PART

3

영양상담

PART

4

영양교육의 실제

CHAPTER 13
생애주기별 영양교육 : 성인 및 노인

영양교육과
상담의 기초

CHAPTER 1

영양교육과 상담의 개요

학습목표

- 영양교육과 영양상담을 설명할 수 있다.
- 우리나라에서 영양교육과 영양상담의 필요성이 커지고 있는 이유를 설명할 수 있다.

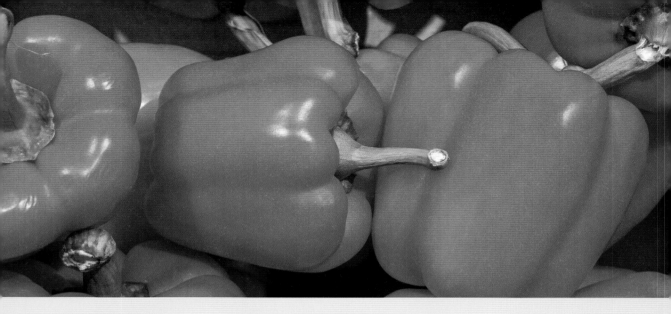

현대 한국에서 공식적인 영양교육은 한국전쟁 직후 영양불량이 만연하였을 때 영양가 높은 식품을 많이 먹도록 하는 목표를 가지고 진행한 농촌진흥청의 노력이 시작이었을 것이다. 현재의 영양교육은 균형 잡힌 식생활을 통한 건강증진이라는 격세지감을 느끼게 하는 목표를 가지고 다양한 교육 도구와 방법으로 여러 대상에게 실시되고 있다. 그에 비해 영양상담은 주로 임상에서 실시되어 왔고, 이제 비임상 영역으로 넘어오기 시작하였다. 이 장에서는 영양교육과 영양상담이 무엇이고, 왜 필요한지를 알아보겠다.

1. 영양교육과 영양상담

'먹는다'는 행위는 생존을 위한 에너지와 영양소를 제공하는 반드시 필요한 생물학적 행위임과 동시에 다양한 감정, 태도, 상황 등을 제공하는 사회문화적 행위이기도 하다. 그러므로 식품과 음식 그리고 식사에 관한 관심은 태초부터 꾸준히 있었고 지금은 더욱 활발하고 다양하게 나타나고 있다. 다양한 식품과 음식을 먹는 행위를 아우르는 식생활은 건강에 영향을 미치는 주요 요인 중 하나이며 누구도 부인하지 못하는 중요한 현대사회 이슈이다. 사람들은 건강에 이로운 식생활을 실천해야 한다는 것은 알고 있지만, 많은 사람이 실행하고 나아가 유지하지 못하고 있는 실정이다. 즉, 지식이 실천으로 연결되지 않는 것이다. 건강에 이로운 식생활로의 이행을 할 수 있도록 하는 방법에는 여러 가지가 있겠으나, 영양교육과 영양상담은 지식과 기술을 제공하고 태도 변화를 이끌어내어 자신에게 적합한 식생활을 알고 실천할 수 있도록 돕는 중요하고 가장 많이 활용되는 방법이다.

영양교육은 개인이나 집단이 바람직한 식생활을 실천하는 데 필요한 지식(knowledge)을 이해하고, 학습한 지식을 식생활에서 실천하려는 태도(attitude)로 변용해서, 스스로 행동(behavior)으로 연결할 수 있도록 도와주는 과정이다. 저명한 영양교육 전문가인 콘텐토(Contento)는 영양교육을 좀 더 넓게 정의하기도 하는데 영양교육은 "건강과 웰빙을 위한 식품선택과 기타 식품영양관련 행동을 자발적으로 실천하도록 동기부여를 하고 그 과정을 촉진하는 교육전략의 종합이며, 반드시 자발적 실천이 가능한 환경지원이 함께 이루어져야 한다"고 강조한다. 즉, 변화는 피교육자가 자발적으로 일으켜야만 하는 것이지만, 잘 계획된 영양교육은 그 변화과정을 더 빠르고 효과적으로 진행할 수 있게 돕는다. 주의할 점은 영양교육은 단순히 영양정보를 전달하는 것이 아니며 동기부여, 성장, 변화를 이루어내는 과정이라는 것이다. 근래에는 영양교육이라는 용어가 이러한 의미를 잘 표현하지 못한다 하여 '사회와 행동변화를 위한 소통(social and behavior change communication, SBCC)' 혹은 '식품영양소통과 교육(food and nutrition communication and education, FNCE)'라는 용어를 쓰기도 한다.

영양상담은 내담자가 영양전문가와 함께 스스로 식생활의 문제를 파악하여 문제 해결 방법을 모색하고 식생활 변화를 일으켜 건강한 삶을 누릴 수 있도록 하는 일련의 과정이다. 영양상담은 상담자와 한 명의 내담자가 일대일로 진행되기도 하고 상담자와 여러 명의 내담자가 함께 집단으로 진행되기도 한다. 영양교육과 영양상담의 차이점은 영양상담이 내담자가 스스로 문제를 인식하고 식생활 변화를 일으키고 유지할 수 있도록 하며, 내담자 주도적이며 내담자와 상담자 사이에 지속적인 상호작용을 통해 진행되는 점이다.

2. 영양교육과 영양상담의 의의

영양교육과 영양상담은 대상자가 자발적으로 건강증진에 필요한 식생활 변화를 실행하고 유지하도록 하는 것을 목적으로 한다. 이를 통해 대상자는 바람직한 식생활을 영위하게 되며, 본인에게 적절한 에너지와 영양소를 섭취하게 되고 결과적으로 영양상태가 개선된다. 이렇게 개선된 영양상태는 만성퇴행성 질환을 예방하고 면역체계 강화를 통해 감염성 질환 발병을 예방하게 된다. 즉, 건강상태를 최선의 상태로 유지하여 삶의 질을 높이게 된다.

　위와 같은 개인 수준의 의의와 더불어 사회적, 국가적 의의도 중요하다. 국민이 건강상태를 최선의 상태로 유지하면 의료 비용을 절감할 뿐만 아니라 국가 생산력도 증대된다. 이는 국가 사회경제 상태 개선으로 이어지며, 나아가 국민의 복지 향상에 이바지하여 국민 전체 삶의 질을 높이게 된다.

⊕ **영양교육**

개인이나 집단이 바람직한 식생활을 실천하는 데 필요한 지식(knowledge)을 이해하고, 학습한 지식을 식생활에서 실천하려는 태도(attitude)로 변용해서, 스스로 행동(behavior)으로 연결할 수 있도록 도와주는 과정

⊕ **영양상담**

내담자가 영양전문가와 함께 스스로 식생활의 문제를 파악하여 문제 해결 방법을 모색하고 식생활 변화를 일으켜 건강한 삶을 누릴 수 있도록 하는 일련의 과정

⊕ **영양교육과 영양상담의 목적**

대상자가 자발적으로 건강증진에 필요한 식생활 변화를 실행하고 유지하도록 함

3. 영양교육과 영양상담의 필요성

우리나라 주요 질환이 보건위생 상태와 식량 사정 개선으로 전염병에서 식생활과 관련이 높은 만성퇴행성질환으로 이동이라는 보건의료적 이유뿐만 아니라, 인구 사회학적 변화, 식문화와 식생활 환경 변화 등 다양한 이유로 영양교육과 영양상담 수요는 점점 커지고 있다.

1) 질병구조의 변화

세계적으로 식량부족으로 영양상태가 좋지 않았고, 보건위생상태가 나빠 결핵, 콜레라와 같은 감염성 질환이 주요 사망원인이던 시절에서 현재는 녹색혁명을 통한 식량증산과 보건위생상태 개선, 의료발달에 힘입어 **만성퇴행성 질환이 주요 사망원인**으로 떠올랐다. 우리나라 역시 현재 주요 사망원인은 만성퇴행성 질환이다(그림 1-1). 남녀 모두 암이 독보적인 사망원인 1위이다. 한국인 10대 사망원인을

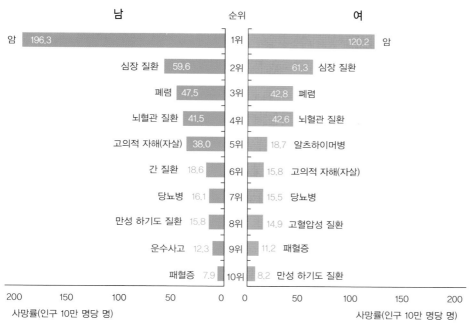

그림 **1-1**
한국인 10대
사망원인

자료 : 통계청. 2019년 사망원인통계 보도자료(2020)

살펴보면 암, 심장 질환, 뇌혈관 질환, 당뇨병, 고혈압성 질환 등 모두 식생활과 관련이 높은 질환이다. 즉, 식생활 개선을 통해 발병을 예방하거나 늦출 수 있는 질환이라는 것이다. 그러므로 건강에 바람직한 식생활 변화를 일으킬 수 있는 영양교육과 영양상담의 역할이 중요하다.

2020년에 일어난 COVID-19 팬데믹은 감염성 질환의 무서움을 다시 한번 일깨워주었다. 또한, 균형 잡히고 안전한 식생활은 감염성 질환의 예방에 필수적인 요소임 역시 다시 확인하였다. 영양상태가 좋지 않으면 면역계가 활발하지 못하여 감염에 취약하고, 감염 이후에도 발병으로 이어질 가능성이 높아진다. COVID-19과 같은 감염성 질환이 생활과 건강에 미치는 영향이 지대하지만, 만성퇴행성 질환의 중요성이 낮아진 것은 아님을 기억해야 한다. 즉, 식생활과 밀접하게 연관된 만성퇴행성 질환 예방과 관리를 위하여, 감염성 질환으로부터 보호를 위하여 영양교육과 영양상담은 앞으로 필요성이 더 높아질 것이다.

2) 인구사회적 변화

우리나라는 지난 몇십 년간 저출산과 고령화라는 급격한 **인구구조 변화**를 겪었다. 65세 이상 고령인구가 2017년에 전체인구 14%가 넘어 '고령사회'로 진입하였고 2020년 현재 고령인구가 15.7%이다. 고령인구비율은 계속 증가세여서 그림 1-2에서 보는 바와 같이 2026년이면 전체 인구 20% 이상이 고령인구인 초고령사회에 진입할 것으로 예상된다.

만성퇴행성 질환은 대체로 성인기 후반부터 발병하므로 고령인구비율이 높다는 것은 전체 인구 중 만성퇴행성 질환을 가진 인구가 많다는 뜻이다. 만성퇴행성 질환 대부분은 치유방법이 아직 개발되지 않았고 관리방법을 통해 진행을 최대한 늦추는 의료서비스가 제공되고 있음을 생각하면 영양교육과 영양상담의 역할은 뚜렷하다. 즉, 영양교육과 영양상담을 통하여 영양관리를 잘하면 만성퇴행성 질환이 발병한 후 예후를 잘 관리하고 삶의 질을 담보할 수 있게 된다.

가임기 여성을 대상으로 건강한 식생활을 영위하도록 하여 본인과 2세의 건강을 지키며, 건강하게 태어난 2세가 건강한 식습관을 형성하며 평생 건강의 기초를 다지도록 영양교육과 영양상담이 필요하다. 아동기, 청소년기를 거쳐 독립적

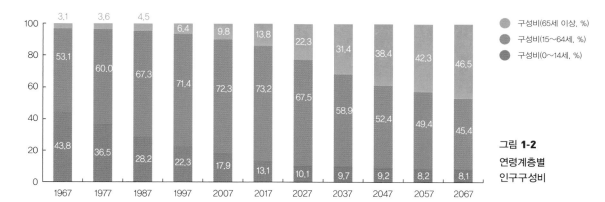

그림 1-2
연령계층별
인구구성비

- 2017년 현재 15~64세 생산연령인구는 전체인구의 73.2%(3,757만 명), 65세 이상 고령인구는 13.8%(707만 명), 0~14세 유소년인구는 13.1%(672만 명)를 차지하고 있습니다.
- 2067년 생산연령인구는 45.4%, 고령인구는 46.5%, 유소년인구는 8.1%를 차지할 것으로 예측됩니다.

자료 : 통계청, 장래인구추계(2021)

식생활을 완성하는 성인기까지 건강한 식습관을 확립하여 만성퇴행성 질환의 발병을 최대한 늦추도록 한다. 이후 노인기에는 만성퇴행성 질환이 더 진행되지 않도록 식생활을 관리하며 노쇠를 예방할 수 있도록 영양교육과 영양상담을 실시해야 한다.

인구구조 고령화를 이끈 중요한 두 가지 변화는 **저출산**과 **기대수명 증가**이다. 합계출산율이 1970년 4.53명에서 2019년에는 0.92명으로 지속적으로 떨어져 출생통계 작성이래 최저치를 기록하였으며 저출산 현상은 지속될 것으로 보인다. 기대수명은 1970년에 62.3세였으나 2019년에는 83.3세로 길어졌다. 즉, 태어나는 아이수는 계속 적어지고, 태어난 사람의 수명은 늘어나므로 필연적으로 고령화가 일어날 수 밖에 없으며, 앞으로도 당분간 지속될 것이다.

기대수명 증가와 함께 중요성이 대두된 것은 **건강수명**이다. 건강수명은 "기대수명 중 질병이나 부상으로 고통받은 기간을 제외한 건강한 삶을 유지한 기간"이다. 그림 1-3에서 보는 것처럼 2011년부터 기대수명은 꾸준하게 증가하고 있으나 건강수명은 오히려 감소추세에 있다. 즉, 더 오래 살지만, 그 기간을 건강하지 않은 상태에서 보내게 되는 셈이다. 이는 개인적으로는 삶의 질을 떨어트리는 중요한 요소이며, 사회와 국가적으로는 의료비용증가와 더불어 사회 역동성을 낮추게 되어 바람직하지 않다. 그러므로 기대수명의 증가와 더불어 건강수명을 높이는 것

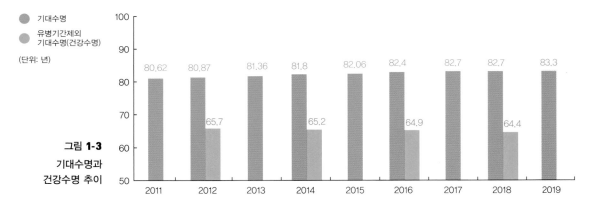

그림 1-3
기대수명과
건강수명 추이

자료 : 통계청. 생명표(2020)

이 절대적으로 필요하며 건강한 식생활 실천은 매우 중요한 요소이다. 즉, 건강한 식생활 실행과 유지를 위해 영양교육과 영양상담이 그 역할을 해야 한다.

근래에 중요해진 사회적 변화는 **1인 가구**의 대두이다. 혼자 사는 1인 가구는 2019년에 전체 가구 중 30.2%를 차지하여 세 개 가구 중 한 가구가 1인 가구일 정도로 증가하였다(그림 1-4). 20대와 30대가 많지만, 여성의 경우 60세 이상 인구에서도 상당한 인구가 혼자 살고 있다(그림 1-5). 1인 가구의 증가는 전통적인 가족의 해체를 나타내며, 식생활도 가족 중심에서 개인 중심으로 이동하게 되었다. 대체로 1인 가구는 다른 형태의 가구에 비해 가공식품 섭취가 높고 채소섭취는 낮은 등 상대적으로 건강한 식생활 실천이 낮은 경향을 보인다. 점점 비중이

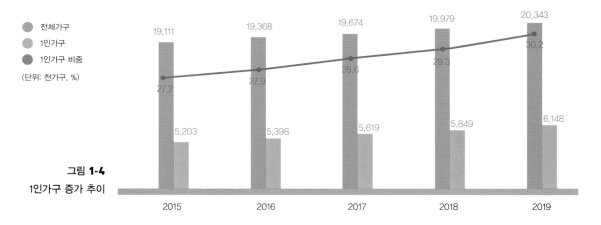

그림 1-4
1인가구 증가 추이

자료 : 통계청. 2020 통계로 보는 1인가구 보도자료(2020)

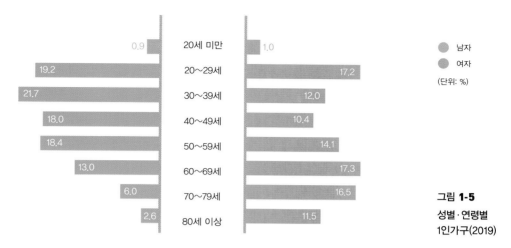

자료 : 통계청, 2020 통계로 보는 1인가구 보도자료(2020)

그림 **1-5**
성별·연령별
1인가구(2019)

계속 높아지고 있는 1인 가구 건강관리가 향후 한국사회의 건강에 중요하므로
이들을 위한 맞춤형 영양교육과 영양상담 필요성이 높아지고 있다.

3) 식생활 변화

한국인의 식품소비 트렌드는 크게 변화하였고 앞으로도 변화할 것이다. 식품이
부족하던 시절에는 식품섭취량 증가로 영양부족에서 벗어나는 건강한 식생활로
의 이행이었으나, 사회경제 수준이 높아진 현재는 오히려 건강한 식생활에서 벗
어나는 변화도 보인다(그림 1-6). 채소류와 과일류 섭취는 해마다 감소하고 있지
만, 음료류는 같은 기간 비약적인 증가세를 보였다. 또한, 동물성 식품이 전반적
으로 증가하고 있어 주의를 요구한다. 세계적으로 많이 보고되고 있는 **숨겨진 기근**
(hidden hunger)라 불리는 미량 영양소 섭취 불량으로 이어질 수 있는 식품섭취
추이라고 하겠다.

또한, 과거에는 가정식 위주의 식생활이었으나 현재는 **가정 외에서 식품섭취** 비
중이 전체 식품섭취 절반 혹은 그 이상을 차지할 정도로 매우 높다. 한국인은 외
식 등 상업적으로 준비된 식사로부터 하루 총섭취에너지 중 약 28%의 에너지를
섭취한다고 한다. 가정 외에서 준비된 외식 추이는 방문 외식빈도가 다소 낮아지
고 배달 외식빈도가 높아지고 있다. 또한, 한국 소비자의 외식 선택이 가성비 위

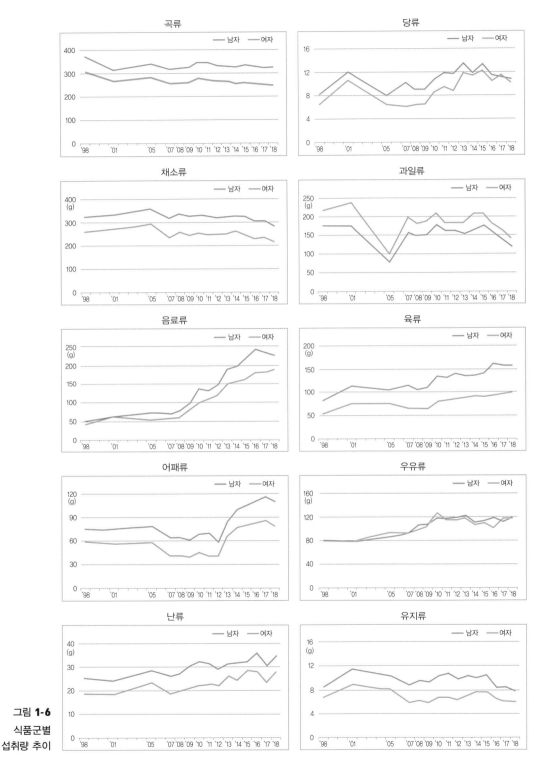

그림 1-6
식품군별
섭취량 추이

자료 : 질병관리청, 국민건강영양조사(2019)

주에서 기호나 친환경 등 가치 지향적으로 바뀌고 있다고 한다. 가정 내에서 먹더라도 실질적인 외식인 배달음식, 밀키트, HMR(home meal replacement) 등이 강세를 이루고 있다. 한 연구에 따르면 가공식품으로부터 에너지와 영양소 섭취 정도를 알아본 연구에 의하면 한국 성인의 하루 총 식품섭취량 중 가공식품 섭취량이 원재료식품 섭취량보다 많았고, 에너지와 영양소 섭취량도 많았다. 나트륨의 경우 가공식품에서 96.3%를 섭취하고 있었다. 그러므로 더욱 다양해지고 풍족한 식품 환경 속에서 **건강한 식품선택**이 더욱 중요해졌으며, 영양교육과 영양상담은 올바른 식품선택을 촉진할 수 있다.

4) 영양정책 변화

우리나라는 1990년대에 치료중심이던 보건의료체계에 질병 예방과 **건강증진을 위한 정책**을 펴가기 시작했다. 이를 위해서는 국민이 건강증진을 위한 활동을 할 수 있는 환경조성과 정책 입안 및 실행과 더불어 건강한 식생활이나 신체활동과 같은 자신의 건강관리를 할 수 있는 지식과 기술 교육에 대한 필요성이 대두되었다. 이 무렵부터 저소득층에게 의료서비스를 제공하던 보건소가 건강증진 활동을 주로 하는 기관으로 거듭나게 되었고, 서울시 성북구 보건소를 필두로 영양사가 배치되기 시작했다.

영양사 면허제도는 1962년 식품위생법 제정과 함께 법제화되어 1964년에 영양사면허증이 발급되었다. 1990년대 보건정책이 건강증진으로 전환되면서 2000년대에 다양한 영양정책이 활발하게 만들어졌다. 2006년에 초·중등교육법 개정으로 **영양교사**가 일선 학교에 배치되기 시작하였고, 저소득층 임산부 및 영유아를 위한 보충영양관리사업인 **영양플러스사업**이 시범사업을 거쳐 2008년에 전국사업으로 전환되었다. 어린이 식생활의 안전을 도모하기 위한 **어린이식생활안전관리특별법**이 2008년에 제정되고 2009년에 시행되었다. 이 특별법은 **영양표시제**를 획기적으로 확장하고 있고 **어린이급식관리지원센터**를 설립하여 어린이급식안전 및 교육을 도모하고 있다. 2009년에 농림수산식품부는 **식생활교육지원법**을 제정하여 가정, 학교, 지역사회에서 식생활교육을 활성화하고자 노력하고 있다. 2010년에는 기념비적인 **국민영양관리법**이 제정되고 시행되었다. 국민영양관리법의 목적은 '체계적인 국가영양정책을 수립·시행함으로써 국민의 영양 및 건강증진을 도모하고 삶의 질 향상에 이바지하는 것'이다. 국민영양관리법은 또한 **임상영양사**제도의 기반을 마련하였다.

이렇게 1990년대 이후 다양한 영양정책이 새롭게 만들어지고 실행될 수 있었던 배경에는 앞에서 본 여러 가지 사회변화가 함께 작용하였음은 두말할 나위 없다. 영양정책이 이루고자 하는 국민의 영양 및 건강 증진을 위해서는 국민에게 영양정보를 제공하고 건강한 식생활을 기반으로 하는 영양관리가 필요하다. 영양교육과 영양상담은 이를 위한 실행방법 중 중요한 부분을 차지하고 있다. 따라서 1990년대 이후 영양교육과 영양상담의 필요성은 계속 확장되고 있다.

4. 영양교육과 영양상담의 현재와 미래

1) 영양교육과 영양상담의 현재

영양교육은 다양한 대상들과 함께 다양한 곳에서 이루어지고 있다. 가장 어린 대상자에게 영양교육을 실시하고 있는 기관은 어린이급식관리지원센터이다. 2011년에 처음 문을 연이래 200여개의 센터가 전국에서 운영되고 있는데, 유아들을 대상으로 건강한 식습관과 식문화에 대하여 교육을 하고 있다. 초·중등학교에는 영양사와 영양교사가 배치되어 학교급식을 통해 건강한 식사를 실천적으로 학습할 수 있는 기회를 제공하고 재량시간을 활용한 영양교육을 실시하고 있다. 성인들은 보건소 건강증진 프로그램 일환으로 영양교육을 받을 수 있으며, 직장인의 경우 직장 건강관리 프로그램에서 영양교육을 접할 수도 있다. 영양플러스사업은 임산부를 대상으로 한 영양교육을 실시하여 괄목할 만한 성과를 내왔다. 노인은 보건소 프로그램을 통해 영양교육을 받을 수 있다.

영양상담이 가장 많이 이루어지고 있는 곳은 아마도 병원과 보건소일 것이다. 임상영양사 면허를 가진 영양전문가가 각종 질환에 필요한 식생활 변화를 일으키고 유지하기 위한 상담을 진행하고 있다. 보건소에서는 영양사가 대사증후군이나 만성퇴행성질환 예방 및 관리를 위해 영양상담을 실시하고 있다. 어린이급식관리지원센터에서 학부모와 유아 식생활에 대하여 상담을 실시하기 시작하였고, 영양교사는 학교에서 학생들과 영양상담을 하고 있다. 또한, 동네의원과 같은 1차 의료기관에서 만성퇴행성질환의 효율적인 관리를 위하여 영양사 케어코디네이터가 영양상담을 제공하고 있다.

이러한 국가기관이나 산하단체 외에도 영양교육이나 영양상담이 비즈니스 영역에서 유료서비스로 제공되고 있다. 체중관리를 목적으로 하는 회사들이 영양교육과 영양상담을 기본 서비스 중 하나로 제공하고 있다.

2) 앞으로의 전망

앞으로 영양교육과 영양상담의 필요성은 지속적으로 높아지고 기회도 늘어날 것으로 예상된다. 현재 4차 혁명이 진행되면서 일어날 것으로 예상하던 변화가 COVID-19으로 당겨져 현실화하고 있듯이 영양교육과 영양상담도 사회변화에 맞추어 적합하게 변화하고 효과를 높일 수 있도록 개선되어야 할 것이다. 예상할 수 있는 변화 방향을 아래에 요약해보았다.

1. 4차 혁명이 가져오는 **기술혁명을 활용하는 영양교육과 영양상담**이 되어야 한다. 이미 스마트폰 애플리케이션을 기반으로 개인의 유전정보를 활용한 맞춤형 건강서비스를 제공하는 회사들이 있고 계속 생겨날 것으로 예상된다. 또한, COVID-19으로 인하여 감염병 예방을 위해 비대면 영양교육이 2020년과 2021년에 획기적으로 늘어났으며, 비대면 교육참가의 편리성과 경제성 등으로 인하여 COVID-19 팬데믹이 종료되어도 비대면 영양교육 수요는 일정 정도 지속될 것으로 생각한다. 이렇듯, 영양교육과 영양상담도 발달하는 기술을 적극적으로 활용하는 방향으로 발전되어야 시대에 맞는 서비스를 제공할 수 있다.
2. 인터넷의 보급으로 정보에 대한 접근이 쉬워졌기 때문에 영양교육과 영양상담은 정보제공이나 지식전달에 머물러서는 안 되며 **식생활 변화를 이끌어낼 수 있는 방법을 제시**할 수 있어야 한다. 이를 위해서 영양사는 과학적 사실,

영양학적 지식을 잘 습득하여 전달하는 능력을 갖춤과 동시에, 식품, 음식, 식문화 그리고 사람과 사회에 대한 이해를 높이는데 게을리하지 말아야 한다. 그래야 대상자에게 필요한 영양교육이나 영양상담을 생활기반으로 제공할 수 있으며 식생활 변화를 이끌어낼 수 있다.

3. 관련된 모든 분야와 **연계하고 협력할 수 있는 영양교육과 영양상담**이 되어야 한다. 현대사회는 지속적으로 세분화, 전문화되어 왔지만, 그로 인해 소비자인 인간이 소외되고 있다는 비판이 있다. 서비스 제공자가 먼저 되는 것이 아니라 대상자를 중심으로 필요한 서비스를 파악하고 제공되도록 하는 통합이 활발하게 논의되고 있다. 그러므로 영양교육과 영양상담도 앞으로 통합의 영역에서 실시될 것이며, 이를 위해서는 다양한 분야의 전문가와 통합의 영역에서 필요한 식생활 변화를 이야기할 수 있는 소통능력이 필요할 것이다.

ACTIVITY

활동 1　다양한 기관과 프로그램에서 영양교육을 실시하고 있다. 어떤 영양교육이 이루어지고 있는지 찾아보고 주제, 대상, 방법에 대해 비교해 보자.
(예: 어린이급식관리지원센터, 병원, 각급학교, 영양플러스사업, 건강증진사업 등)

활동 2　영양상담을 받아본 경험이 있으면 당시 진행 상황, 느낌, 효과 등에 대해 이야기 해보자. 영양상담을 받아본 경험이 없다면 어떤 내용으로 상담을 받아보고 싶은지 이야기 해보자.

CHAPTER 2

식행동의 이해

학습목표

- 식품선택에 영향을 미치는 요인들을 파악한다.
- 각 요인들이 어떻게 영향을 미치는지를 학습한다.

인간이 식품을 선택하여 먹는 행동은 매우 복잡하게 이루어진다. 기본적으로는 생명을 유지하기 위해 필요한 열량과 영양소를 얻고자 하는 행위이지만 인간은 이외에 여러 가지 요인에 의해 **식품선택**과 이를 섭취하는 **식행동**이 달라진다. 그러므로 이에 관한 이해가 선행되어야만 좀더 건강한 식품을 선택하여 섭취하고 건강한 식행동을 가지도록 하는 변화를 이끌어내는 계기가 마련될 수 있을 것이다.

1. 식품선택과 식행동의 개념

식행동은 식품 선택, 섭취에 관련된 행동을 총괄하여 지칭하는 표현으로 육하원칙을 적용하여 누가, 언제, 왜, 어디서, 무엇을 어떻게 먹는가를 모두 포함하는 용어이다. 그러므로 식행동을 일컫을 때는 식품의 종류, 양 등의 식품선택뿐 아니라 섭취행동 자체를 포함하며 식행동을 파악할 때는 행동을 하는 주체, 이유, 장소 등의 행동에 영향을 주는 모든 관련 요인을 고려해야 한다. 이렇게 식품선택과 식행동에 대한 모든 관련 요인들을 포괄적으로 파악할 때 우리는 인간의 먹는 행동에 대한 이해의 폭이 넓어지고 조금 더 건강한 식품선택과 식사행동으로 변화시키기 위한 전략을 세워 실천할 수 있게 될 것이다.

콘텐토와 코흐(Contento & Koch)는 식품선택에 영향을 주는 요인들을 크게 생물학적 요인, 식품경험 관련 요인, 개인관련 요인, 사회환경 요인 4가지로 나누고 이들 요인들이 서로 연관되어 식품선택이나 식행동이 이루어진다고 제시하고 있다(그림 2-1). 특히 생물학적 요인, 식품경험 요인, 개인관련 요인은 식품선택을 바꾸기 위한 동기부여 요인와 행동촉진 요인으로 구분하여 설명하고 이외에 사회환경 요인은 환경요인으로 분류하여 설명하고 있다.

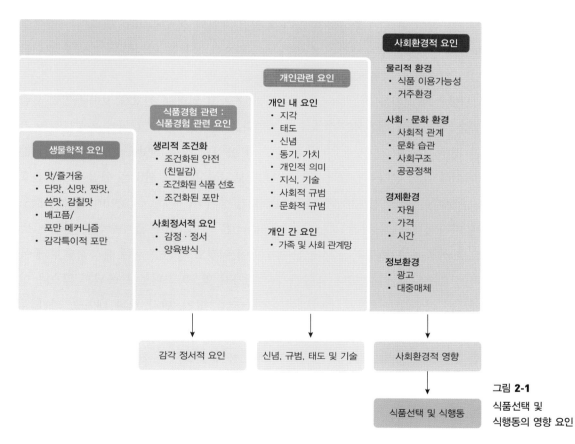

그림 **2-1**
식품선택 및
식행동의 영향 요인

자료 : Contento IR & Koch PA. Nutrition education Linking Research, Theory, and Practice, 4th Ed., 2020, Jones & Bartlett Learning

1) 생물학적 요인

생물학적 요인에는 맛/즐거움, 배고픔/포만감 작용, 단맛/짠맛/신맛/쓴맛/감칠맛 작용, 감각특이적 포만감, 유전 등이 있다. 인간의 유전적 요인은 이러한 맛에 대한 인지, 배고픔, 포만감 등에 개인별로 다르게 반응하여 식품선택을 다르게 한다.

(1) 유전 및 맛에 대한 선호도

유전적으로 타고난 맛에 대한 민감도나 선호도가 달라 각 개인의 식품선택이 달라지나 맛에 대한 선호도는 학습을 통해 습득한 기호도에 의해서도 큰 부분을 차지한다. 사람들이 일반적으로 선천적으로 좋아하는 맛은 단맛이고 쓴맛이나 신맛은 아기 때에는 좋아하지 않다가 점점 개인의 선호에 따라 달라지는 것으로 알려져 있는데 이는 사람이 살아가는데 필요한 성분을 감지하는 본능과 관련이 있는 것으로 알려져 있다.

단맛은 에너지를 제공하는 탄수화물을 가지고 있다는 신호를 보여주므로 사람들은 이에 대해 선천적인 선호도를 가진다고 알려져 있다. 그 외에 독성물질을 가진 경우 **쓴맛**을 가지는 경우가 많고 상한 음식의 경우 **신맛**을 가지는 경우가 많아 이에 대한 본능적인 거부감이 있다고 보고되고 있다. **짠맛**은 선천적으로 선호되기보다는 어느 정도 자란 후에 기호도가 증가되는 것으로 보이며 짠맛의 강도에 따라 선호도가 달라진다. **감칠맛**(Umami)은 아미노산인 글루탐산과 관련된 맛으로 식품 속 단백질의 존재와 관련이 있어 이것도 생존을 위해 본능적으로 좋아하는 맛으로 알려져 있다. 지방은 기본 5가지 맛 중 하나로 분류되지 않으나 실제로는 식품의 조직감에 관여하여 아이스크림, 고기, 튀김. 빵과 케이크, 과자 등의 촉촉함과 부드러움에 기여하고 다양하고 풍부한 맛을 제공한다. 지방에 대한 선호도는 지방이 가진 열량에 대한 본능적 선호와 유전적 성향 등이 관련된다고 알려져 있다. 매운맛은 맛이라기보다는 통각 등의 복합된 감각에 의한 것으로 식욕 증가에 기여하기도 하고 좋지 않은 맛을 잡아주며 개인에 따라 선호도에 차이가 있다. 맛에 대한 선호도는 선천적으로 개인의 특징에 따라 다른데 이는 유전적으로 **맛에 대한 민감도**가 다름으로 인해 나타날 수 있다. 쓴맛 성분인 PTC(Phenylthiocarbamide)에 대한 민감도가 선천적으로 달라 개인에 따라 느끼는 정도가 달라지고 이로 인해 식품에 대한 선호가 달라질 수 있다.

맛에 대한 선호도에 대해 우리가 주의를 기울여야 할 것은 선천적, 본능적으로 좋아하고 싫어하는 맛도 있지만 사람이 성장하면서 선호도가 변화될 수 있다는 사실을 인지하는 것이다. 본능적인 기호도 외에도 여러 가지 요인이 식품 선호도에 영향을 미친다.

(2) 배고픔과 포만감

배고픔과 **포만감**은 인간 생존을 위한 식품선택의 가장 기본적인 요소로 유전적 요인과 호르몬, 장의 작용 등 생리적인 요인에 의해 조절된다. 사람은 기본적으로 배고픔으로 인해 식품을 섭취하여 열량을 얻고 저장하며 섭취 후 포만감을 느끼게 되면 그만 먹게 되는 것이 본능이다. 또 끼니가 지나거나 신체활동으로 인해 열량이 많이 소모되면 배고픔을 느껴 다시 먹게 된다. 그러나 생리적 배고픔과 포만감 외에 사회적, 정서적 요인 등 여러 요인들이 이에 관여하여 본능적 느낌에 의해서만 식품선택이나 섭취를 하지 않게 되는 경우가 많다.

(3) 감각특이적 포만감

한 가지 음식만을 계속 먹게 되면 곧 그 음식에 대해 싫증을 느끼게 되는데 이러한 현상을 **감각특이적 포만감**(sensory specific satiety)이라 한다. 이는 인간이 여러 가지 식품을 섭취하게 함으로써 다양한 영양소를 얻을 수 있게 하였고 특정 영양소가 결핍되지 않게 하는데 기여를 해왔다. 그러나 식품이 제한되어 있어서 감각특이적 포만감을 느끼고 더 이상 섭취하지 않았던 환경에서 달라져, 오늘날처럼 너무나 많은 식품이 존재하는 환경에서는 감각특이적 포만감이 식품을 과잉 섭취하게 하는 원인이 될 수 있다. 뷔페에 가서 여러 가지 다양한 음식을 질리지 않고 먹어 감각특이적 포만감을 느끼지 못하고 과잉으로 먹는 것, 식사 후 배부름에도 디저트를 계속 먹을 수 있는 것 등이 이에 해당될 수 있고 이는 체중 증가의 원인이 될 수 있다.

2) 식품경험 관련 요인

식품경험 관련 요인은 인간이 학습을 통해 획득한 생리적, 사회적 조건에 의한 요인이다. 이는 인간이 식품에 노출되어 경험을 통해 학습을 하면 선호도나 식품선택이 변화될 수 있다는 개념이다. 한 번 특정 식품을 좋아하면 그것이 변하지 않는다는 생각에서 벗어나 기호도는 개인의 본능 외에 노출이나 학습에 의해 변화가 가능하다는 의미이며, 특히 어린시절의 경험이나 학습이 매우 중요하다는 것이다.

(1) 생리적 조건화

① 학습된 안전(친밀감, familiarity: learned safety)

식품을 좋아하거나 싫어하고 이를 선택하고 거부하는 것은 태아기 때부터 시작되어 평생을 지속하며 학습을 통해 변화된다. 선천적으로 선호하거나 싫어하던 식품에 대해 여러 경험을 겪으며 선호도나 선택이 변화될 수 있다. 이렇게 경험을 통한 학습으로 인해 친밀한 감정이 생기고, 이 식품이 괜찮고 안전하다는 보장이 생기면 이 식품을 지속적으로 선택하게 된다. 임신부가 당근주스를 잘 먹으면 뱃속에 있던 태아가 이 맛에 익숙해져서 태어나서 당근주스를 선호하고 잘 먹는다는 연구결과가 있다. 또한 아기때 어떤 식품을 자주 섭취하면 그 맛이 처음에는 시고 쓴맛이 약간 있더라도 그 맛에 익숙해져 다른 아기와 달리 그 식품을 선호하게 된다는 연구결과도 있다. 즉 어린시절 초기 경험이 식품선호에 큰 영향을 미친다는 것이다. 이는 사람이 식품을 좋아하고 선택하는 것이 선천적인 것일 뿐만 아니라 어린시절의 경험에 의한 친밀감에 영향을 많이 받는다는 것을 의미한다.

② 조건화된 식품 선호 및 혐오(conditioned food preference/aversion)

식품을 선호하거나 싫어하게 되는 것이 식품섭취 전후의 경험과 관련이 있다는 것을 의미한다. 식품을 먹은 후 체하거나 구토 등의 부정적 경험을 했다면 조건적 혐오를 느끼게 되어 싫어하게 되고 식품을 먹고 기분이 좋고 배부름 등의 긍정적 경험을 한 경우에는 조건적 선호(conditioned preference)를 느끼게 되어 좋아하게 된다는 것이다.

⊕ **조건화(Conditioning)**

조건화란 행동이 학습되는 과정을 말한다. 고전적 조건화와 조작적 조건화 등이 있으며 고전적 조건화에서는 개에게 음식(무조건자극)을 주면 침을 흘리는(무조건반응)이 일어나는데 종소리(중성자극)에는 침을 흘리지 않다가 이것이 음식(무조건자극)과 결합되면 조건화가 되면 종소리(중성자극)에 침을 흘린다(조건반응). 즉 학습을 통해 연합(association)이 되어 조건화가 되었다고 할수 있다. 엄마의 행복한 웃음(무조건자극)이 아이를 기쁘고 행복하게(무조건반응)하는데 엄마가 행복한 웃음과 함께 특정음식(중성자극)을 지속적으로 같이 주면 아이는 그 음식을 좋아하고 먹고 싶어(조건반응)하게 될 수 있다. 반대로 편식하는 어린이에게 그 식품을 먹으라고 야단을 치거나 하면 원래도 그 식품을 좋아하지 않았는데 더 싫어하게 조건화가 될 수 있으므로 주의하여야 한다.

인간은 영양적 필요량을 충족하기 위해 다양한 식품을 섭취해야 한다. 이렇게 다양한 식품을 섭취하기 위해서는 새로운 식품을 섭취하게 된다. 이 경우 새로운 식품이 안전한 식품인지가 우선적으로 문제가 될 수 있는데 친밀감과 조건적 선호는 이를 극복하기 위한 방법으로 사용된다. 즉, 새로운 식품에 여러번 노출되면 친밀감이 생기고 노출 전후 긍정적 경험을 하게 되면 좋아하게 되는데 이것이 조건적 선호이다. 실제로 사람은 새로운 식품에 6~12회 이상의 반복적 노출을 통해 식품에 대한 기호도를 발달시킨다고 알려져 있다. 이때 반복적 노출은 간접 노출뿐만 아니라 실제 섭취하고 소화시키는 직접적 경험을 주로 해야 함을 의미하며 섭취 후에도 긍정적인 경험을 가져야 기호도가 발달할 수 있다. 어린 시절 고열량 저영양 식품에 노출이 많으면서 그에 대한 긍정적 경험이 있는 경우 선호도가 더 커지는 것은 너무도 당연하다. 그러나 반복적 노출을 시도하기 위해 어린이가 싫어하는 채소 등을 너무 억지로 주면 대부분 긍정적인 경험과 연결되지 못하므로 기호도가 증가되기 어렵다. 그러므로 채소 등에 대한 기호도 형성을 위해서는 여러 가지 전략이 필요하다.

네오포비아(neophobia)는 새로운 식품에 대한 두려움을 갖는 것으로 신생아 시기에는 없다가 일반적으로 2~5살 정도에 발달하기 시작하며 네오포비아를 줄이기 위해 아이에게 새로운 식품을 반복적으로 노출시켜 학습된 안전(친밀감)을 형성시키고 또한 노출할 때마다 긍정적이고 즐거운 경험, 맛있는 경험을 하도록 하여 조건적 선호를 발달시켜서 기호도를 증가시킨다(그림 2-2). 까다롭게 먹는 행동을 가진 아이는 일반적인 발달단계에서 나타나는 네오포비아와는 약간 다르며

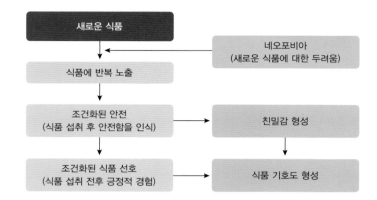

그림 **2-2**
식품 기호도
형성과정

이에 대처하기 위해서는 더욱 다양한 전략이 필요하다.

③ 조건화된 포만(conditioned satiety)

포만감도 학습과 관련이 있다는 점이 알려져 있다. 사람들은 자주 먹는 음식에 대해서는 실제 물리적으로 배부름을 느끼기 전에 이 정도 먹으면 배부를 것이라고 예측하고 그만 먹게 된다는 것이다. 이 조건화된 포만은 일회 분량과 밀접한 관계가 있으며 한번에 제공되는 양이 많아지고 또는 제공되는 그릇 크기가 커지면 더 많이 먹고 나서야 포만감을 느낄 것이라 예측하여 일회 분량이 작을 때보다 더 많이 먹게 되는 것으로 알려져 있다. 그러므로 일회 분량이 커지면 비만이 될 가능성이 높아진다.

(2) 사회적 조건화

사회적 조건화는 사회정서적 요인, 즉 감정·정서 요인과 모델링, 부모 양육습관 등을 포함하며 이들은 식품선택과 섭취에 큰 영향을 미친다.

감정·정서는 식품에 대한 선호와 식품을 얼마나 먹느냐에 매우 큰 영향을 미치며 식행동의 사회적 의미에 대응하여 느끼는 여러 가지 감정은 사람마다 다르게 섭취에 영향을 미칠 수 있다. **모델링**은 다른 사람의 행동을 관찰하여 학습하게 하는 것으로 어린이는 친구나 가까운 성인의 식사 행동을 보며 따라 하고 모방하면서 배우게 되고, 특히 좋아하거나 친할수록 더욱 그 행동을 따라 하게 된다. 그러므로 친한 성인이 친근한 방법으로 식사를 같이 할 때 그 식품을 더 좋아하게 되는 경우가 많다.

부모의 **양육방식**도 어린이의 식품선택·식행동과 영양상태에 많은 영향을 미치는데 우선 **어떤 음식을 얼마나 주변에 존재하게 하는지, 부모가 어떤 롤모델 역할을 하는지, 아이에게 권하거나 제한하는 음식 종류에 대한 규칙·언제 음식을 주는지에 대해 어떤 규칙을 가지고 있는지, 식사와 간식을 어디서 제공하는지, 가족과 같이 식사하는지, 식사시 어떤 환경을 제공하는지, 건강에 좋은 식품섭취에 대한 압력/ 건강에 좋지 않은 식품에 대한 제한 정도가 얼마나 되는지, 섭취 후 칭찬 등의 긍정적 보상이 있는지, 아이에게 얼마나 자율성을 주면서 건강에 좋은 식품을 먹도록 격려·설명·교육하고 아이를 참여시키는지** 등이 이에 포함된다.

부모가 특정 음식을 자주 제공하거나 집안에 사 놓게 되면 그 음식에 자주 노출되고 접근성이 좋아져서 그 음식을 좋아하거나 받아들이게 된다. 또한 부모가 음식을 제공하는 양도 영향을 미치는데 영아시기에는 배고픔이나 배부름의 내부적 신호 맞추어 본인들이 자신의 섭취량을 정하는 경우가 많은데 부모가 계속 그릇에 제공되어 있는 음식을 모두 먹으라고 하는 등의 특정 양을 섭취하기를 교육하게 되면 본인의 내부 필요량에 대한 느낌보다 외부적 요인에 더 민감해지며 섭취량이 증가하거나 또는 아예 먹는 것에 질려서 싫어하거나 하는 등 부작용이 생긴다고 알려져 있다. 그러므로 어린이가 채소, 과일 등의 건강에 도움을 주는 식품을 선호하고 잘 먹게 되기를 원한다면 그러한 식품들을 부모가 잘 먹는 모습을 자주 보여주고 그 음식에 대해 접근성을 높여주며 채소와 과일을 먹을 때 긍정적인 말과 반응을 보임으로써 기분좋은 분위기를 형성하는 것이 중요하다. 또한 아이에게 맞는 적당한 양을 제공하고 특정 양을 강요하지 않아야 한다.

부모가 자녀에게 어떤 **음식제공방식**을 보이느냐도 아이의 식행동에 매우 큰 영향을 미칠 수 있는데 이는 부모의 태도나 신념에 따라 좌우된다. 아이들의 식생활을 매우 엄격히 통제하는 부모가 양육하는 경우 여러 가지 혼재된 결과가 있으나 자녀의 비만도가 높아질 수 있다고 알려져 있다. 실제 가정에서 먹는 식품의 종류나 양을 엄격히 통제 받는 아이가 부모가 주변에 없으면 평소에 먹지 못했던 고열량 저영양 식품을 더 많이 먹으려는 경향을 보인다는 보고가 있다. 그러나 그렇다고 식생활에 대해 자녀가 하고 싶은 것을 모두 허용하는 방임형 부모의 자녀가 건강한 식생활을 하지는 않는 것으로 알려져 있으며 또한 과체중이 많

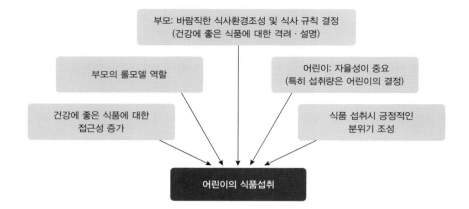

그림 **2-3**
부모의 양육방식과
어린이의 식품섭취

다고 알려져 있다. 실제 부모의 양육유형은 한 가지가 아니고 복합적이어서 그 특징을 단순하게 설명할 수는 없다. 결론적으로 아이의 건강한 식품선택을 위한 바람직한 양육유형은 식사시간, 식사장소 등에 대해서는 규칙을 정하고 자녀들을 교육하되 채소, 과일 등 섭취를 권하고자 하는 식품과 균형잡힌 식사에 대해서는 접근성을 높이고 부모가 섭취의 모범을 보이며 긍정적인 말이나 기분좋은 분위기와 그 섭취를 연결시켜야 한다. 또한 식사량에 대해서는 자녀에게 자율적으로 선택할 수 있게 하는 것이 바람직할 것으로 생각된다(그림 2-3).

3) 개인관련 요인

(1) 개인내 요인

어린이의 식품선택은 본능, 맛, 경험, 부모의 양육방식 등에 의해 큰 영향을 받으나, 인간이 점점 나이를 먹으면서 개인의 인식이나 사회적 환경에 의해 식품선택이 영향을 받게 된다.

신념, 태도, 동기, 가치, 지식, 기술, 사회적·문화적 규범이 식품선택에 영향을 미치는 대표적인 개인내부의 요인이다. 특정음식이 건강에 도움이 된다는 지식 또는 인식, 채식이 환경에 도움이 된다는 인식, 저지방 조리방식에 대한 기술 등 개인이 식품에 대해 가지는 지식, 기술, 태도 등이 개인의 식품 선택이 다양하게 되는 큰 이유이다. 또한 주변 사람들의 식품에 대한 인식 또는 식사 문화에 대한 인식에 개인이 영향을 받아 식품을 달리 선택하기도 한다. 개인의 질병 상태에 의해 특정 식이요법이 필요하다면 이 또한 식품선택을 좌우하는 개인내 요인이라 할 수 있다.

(2) 개인간 요인

개인간 요인은 사람과 사람 사이의 요인을 의미한다. 즉 가족 및 사회관계망 등에 의해 식품선택은 영향을 받으며 가족이나 친구가 선택하는 식품을 개인은 같이 자주 선택하고 섭취하게 된다. 그러므로 본인이 속한 사회적 집단에 의해 식품선택이 달라지며 청소년기에는 특히 또래 집단이 가지는 인식뿐만 아니라 하는 행동에 큰 영향을 받아 친구들과 유사한 식품선택을 많이 하게 된다.

4) 사회환경적 요인

사회환경적 요인은 **식품환경, 사회/문화적 환경, 경제적 환경, 정보환경** 등으로 나눌 수 있으며 식품선택이나 식사행동에 크게 영향을 미치는 요인 중 하나이다.

(1) 식품환경

식품유용성(food availability)는 식품 시스템 안에서 물리적으로 식품이 존재하는 것을 의미하며 식품을 선택하기 위해서는 실제 주변에 식품이 존재해야 한다. **식품접근성**(food accessibility)은 적절한 식품을 얻을 수 있는 자원에 접근 가능한가를 의미한다. 예를 들어 식품들이 있는 슈퍼마켓, 재래시장 등에 접근이 쉬운지, 거기까지 가는 교통수단이 있는지 등이 식품접근성에 해당된다. 채소와 과일 등이 저렴하게 공급되는 경로가 적은 것은 접근성이 제한됨을 의미하며 바쁜 현대 사회에서 점점 더 구하기 쉽고 먹기 쉬운 편리한 식품을 찾아 섭취하는데, 조리가 필요 없고 보관이 용이하게 되어 식품의 편이성이 좋아지면 접근성이 좋아짐을 의미한다. 식품기술향상에 의해 달라지는 식품의 질도 접근성에 영향을 미친다. 실제 주변의 마켓에서 좀더 건강에 도움이 되는 식품을 많이 판매할수록 집에 그러한 식품들이 더 존재하게 된다고 알려져 있다. 학교나 직장에서 어떤 식품을 제공하는가도 사람들의 식품선택을 많이 좌우한다. 예를 들어 학교에서 고열량 저영양 식품을 많이 파는 경우 이에 대한 섭취가 늘어나고, 집에서 냉장고에 채소를 먹을 수 있도록 얼마나 잘 준비가 되어 있는지에 따라 사람들의 섭취가 달라짐을 알 수 있다.

(2) 사회/문화적 환경

사람들은 대부분 다른 사람과 같이 식품섭취를 하게 되는데 이는 건강한 식생활에 대해 긍정적 영향일 수도 있고 부정적 영향일 수도 있다. **가족**이나 **친구**가 식습관과 식행동의 모델이 되어 영향을 미치기도 하고 주변 친구들의 인식 등이 압력으로 작용하기도 한다. 일반적으로 다른 사람과 식사를 같이 하는 경우 섭취량이 증가되고 좀더 고지방 식품을 먹게 되는 경향을 보이지만 반면에 건강한 새로운 식품섭취 시도도 늘어난다고 알려져 있다.

문화는 집단이 서로 공유하고 전달하는 지식, 전통, 믿음, 가치, 행동 등을 의미하며 이러한 집단의 공유는 식품선택과 건강에 영향을 미친다. 다문화사회에서는 특히 각 문화에 따라 섭취하는 식재료, 조리방법 등이 다양하므로 이에 의한 영향력이 크다. 그러므로 영양교육자는 문화적 요인에 따라 잘 받아들여지고 좋아하는 식품이 다름을 인지하고 각 문화마다 여러 절기나 행사가 존재하고 이때 다양한 특정 식품을 섭취하므로 사람들의 식품선택이 더욱 다양하게 이루어 진다는 것을 이해해야 한다. 또한 사람들은 **종교, 학교, 직장, 지역사회** 등의 다양한 사회조직에 소속되어 있으며 이 조직의 철학에 의해 식품선택이 영향을 받을 수 있고 또한 그 사회의 **정책, 규칙** 등에 의해서도 개인의 식품선택이 영향을 받을 수 있다.

(3) 경제적 환경

소득층의 차이는 식품선택을 다르게 만들 수 있다. 특히 저소득층은 비브랜드 식품, 할인 식품 등을 구입할 경우가 많고 수입에서 식품 구입이 차지하는 비율이 30% 이상으로 매우 커서 어떤 식품을 구입할 수 있는지에 큰 영향을 받으며 실제 충분한 식품을 섭취하는지 여부인 식품안정성에 따라 식품선택이 달라진다. 소득의 수준에 따라 전체 수입 중 식품 구입에 사용하는 비율, 즉 엥겔계수가 매우 다르며 선진국들은 엥겔계수가 10~15%, 우리나라는 11~12%이고, 개발도상국들은 50%가 넘는 경우가 많다. 식품을 구입하는데 느끼는 경제적 부담은 소득에 의해 좌우되며 이에 의해 육류, 채소, 과일 등의 식품선택, 브랜드 제품에 대한 식품선택 등이 매우 달라지게 된다.

각자가 느끼는 바에 따라 다르지만 일반적으로 **식품 가격**은 양이나 열량 대비 가격으로 인식하게 된다. 지방이나 당이 추가되어 제조된 가공식품은 고기, 채소, 과일, 유제품 등에 비해 양이나 열량대비 비용이 저렴하므로 저소득층은 이러한 가공식품들을 더 많이 먹게 되어 고열량 저영양 식품의 소비가 많아지게 된다.

음식과 관련된 **시간** 또한 식품선택에 매우 중요한 비용적 요인 중 하나이다. 가구원이 직장을 가지고 있는지는 음식을 사고 준비하는데 크게 영향을 미치며 부부가 가정내 일을 얼마나 나누어 부담하느냐도 식품선택에 영향을 미치게 된다. 현대사회에서는 많은 사람들이 식사준비에 시간이 부족함을 느껴 식품을 준비하고 섭취하는데 편이성을 매우 중요시 여긴다. 특히 저소득층의 경우 장시간 일을 하는 경우가 많아 음식 준비에 시간이 부족한데 수입이나 가격에 의해 식품선택이 제한되므로 균형있고 영양가 있는 식사구성을 위한 식품선택을 하려면 지식과 기술이 더 많이 필요하다. TV와 인터넷을 이용하는 시간이 늘면서 사람들로 하여금 생활을 위한 시간이 부족하다는 인식이 더욱 늘어났지만 인터넷은 식품을 구입하는데 사용하는 시간을 줄여주어 시간을 절약해 주는 역할을 하여 이를 상쇄하는데 영향을 미치고 있다.

(4) 정보 환경

대중매체나 광고 등이 정보환경으로 식품선택과 섭취에 영향을 미친다. 사람들이 긴 시간동안 텔레비전, 신문, 라디오, 인터넷 웹사이트, 소셜 미디어 등에 접하면서 여기에서 식품에 대한 정보를 많이 얻고 있고, 식품선택에 영향은 점점 더 늘어나고 있으나 그 중 상당량이 잘못된 정보도 포함하고 있어 주의를 기울여야 한다. 특히 이들 매체에서 제공하고 있는 광고는 그 영향력이 매우 큰데 고열량 저영양 식품에 대한 광고는 그 식품의 섭취 심리를 자극시켜 섭취를 증가시킬 수 있으므로 이에 대한 인식이 필요하다.

2. 소비자 식품선택 모델

바우어와 리오(Bauer & Liou)는 드루노우스키(Drewnowski)의 식품선택 모델을 변형하여 소비자 식품선택 모델(the consumer food choice model)을 제시하였고(그림 2-4) 어린이와 성인이 좀더 자주 이용하는 요인들을 모델에 표현하였다.

소비자 식품선택 모델에서 맛, 식품선호도 등은 특히 어린이가 식품을 선택하는 매우 중요한 요인이고 식품선호도는 학습이나 나이, 질병 등에 의해 변화 가능하다고 알려주고 있다. 모델은 편의성, 시간, 비용, 선호도, 유용도, 다양성 외에도 건강에 대한 염려, 영양지식, 문화, 종교, 사회적 영향, 정보나 주변환경 등이 식품선택에 영향을 미치고 식품선택이 생리, 대사를 변화시켜 건강에 영향을 끼침을 보여주고 있다. 또한 앞의 콘텐토와 코흐의 이론에서는 크게 강조하지 않았던 스트레스 등의 심리적 요인도 강조하고 있어 스트레스에 의해 더 먹기도 하고 덜 먹기도 하며 특정음식이 우울감 감소 및 감정변화와 관련이 있다고 설명하고 있다. 성인이 될수록 건강과 웰빙이 중요한 선택 요인이 된다.

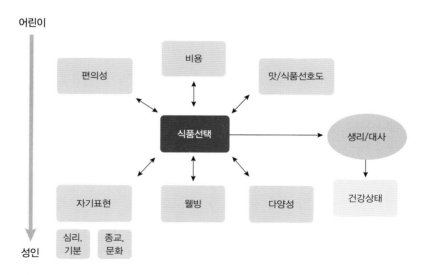

그림 **2-4**
소비자 식품선택
모델

자료 : Bauer & Liou. Nutrition Counseling and Education Skill Development. 3rd ed. 2016. Cengage Learning

3. 건강한 식품선택

홀리와 베토(Holli & Beto)는 건강에 바람직한 식품을 선택하는데 영향을 미치는 요인을 크게 4가지 영역으로 나누어 살펴보았다(그림 2-5). 개인의 건강한 식품선택에 큰 영향을 미치는 4가지 영역은 크게 개인의 지식 및 교육수준, 적정한 식품을 선택하는 동기요인, 적정한 식품의 선택을 저해하는 동기요인 그리고 감정적 영향으로 분류된다. 이 중 적정한 식품을 선택하는 동기요인으로는 건강과 영양에 대한 신념, 긍정적 인식, 자기통제, 목표설정 등의 내부요인과 타인의 지지, 칭찬 및 보상, 적절한 행동 모델링, 이용할 수 있는 건강한 식품의 존재 등이 있다. 적정한 식품선택을 저해하는 동기요인으로는 문화, 친구, 행사, 파티 등 사회 행사, 부족한 시간, 외식, 부정적 인식, 여행, 식사 특성 등이 있고 감정적 영향으로는 우울함 등의 감정상태, 날씨, 스트레스, 신체상태 등이 있어 이를 고려한 식품선택 전략이 필요하다.

4. 식품선택의 변화

영양교육이나 상담을 하는 목표는 개선이 필요한 식품선택이나 식행동을 변화시켜 건강에 바람직한 식품섭취나 행동을 하게 하는데 그 목적이 있다. 과거에는 영양적 지식이나 태도가 있으면 행동이 변화한다고 하여 이들을 증가시키는데 주력해 왔으나 이 장에서 다루어진 내용과 같이 사람들은 식품을 선택하는데 지식이나 태도 외에 다양한 이유를 가지고 있다. 그러므로 식품선택 요인들 중 특히 수정이 가능한 요인들을 고려하여 다양한 전략을 세우는 것이 식품선택이나 식행동을 변화시킬 수 있는 방법임을 유의하여야 할 것이다.

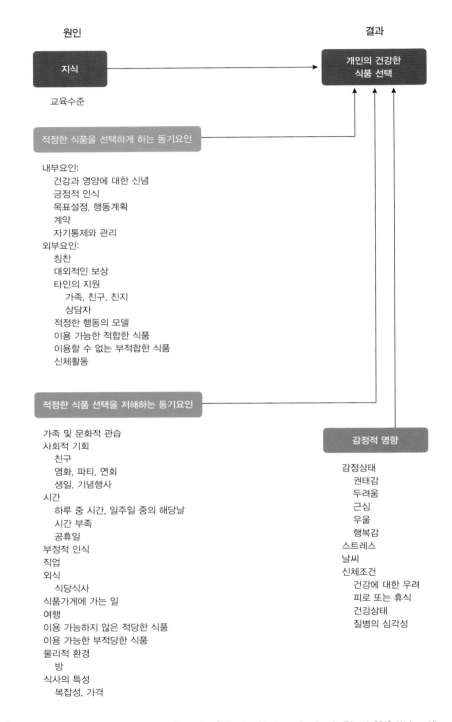

원인

결과

지식

교육수준

개인의 건강한
식품 선택

적정한 식품을 선택하게 하는 동기요인

내부요인:
　　건강과 영양에 대한 신념
　　긍정적 인식
　　목표설정, 행동계획
　　계약
　　자기통제와 관리
외부요인:
　　칭찬
　　대외적인 보상
　　타인의 지원
　　　　가족, 친구, 친지
　　　　상담자
　　적정한 행동의 모델
　　이용 가능한 적합한 식품
　　이용할 수 없는 부적합한 식품
　　신체활동

적정한 식품 선택을 저해하는 동기요인

가족 및 문화적 관습
사회적 기회
　　친구
　　영화, 파티, 연회
　　생일, 기념행사
시간
　　하루 중 시간, 일주일 중의 해당날
　　시간 부족
　　공휴일
부정적 인식
직업
외식
　　식당식사
식품가게에 가는 일
여행
이용 가능하지 않은 적당한 식품
이용 가능한 부적당한 식품
물리적 환경
　　방
식사의 특성
　　복잡성, 가격

감정적 영향

감정상태
　　권태감
　　두려움
　　근심
　　우울
　　행복감
스트레스
날씨
신체조건
　　건강에 대한 우려
　　피로 또는 휴식
　　건강상태
　　질병의 심각성

그림 2-5
식품 선택과
건강행동의 변화를
유발하는 요인

자료 : Holli & Beto Nutrition Counseling and Education Skills, A guide for professionals, 7th ed, 2018, Wolters Kluwer

ACTIVITY

활동 1 하루 종일 식사와 간식으로 무엇을 먹었는지와 그때 한 행동, 감정, 주변환경 등을 적어보세요.

시간	환경	행동	감정	식사/간식 식품
내담자명 :			상담일자 :	
비고				

활동 2 활동 1의 섭취한 식품을 선택하는데 관련된 요인들을 적어보고 수정이 가능하다면 어떤 전략을 이용하여 이를 변화시킬지 적어보세요.

개인요인		환경요인	
인종 나이 성별		모델링	
배고픔/포만감 정도		부모 양육방식	
식품선호도		사회 관계	
과거 식품 경험		식품 유용도/접근도	
건강상태		날씨	
특정 식이요법 필요		분위기	
감정		사회 문화	
지식 태도		경제(가격 시간)	
소득		정보	
기타		기타	

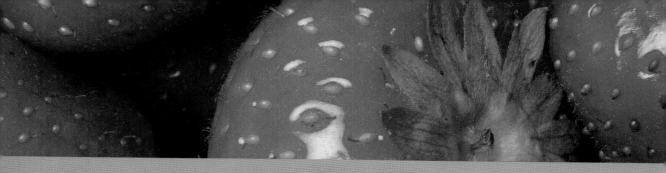

CHAPTER 3

영양교육 및 상담 이론

학습목표

- 영양교육이나 영양상담에 이론 적용이 필요한 이유를 설명할 수 있다.
- 자주 사용되는 이론들의 구성요소를 알고, 구성요소를 이용하여 이론을 설명할 수 있다.
- 영양교육과 영양상담에 활용할 이론을 선택할 때 고려해야 하는 사항을 말할 수 있다.

영양교육이나 영양상담은 필요한 지식을 제공하여 대상자가 건강에 이로운 식행동을 실천하고 유지하도록 하고자 한다. 그런데 인간은 단순히 건강에 이롭다는 사실을 알고 있다 해서 행동으로 옮기지 않으며, 때로는 충동적이고 때로는 복잡한 의사결정과정을 거쳐 행동한다. 그러므로 효과적인 영양교육이나 영양상담을 위해서는 어떤 요소들이 의사결정에 중요한지를 알고 그에 맞추어 계획하고 실행해야 하며, 이론과 모델이 이 과정에 도움이 된다. 많은 연구가 이론에 근거한 중재가 더 효과적임을 보고하였다. 이 장에서는 영양교육과 영양상담에 많이 사용되어 온 주요 이론과 모델들을 알아보고 어떻게 활용할 수 있는지 생각해본다.

1. 사회건강행동 이론과 모델

이론은 "사물이나 현상을 일정한 원리와 법칙에 따라 통일적으로 설명할 수 있는 보편적 지시체계"이다. 이론은 대체로 서로 연관된 개념, 정의, 명제들로 구성되어 상황을 설명하거나 예측할 수 있는 구성요소 간의 연관성을 특정한다. 이를 통해 그 상황을 체계적으로 바라볼 수 있는 시각을 제공한다. 영양교육이나 영양상담을 통해 변화시키고자 하는 식행동을 상황으로 생각해보면, 그 식행동 결정에 영향을 미치는 여러 요소가 있을 것이다. 다양한 이론들은 식행동을 비롯한 건강관련 행동에 관련된 주요 요소를 제시하고 각 요소가 서로 어떻게 연관되어 있는지를 알려준다. 그러므로 건강행동 이론을 활용하면 변화시키고자 하는 식행동에 대한 주요 요소들을 미리 알고 필요한 계획을 할 수 있으며, 이를 통해 효과성을 높일 수 있다. 이 장에서 소개하는 이론들은 '모델'이라는 이름을 갖고 있기도 하다. 원칙적으로 이론보다 다소 하위개념으로 아직 그 타당성에 관한 연구가 부족한 경우 **모델**이라 불렀지만, 실제로는 이론과 모델을 섞어 쓰고 있는 실정이다. 이 장에서 소개하는 이론이나 모델은 오랜 시간 동안 여러 분야에서 사용하여 그 타당성과 효용을 인정받았으므로 같은 수준의 이론들로 이해하면 된다.

⊕ 이론

사물이나 현상을 일정한 원리와 법칙에 따라 통일적으로 설명할 수 있는 보편적 지시체계이다. 이론은 행동을 이해하는데 도움이 되고, 행동변화를 위한 효과적인 방법을 고안하는데 도움이 된다.

영양교육과 영양상담에 가장 많이 활용되는 건강신념 모델, 계획적 행동 이론, 변화단계 모델, 사회인지 이론을 소개하고, 그 외 이론들은 다소 간단하게 소개하고자 한다. 건강행동 이론과 모델을 종종 표 3-1과 같이 대상 수준에 따라 분류하곤 한다. 건강신념 모델, 계획적 행동 이론, 변화단계 모델은 건강행동 의사결정에 관련된 요소를 **개인 내 수준** 혹은 개인의 인식수준에서 찾는다. 반면에 **개인 간 수준** 이론인 사회인지 이론과 사회지지 이론의 경우 건강행동 의사결정에 개인내 요소뿐만 아니라 타인과의 관계에서도 찾는다. **지역사회 수준** 이론은 대상자를 개인으로 보지 않고 지역사회 혹은 인구집단으로 설정한 경우 활용하기 적합하다.

표 **3-1** 건강행동 이론과 모델 분류

구분	종류
개인 내 수준	건강신념 모델
	합리적 행동 이론과 계획적 행동 이론
	변화단계 모델
개인 간 수준	사회인지 이론
	사회지지 이론
지역사회 수준	사회마케팅
	개혁확산 모형
	PRECEDE–PROCEED 모델

자료 : Theory at a glance, NCI(2005)

2. 건강신념 모델

1) 이론의 개념

건강행동 이론 중 가장 오래되었지만, 여전히 널리 쓰이고 있는 **건강신념 모델** (health belief model)은 1950년대 미국 보건부(US Public Health Service)에서 처음 개발되었다. 결핵 스크리닝을 위해 엑스레이 촬영 장비를 탑재한 차량을 지역사 회에 내보냈는데 예상보다 관심을 끌지 못하여, 이 문제를 해결하기 위해 건강신 념 모델이 제안되어 활용되었다.

건강신념 모델의 주요 구성요소를 표 3-2에 정리하였다. **인지된 발병 가능성** (perceived susceptibility)은 영양교육이나 영양상담에서 다루고자 하는 질병에 걸 릴 가능성에 대한 대상자의 믿음이다. 예를 들어 유방암으로 젊은 나이에 사망한 어머니를 둔 여성은 유방암에 걸릴 가능성이 크다고 믿고 있을 것이다. **인지된 질 병 심각성**(perceived severity)은 대상자가 그 질병이 얼마나 심각하다고 생각하는지에 대한 개인적 믿음이다. 청소년은 독감이 잠시 아프고 회복하는 것으로 생각할 수 있지만, 노인은 폐렴으로 이어져 죽을 수도 있는 심각한 병으로 생각할 수 있다. 인지된 발병 가능성과 인지된 질병 심각성은 대상자 인지에서 함께 작용하여 **인지된 질병 위협**으로 정리된다. 즉, 발병 가능성이 크다고 생각하고 심각하다고 여기면 질병에 대한 위협이 높다고 인식될 것이며 발병 가능성이 낮고 심각성도 낮으면 질병에 대한 위협이 낮다고 인식될 것이다. 당연히 인지된 질병 위협이 높을 때 행동변화 가능성이 높을 것이다. 그러나 인지된 질병 위협이 높다고 해서 항상 행동변화 가능성이 높은 것은 아니다.

질병에 대한 위협이 높을 때 행동변화 가능성을 높이기 위하여 몇 가지가 더

표 3-2 건강신념 모델의 구성요소

구성요소	정의	활용 예시
인지된 발병 가능성 (Perceived susceptibility)	스스로가 생각하는 해당 질병에 걸릴 가능성의 정도	• 다루고자 하는 질병에 대해 취약집단을 파악하여 그 가능성에 대한 정보 제공 • 성인 남성의 혈관계 질환 발생 현황과 식생활과 관련된 문제점을 제시
인지된 질병 심각성 (Perceived severity)	질병 그리고 해당 질병이 가져올 수 있는 결과의 심각성에 대한 인식	• 질병과 그 질병으로 인해 일어날 수 있는 결과를 알림 • 혈관계 질환으로 인한 신체적·정신적·사회적 어려움을 사례를 통해 제시하여 심각성을 인식하게 함
인지된 행동변화의 이익 (Perceived benefits)	행동변화가 질병에 대한 위험도, 심각성을 낮출 것이라는 믿음	• 어떤 긍정적 변화를 기대할 수 있는지 설명 • 혈관계 질환 예방 식생활을 하였을 때 나타나는 건강상의 이로운 점을 구체적으로 제시
인지된 행동변화의 어려움 (Perceived barriers)	행동변화를 어렵게 할 것이라 믿는 물질적, 심리적 방애물	• 행동변화에 어려운 점 파악하여 도움 제공 • 직장에서 회식시 혈관계 질환 예방 식생활 실천이 어려움을 공감하고 대처법을 제시
행동계기 (Cues to action)	변화를 촉발시키는 계기	• 인식전환을 위한 캠페인이나 행동변화를 유발할 수 있는 제도 마련 • 직장에서 건강한 회식 캠페인을 전개
자아효능감 (Self-efficacy)	성공적으로 행동변화를 실행할 수 있다는 스스로에 대한 자신감	• 행동변화를 실천해볼 수 있는 훈련 제공 • 직장 회식 할 때 건강 메뉴 선택할 수 있게 도움

자료 : Theory at a glance, NCI(2005)

필요하다고 건강신념 모델은 설명한다. **행동계기**(Cues to action)는 변화를 일으키는 촉매 역할을 한다. 대중매체 캠페인에서 흘러나오는 교육 메시지, 알고리즘으로 우연히 보게 된 동영상 등 다양한 행동계기가 있다. 가족력으로 대장암에 대한 위협이 높다고 생각하고 있었지만 바쁜 생활 속에 잊고 지내다가 가까운 친구가 대장암 판정을 받았다는 소식은 강력한 행동계기가 될 수 있다. 또한 **인지된 행동변화의 이익**(perceived benefits)이 **인지된 행동변화의 어려움**(perceived barriers)보다 크다고 여겨져야 행동 변화가 일어날 가능성이 커진다. 우리는 이 계산을 무의식 중에서 항상 하고 있다. 버스를 탈까 말까 할 때도 이익과 어려움을 고려해서 이익이 더 크다고 생각되어야 버스를 탄다. 식행동 변화도 마찬가지로 식행동 변화를 하려면 발생하는 여러 어려움보다 그로 인해 얻는 이익이 커야 행동변화 가능성이 커진다. 마지막으로, 비교적 최근에 건강신념모델에 추가된 구성요소로 자아효능감(self-efficacy)이 있다. **자아효능감**은 성공적으로 행동변화를 실행할 수 있다는 스스로에 대한 자신감으로, 스스로에 대한 자신감이 있으면 행동변화 가능성이 크겠다. 자아효능감은 타고나는 성격 등에 기인하는 부분도 있고 후천적으로 개발되는 부분도 있으므로, 영양교육이나 영양상담을 통해 높일 수 있는 방안을 고려해야 한다.

건강신념 모델을 주요 구성요소의 관계성을 그림 3-1로 정리하였다. 제일 오른쪽에 있는 바람직한 건강행동을 할 가능성을 높이는 것이 영양교육이나 영양상담의 목표일 것이다. 이 이론에 의하면 인지된 질병 위협이 높고 행동 계기가 있었으며 인지된 행동변화의 이익이 어려움보다 크고 자아효능감이 높은 경우 바람직한 건강행동을 할 가능성이 높아진다고 설명한다.

2) 이론의 활용

영양교육과 영양상담에서 변화시키고자 하는 식행동이 질병이나 건강과 직접적인 관련이 있을 때 건강신념 모델을 활용하면 효과적이다. 반면에 식행동이 즐거움을 위해서 하는 행동이거나 단순한 습관일 경우에는 건강신념 모델을 적용하기 어렵다. 건강신념 모델은 인간이 어떠한 행동을 할 때는 이성적인 사고를 통해 결정한다는 기본 전제를 하고 있기 때문이다. 건강신념 모델은 개인 내 수준 이론

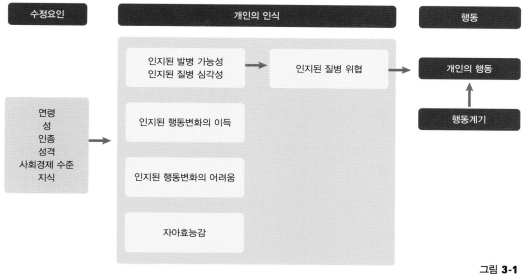

자료: Glanz, Rimer & Viswanath. Health Behavior. 5th ed. 2015.

그림 **3-1**
건강신념 모델

으로 분류되는 만큼 해당 식행동에 대한 사회적 규범(social norm)이나 주변 인물들의 영향은 다루지 않고 있다. 또한, 대상자가 속한 환경이나 경제상황 등에 대한 고려는 부족한 편이다.

건강신념 모델을 적용하여 영양교육이나 영양상담을 실행하려면 표 3-2에 제시한 주요 구성요소를 고려해야 한다. 즉, 대상자가 각 구성요소에 대해 어떤 인지와 상황을 가지고 있는지를 영양진단을 통해 확인하고 행동변화 가능성을 높이는 방향으로 교육과 상담을 계획해야 한다. 표 3-2에 각 구성요소 활용 예시가 있으니 참고하기 바란다. 또한, 다음 54쪽에서 영양교육계획에 건강신념 모델을 적용한 사례를 요약하였다. 건강신념 모델은 영양상담에서도 활용할 수 있다. 예를 들어 당뇨병 환자와 상담시에 당뇨병에 대해 가장 걱정하는 것이 무엇인지, 당뇨병에 대해 얼마나 알고 있는지, 당뇨식에 대해 우려하는 바가 무엇인지, 당뇨병 때문에 할 수 없는 것 중 하고 싶은 것이 있는지 등을 열린 질문(open-ended question)형식으로 물으면서 적절한 후속 질문을 하면 건강신념 모델의 주요 구성요소에 대해 상담 대상자가 어떤 상황인지를 파악하게 될 것이며, 그에 따라 상담을 진행하면 효과를 높일 수 있을 것이다.

⊕ 영양교육에 건강신념 모델 적용 사례

고혈압 영양교육 프로그램을 개발하는데 건강신념 모델을 적용하였다. 건강신념 모델 주요 구성요소에 대해 알아보기 위하여 고혈압 환자 혹은 고혈압 전단계인 50~60세 남녀 총 23명을 대상으로 포커스 그룹 인터뷰를 진행하였다. 아래는 주요 결과이다.

구성요소	대상자가 구성요소에 대해 이야기한 사항 부분적 발췌
인지된 발병 가능성 (인지된 민감성*)	가족력, 건강상태, 몸이 붓는 증상 등에서 고혈압에 걸릴 가능성을 생각함
인지된 질병 심각성 (인지된 심각성*)	합병증염려, 약 복용 부담과 거부감, 의료비 부담 등으로 고혈압이라는 질병의 심각성을 생각함
인지된 행동변화의 이익	전반적 건강 향상, 가족들도 건강관리 시작, 약을 먹지 않게 되었고 정상혈압 찾음에 따른 안도감, 약값 절감으로 인한 경제적 이익 등을 예로 듦
인지된 행동변화의 어려움	저나트륨 식사 맛이 없음, 국물 선호 바꾸기 어려움, 편의성 위주 식습관, 한정적 외식 메뉴로 선택 제한, 채소 반찬 조리의 번거로움 등을 어려움으로 이야기 함
행동계기	의사 등 전문인 및 가족 권유, 본인 스스로 자각, 높은 혈압, TV 등 매체 등이 행동계기로 작용하였다고 함
자아효능감	혈압관리 시작하여 혈압이 내려갔고 자신감 얻어 지속적으로 노력할 수 있었다고 함
고혈압 영양교육 프로그램에 대한 요구도	고혈압 관리 장애요인, 구체적인 지식이나 실천 방법 등

*해당 논문에서 사용된 용어

저자들은 위 결과를 활용하여 총 6주차 고혈압 영양교육 프로그램을 개발하였다. 건강신념 모델 구성요소를 적용한 미각검사, 조리 레시피 리플렛 제공, 건강일지 작성과 개인별 피드백 등이 포함되었다.

자료 : 박서연·권종숙·김초일·이윤나·김혜경(2012).

3. 행동변화단계 모델

1) 이론의 개념

행동변화단계 모델(stage of change)은 **범이론적 모델**(transtheoretical model)의 일부인데 독립적으로 많이 활용되어 행동변화단계 모델이라고도 불리운다. 범이론적 모델은 1970년대에 금연자들의 행동변화단계를 설명하면서 제안되었다. 이 이론은 행동변화에는 대상자의 준비정도가 매우 중요하며 변화하고자 하는 의도가 갑자기 생기기보다는 단계적으로 일어나며 그 과정에는 여러 가지 요소가 작용한다고 한다. 범이론적 모델은 **행동변화단계**(stage of change), **의사결정균형**(decisional balance), **자아효능감**(self-efficacy), **변화과정**(process of change)이 구성 요소로 되어 있다.

행동변화단계는 고려 전 단계, 고려단계, 준비단계, 행동단계, 유지단계로 총 다섯 단계로 나눈다(그림 3-2). 대상자는 대체로 고려 전 단계에서 시작하여 고려단계, 준비단계, 행동단계, 유지단계로 이동한다. 그러나 그림에서 보듯이 대상자는 언제든지 아래 단계로 되돌아 갈 수 있는데, 이 경우에는 반드시 단계적으로 이동하지 않는다고 한다. 즉, 유지단계에 있던 대상자가 고려단계로 돌아갈 수도 있는 것이다. 이렇게 대상자가 전 단계로 돌아가는 것을 **재발**(relapse)이라고 표현한다. 각 단계를 이동하는 속도는 개인마다 혹은 상황마다 매우 다르다고 한다.

고려 전 단계는 문제에 대한 인식이나 변화에 대한 생각이 전혀 없는 상태로 준비가 전혀 안된 상황이다. 이 단계에 있는 대상자는 별다른 문제의식없이 행동을 반복하고 있거나, 과거에 행동변화를 시도해 보았으나 실패하여 무력감을 가지고 있을 수 있다. 대체로 이 단계에 있는 대상자는 행동변화는 어렵다고 생각하고 있을 것이다. 고려 전 단계

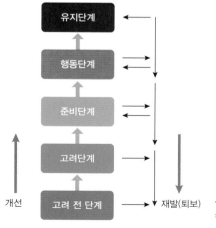

그림 **3-2**
행동변화의 단계

자료 : Theory at a glance, NCI(2005)

는 개념적으로 행후 6개월 안에 행동변화를 실천할 예정이 없는 경우로 정의되어 있다(표 3-3).

고려단계는 대체로 문제를 인지하고 있고 행동변화에 대해 생각하고 있는 상황이다. 다음 단계로 진전하지 못하고 고려단계에 오랜 기간 머무는 경우가 많고, 이 단계에 갇혀있다고 느끼는 예도 있다고 한다. 고려단계에 있는 대상자들은 **의사결정균형**을 하고 있다고 한다. 즉, 행동변화의 장단점을 비교하고 있는 단계라고 하겠다. 개념적 정의는 행후 6개월 안에 행동변화를 고려하고 있는 경우이다.

준비단계는 용어 그대로 준비가 된 상황이다. 이 단계에 있는 대상자는 행동변화에 대해 의사결정균형의 결론을 내렸고 향후 1개월 안에 실천할 의도가 있다. 무엇을 어떻게 해야 할지에 대한 계획을 세우고 있는 단계라고 하겠다.

행동단계는 행동변화를 시작한 상황이다. 행동변화 실천을 시작한 후 6개월 이

표 3-3 행동변화단계 모델의 구성요소

구성요소	정의	활용 예시
고려 전 단계 (Pre-contemplation)	향후 6개월 안에 행동변화 실천할 예정 없음	• 행동변화 필요성에 대한 인식고취를 위하여 행동변화로 인한 이익과 그렇지 않을 경우의 위험에 대하여 정보를 제공 • 중년 여성에게 폐경기 여성의 골다공증 발병률과 사례를 알리는 강좌를 보건소에서 개최
고려단계 (Contemplation)	향후 6개월 안에 행동변화를 고려하고 있음	• 망설임을 끝내고 행동변화를 선택하도록 도움 • 칼슘 급원식품에 대한 자료를 제공하고 건강한 식품선택 방법을 연습하게 함
준비단계 (Prepration)	향후 1개월 안에 행동변화를 실천할 의도가 있고 시작하고 있음	• 구체적 실행방안을 함께 짜고, 점진적인 목표 설정을 하도록 도움 • 고칼슘 음식 조리법을 제시하고 함께 실습
행동단계 (Action)	행동변화를 시작한지 6개월 이내임	• 일어난 행동변화를 지지하고 격려하며 어려움에 봉착했을 때 문제해결을 도움 • 개인 상담을 통해 식사일지를 평가하고 칼슘 섭취량 계산 등을 통해 행동변화를 지지하고 격려
유지단계 (Maintenance)	6개월 이상 변화된 행동을 실천하고 있음	• 유지단계에서 일어날 수 있는 일시적인 퇴보가 고착되지 않도록 고위험 상황(high risk situation)에 대한 대처법 제공 • 보건소 뼈건강교실에서 동료들과 사례발표 등을 통하여 장애요인과 극복법을 이야기함

자료 : Theory at a glance, NCI(2005)

내인 경우를 행동단계라 하고 6개월이 넘은 경우는 **유지단계**라고 한다. 이론적으로는 유지단계가 지속되면 행동변화가 안정화되어 더 이상 중재가 필요하지 않은 상황에 이를 수 있다고 한다. 그러나 앞에서 이미 언급한 바와 같이 유지단계에 접어들어 행동변화가 안정적이라고 해도 재발은 언제든지 일어날 수 있다. 특히, 식행동은 흡연과 같이 끊을 수 있는 행동이 아니며, 변화유동성이 높아 재발 위험이 높다고 하겠다.

2) 이론의 활용

행동변화단계 모델의 활용은 대상자가 어느 단계에 있는지를 판단하여 그 단계에 적절한 교육이나 상담을 제공하여 다음 단계로 이동하여 최종적으로 유지단계에 머물 수 있도록 돕는 것이다.

　행동변화단계 판단에 가장 많이 활용하는 것은 **준비정도 척도**(readiness ruler)(그림 3-3)이다. 이 척도를 제시하고 행동변화에 대한 준비 정도를 스스로 판단하여 가장 적절하다고 생각하는 숫자를 선택하도록 한다. 고려 전 단계는 대체로 3까지 정도로 생각한다고 한다. 4~7을 고려단계, 8~10까지를 준비단계로 판단한다. 행동단계나 유지단계는 이미 행동을 실천하고 있는 경우이므로 대상자 진단 과정(4장)에서 판단할 수 있다. 혹은 일련의 질문을 통해 행동변화단계를 파악할 수도 있는데 이는 10장에서 알아보도록 하겠다.

　각 단계에 적합한 대응을 하는 것이 효과높은 영양교육과 영양상담의 열쇠이다. 범이론적 모델이 각 단계에 적합한 대응을 설명하고 있다. 범이론적 모델은 행동변화단계에서 필요한 **변화과정** 총 10가지를 제시하였다. 고려 전 단계부터 준비단계까지는 감정이나 인지적 과정이 중요하고 준비단계부터 유지단계에서는 행동적 활동 등이 필요하다고 한다(표 3-4). 고려 전 단계에서는 **인식제고나 정서적 각**

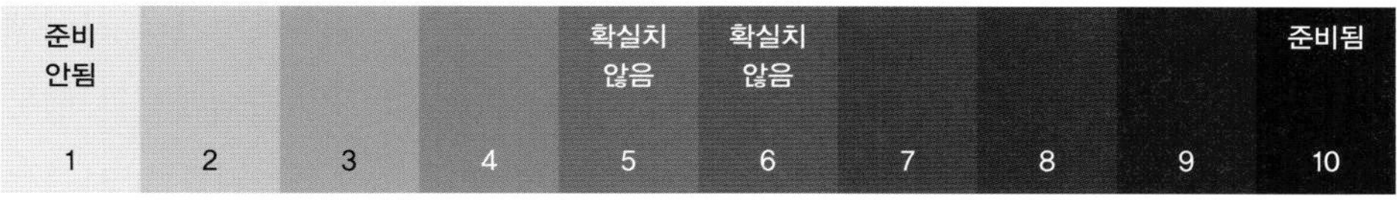

준비 안됨				확실치 않음	확실치 않음				준비됨
1	2	3	4	5	6	7	8	9	10

그림 3-3
준비정도 척도

자료 : Scott et al. Family Pracatice. 1995;12 13–418

표 **3-4** 범이론적 모델의 변화과정

분류	변화과정	설명
인지적 과정	인식제고 (Consciousness raising)	건강행동에 대한 정보제공, 교육, 개인적 상담 등을 통하여 인식제고를 함
	정서적 각성 (Dramatic relief)	건강행동을 실천했을 때 느낄 수 있는 희망이나 기쁨, 혹은 실천하지 못했을 때 느끼는 걱정이나 우려 등을 느끼게 함
	환경 재평가 (Environmental revaluation)	본인이 건강행동을 실천했을 때 주변에 얼마나 긍정적인 영향을 미칠 수 있는지, 혹은 실천하지 못했을 때 얼마나 부정적인 영향을 미칠 수 있는지 평가하게 함
	사회적 해방 (Social liberation)	건강행동이 사회적으로 기대되고 있다는 사회적 규범 등을 알림
	자아 재평가 (Self-revaluation)	건강행동이 스스로 원하는 '자신'에 중요한 부분임을 알게 함
	자아해방 (Self-liberation)	행동변화를 실천할 수 있다는 자신감을 가지고 변화를 결심함
행동적 활동	지원관계형성 (Helping relationships)	행동변화에 도움이 될 사람들을 파악(사회적 지지)
	대체행동형성 (Counter conditioning)	건강행동으로 문제행동을 대체함
	강화관리 (Reinforcement management)	건강행동에 대한 보상을 늘리고 문제행동에 대한 보상을 줄임
	자극조절 (Stimulus control)	건강행동을 증가시키는 행동계기나 리마인더를 활용하고 문제행동을 유발하는 상황을 피함

자료 : Prochaska, Redding, Evers(1997)

성의 기회를 제공해야 한다. 즉, 정보전달이나 교육 등을 통하여 중요한 문제임을 인식시키고 행동변화를 실천했을 때 느낄 수 있는 감정을 인식하여 준비 정도를 높이는 것이다. 고려단계는 행동변화의 교차로라고 이야기하는 중요한 단계로 이 단계에 있는 대상자에게 행동변화가 가져올 장점이 단점보다 크다는 점을 설득하여야 한다. 앞에서 언급한 인식제고, 정서적 각성 외에도 **환경재평가**나 **자아재평가**를 통하여 장점과 단점 비교하는데 도움이 될 수 있다. 준비단계에서는 행동단계로의 이행에는 **자아해방** 과정이 있고 무엇을 어떻게 해야하는지를 알려주는 것이 도움이 된다. 이 과정에 **지원관계형성**이나 **대체행동형성**도 도움이 될 것이

고려 전 단계	고려단계	준비단계	행동단계	유지단계
인식제고 정서적 각성	인식제고 정서적 각성 환경 재평가 자아 재평가	자아해방 지원관계형성 대체행동형성	강화관리 대체행동형성 자극조절	

←———— 인지적 과정 ————→　　←———— 행동적 활동 ————→

그림 **3-4**
행동변화단계별
변화과정

자료 : Prochaska, Redding, Evers(1997)

다. 행동단계와 유지단계에서는 **강화관리**, **대체행동형성**, **자극조절** 등에 대한 도움이 제공되어야 한다(그림 3-4). 여기에 나열한 **변화과정**을 이해하는 것도 중요하지만, 더 중요한 것은 각 단계에 있는 대상자가 다음 단계로 이동하도록 돕기 위해서 무엇을 해야 하는지를 이해하는 것이다. 표 3-3에 각 단계에서 영양교육과 영양상담에서 실시할 수 있는 활동의 예를 제시하였으므로 천천히 상황을 상상하며 읽어보면 이해에 도움이 될 것이다.

행동변화단계 모델이나 범이론적 모델의 제한점은 행동이 일어나는 환경에 대한 고려가 부족하다는 점이다. 즉, 개인의 경제적, 사회적 상황에 대해서는 크게 고려하지 않고 있으나 행동변화를 결정하는데 중요한 요소이다. 또한, 이 모델은 사람이 매우 논리적인 과정을 거쳐 행동변화를 결정한다고 가정하지만, 항상 그렇지는 않다. 충동적으로 어떤 행동을 시도해보는 경우가 있듯이 말이다. 이러한 제한점을 염두에 두고 영양교육과 영양상담에 활용하는 것이 좋다.

4. 계획된 행동이론

1) 이론의 개념

계획된 행동이론(theory of planned behavior)은 **합리적 행동이론**(theory of reasoned action)에서 발전된 형태로 1985년에 Ajzen이 제안하였고 식행동을 포함

한 다양한 건강행동 설명에 도움이 된다고 알려져 있다. 앞에서 다룬 두 이론과 다른 점은 타인의 영향을 고려하였다는 점이다. 이 이론은 개인이 어떻게 생각하고 판단하는가에 주목하며, 그 생각과 판단이 객관적으로 정확하지 않다거나 올바르지 않다거나 하는 것은 중요하지 않다. 개인의 믿음과 태도에 의해 행동이 결정되기 때문이다.

이 이론의 주요 구성요소를 표 3-5에 제시하였다. **행동에 대한 태도**는 행동에 대한 개인적 평가이다. 예를 들어 채소섭취에 대해 어떤 대상자는 "채소를 많이 먹으면 변비가 줄어서 좋아요!" 같은 긍정적인 태도를 가지고 있고, 다른 대상자는 "채소를 먹으면 음식물쓰레기가 많이 나와서 싫어요!"와 같은 부정적 태도를 보이고 있을 수 있다. '행동에 대한 태도'는 **행동신념**과 **행동 결과 평가**가 함께 형성한다(그림 3-5). 앞에서 언급한 "채소를 많이 먹으면 변비가 줄어서 좋아요!"라는 태도를 생각해보면 "채소를 많이 먹으면 변비가 준다"는 '행동신념'이고 "좋아요!"는 '행동 결과 평가'이다. 채소가 변비예방에 도움이 된다는 '행동신념'을 공유해도 변비가 없는 사람은 긍정적인 '행동 결과 평가'를 가지지 않을 수도 있다.

주관적 규범은 본인에게 중요한 사람들이 자신에게 특정 행동에 대한 기대치

표 3-5 계획된 행동이론의 구성요소

구성요소	정의	활용 예시
행동에 대한 태도 (Attitude)	행동에 대한 개인적 평가	저지방 식이에 대해 긍정적인 태도를 갖도록 저지방 식이의 이로운 점에 대한 정보 제공
주관적 규범 (Subjective norm)	본인에게 중요한 사람들이 그 행동변화에 대해 긍정적 혹은 부정적으로 생각하는지에 대한 믿음과 그 믿음에 부응하고자 하는 정도	대상자에게 중요한 주변인들을 파악하고 도움을 청하거나 긍정적 신념을 주는 주변인 발굴하여 제시
인지된 행동통제력 (Perceived behavioral control)	행동을 실천하는데 본인이 통제할 수 있다고 생각하는 범위	스스로 통제할 수 없다고 느끼는 이유를 파악하고, 해결할 수 있도록 도움
행동의도 (Behavioral intention)	스스로 판단한 행동변화의 가능성	"저지방 식이를 실천하시겠습니까?"라는 질문으로 의도 판단

자료 : Theory at a glance, NCI(2005)

에 대한 주관적 판단이다. 우리는 한 가지 행동에 대해서 다양한 메시지를 받는다. 영양사는 채소섭취가 매우 좋다는 메시지를 주고, 친구는 채소섭취가 무척이나 귀찮은 일이라는 메시지를 준다. 이렇게 다양한 메시지를 **규범적 신념**이라 하며 **순응동기**에 의해 '주관적 규범'이 결정된다. 채소섭취에 대해 친구보다는 전문가인 영양사의 메시지를 신뢰하며 따르려는 사람은 채소섭취를 해야 한다는 주관적 규범을 형성하게 될 것이다. 반대로 함께 사는 친구의 말을 무시할 수 없는 사람은 채소섭취는 하지 말아야 한다는 주관적 규범을 형성하게 될 것이다.

인지된 행동통제력은 특정 행동을 할 수 있다고 생각하는 범위라고 정의하는데 스스로 판단하기에 특정 행동을 실천하는 것이 본인에게 달린 것인지에 대한 판단이다. '인지된 행동통제력'은 **통제신념**과 **인지된 영향력**에 의해 결정된다. '통제신념'은 특정 행동을 실천하는데 장애나 도움이 될 것으로 믿는 모든 요소들에 대한 생각을 말한다. '인지된 영향력'은 그 모든 요소가 얼마나 큰 영향력이 있는지에 대한 주관적 판단이다. 예를 들어 채소섭취를 하는데 음식물쓰레기 처리가 장애요소라는 '통제신념'을 공유하고 있어도 음식물쓰레기를 스스로 처리하지 않는 사람에게는 '인지된 영향력'이 매우 낮겠지만 음식물쓰레기를 처리해야 하는 사람에게는 매우 높을 것이다. 그러므로 음식물쓰레기를 처리해야 하는 사람에게는 채소섭취에 대한 '인지된 행동통제력'이 낮을 것이다.

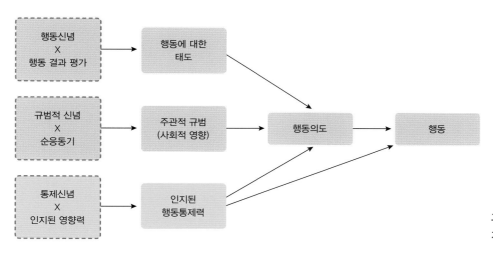

그림 **3-5**
계획된 행동이론

자료 : Theory at a glance, NCI(2005)
※ 보라색 부분은 합리적 행동이론이며, 붉은색 부분을 포함하여 계획적 행동이론이 된다.

계획된 행동이론에서는 행동을 일으키는 주요 구성요소로 태도, 주관적 규범, 인지된 행동통제력이 행동의도를 구성하고, 행동의도와 인지된 행동통제력이 상호작용을 하여 행동으로 이어진다고 한다(그림 3-5).

2) 이론의 활용

계획된 행동이론은 식행동 변화를 일으키려면 영양교육과 영양상담에서 변화시키고 싶은 행동에 대한 긍정적인 태도와 주관적 규범을 유도하고 인지된 행동통제력을 높이라고 이야기한다. 표 3-5에 활용의 예가 제시되어 있으므로 참고하기 바란다.

이 이론은 행동에 특정하므로 적용을 위해서는 변화시키고자 하는 행동을 잘 정의하는 것이 중요하다. 예를 들어 영양교육이나 영양상담의 목표가 "한 달 동안 매 끼니 채소 반찬 한 가지 먹기"라면 행동은 '먹기'이며 행동목표는 '채소 반찬 한 가지'이며 '매 끼니'가 행동이 일어나는 환경이고 '한 달 동안'이 기간이 된다. 다음과 같은 질문을 통해 계획된 행동이론의 주요 구성요소에 대한 정보를 얻을 수 있다.

- 채소섭취를 좋아(싫어)하시나요?
- 채소섭취하면 안 좋은 점이 무엇이 있을까요?
- 채소섭취를 늘린다고 하면 반대할 분이 계실까요?
- 주변분 중 채소섭취를 많이 하시는 분이 어느 분이신가요?
- 채소섭취를 늘리려고 할 때 어려운 점이 무엇일까요?
- 채소섭취를 늘리고 싶으면 할 수 있다고 어느 정도 자신하세요?

건강신념 모델이나 변화단계 모델과 달리 사회적 규범이나 주변인의 영향을 포함하는 장점이 있다. 그러나 계획된 행동이론도 완벽한 이론은 아니다. 행동변화에 영향을 준다고 생각되는 감정이나 욕구 등이 포함되지 않았고 상황에 따라 혹은 시간의 흐름에 따른 변화가능성을 고려하지 않은 점이 단점으로 언급된다.

5. 사회인지이론

1) 이론의 개념

사회인지이론(social cognitive theory)은 인간이 어떻게 학습하는가에 관한 오랜 연구와 인지이론이 합쳐진 결과물이며, 반두라(Bandura)가 1960년대에 제안하였던 사회학습이론을 발전시킨 이론이다. 앞에서 공부한 세 이론과 달리 타인과의 상호작용과 환경적 요인을 직접적으로 다루고 있다. 매우 방대한 이론으로 심리학에서 시작되었으나 건강행동영역에서 더 많이 활용되고 있다.

사회인지이론의 주요한 전제는 인간은 경험을 통해서 배우고, 또한 다른 사람

표 **3-6** 사회인지이론의 구성요소

구성요소		정의	활용 예시
상호결정론 (Reciprocal determinism)		사람, 행동, 행동이 일어나는 환경 간의 활발한 상호작용	• 행동변화를 유도하기 위하여 사람, 행동, 환경을 함께 고려한 다양한 방법을 제공함
행동	행동수행력 (Behavioral capability)	특정 행동을 실천하는데 필요한 지식과 기술	• 필요한 지식전달과 기술습득을 도움 • 염도 낮추는 조리법 실습을 제공하여 저염식을 할 수 있는 기술 습득을 도움
개인적 요인	결과기대 (Expectation)	행동 후 기대하는 결과	• 건강에 이로운 행동을 함으로써 얻을 수 있는 긍정적 결과를 제시 • 저염식을 하면 혈압조절뿐만 아니라 부기를 줄임으로서 체중조절에도 도움이 될 수 있음을 제시
	자아효능감 (Self-efficacy)	장애물을 극복하고 행동을 실천할 수 있을 것이라는 스스로에 대한 자신감	• 명확하고 구체적인 행동변화를 제시하고, 점진적인 목표를 설정 • 식탁에서 소금 사용 안하기와 같은 실천하기 쉬운 구체적인 행동변화부터 시도하도록 도움
환경적 요인	관찰학습 (Observational learning)	다른 사람의 행동과 그 결과를 관찰하면서 그 행동을 습득하게 됨	• 대상자가 동질감을 느낄 수 있는 긍정적인 역할모델 제공 • 또래의 연기자가 드라마에서 식사하는 장면에서 국에 소금을 더 넣는 것을 거절함
	강화 (Reinforcement)	개인의 행동변화에 보이는 반응으로, 이에 따라 행동변화 실천 지속 가능성 달라짐	• 스스로가 주는 상이나 인센티브를 설정 • 행동변화를 하나씩 성공할 때마다 대상자가 정하는 상을 스스로에게 주기로 설정

자료 : Theory at a glance, NCI(2005)

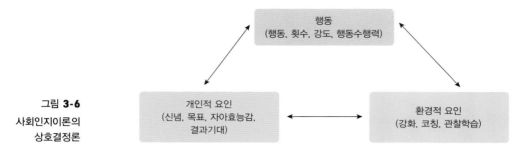

그림 3-6
사회인지이론의
상호결정론

자료 : Theory at a glance, NCI(2005)

의 행동과 그 행동이 가져온 결과를 보고 배우기도 한다는 것이다. 사회인지이론의 주요 구성요소는 표 3-6에 정리되어 있다. 사회인지이론의 가장 두드러진 특징은 **상호결정론**일 것이다. 이는 행동, 환경, 사람이 끊임없이 상호작용하며 서로에게 영향을 주는 과정을 말한다(그림 3-6). **행동수행력**은 특정 행동을 실천하는 데 필요한 지식과 기술을 이르는 용어이다. **결과기대**는 특정 행동 후 일어나기를 기대하는 결과로 결과기대에 따라 행동으로 옮기는 가능성이 높아질 수 있다. **자아효능감**은 사회인지이론의 독특한 구성요소인데 앞에서 본 바와 같이 다른 건강행동 이론에서도 추가되어 사용되고 있다. 행동수행에 가장 큰 영향을 주는 요소로 알려져 있다. **관찰학습**은 행동 학습은 지식습득처럼 공부뿐이 아니라 다른 사람이 어떻게 행동하는지를 보면서 습득하게 된다고 하는 요소이다. 참고로 **모델링**(modeling)은 여러 모델을 관찰하며 나타나는 변화를 칭하는 용어이다. **강화**는 행동이 일어났을 때 주변에서 보이는 반응이며 긍정적 강화와 부정적 강화가 있다. 강화는 행동이 반복해서 일어나도록 하는데 도움이 된다고 한다. 긍정적 강화는 행동이 일어난 이후 주변에서 보이는 긍정적 반응이며, 부정적 강화는 행동과 연결되어 있는 반응, 대체로 부정적 반응을 없애는 것이다. 어린이가 채소 반찬을 먹었을 때 칭찬과 같은 긍정적 반응을 보이면 긍정적 강화로 작용하여 채소 반찬 섭취가 계속될 것이다. 반면 채소 반찬을 안먹었을 때 항상 하던 잔소리를 하지 않는 경우 부정적 강화로 작용하여 채소 반찬 섭취가 계속될 수 있을 것이다.

사회인지이론은 **자기통제**(self-regulation)를 통해 목표를 세우고 달성해 가는 일련의 과정을 제시한다. 사람들은 자신의 행동을 자기통제 하게 마련이며 문제행동 조절, 중요기술 습득, 목표달성 등을 스스로 혹은 도움을 받아 배운다고 한다. 자기통제를 할 때 세 가지 요인을 조절하면서 바라는 결과를 얻으려고 노력하는 데, 세 가지 요인이 상호결정론의 행동, 개인적 요인, 환경적 요인이다. 행동부분에서는 새로운 행동 양식을 시도해 볼 수 있다. 개인적 요인의 예로는 행동의 성공적 실천에 대한 기대나 목표 재설정 등을 생각할 수 있다. 환경적 요인은 행동이 일어나는 물리적 환경뿐만 아니라 주변 사람들을 포함한 사회적 환경도 포함한다. 특히, 지식이나 기술 습득을 도와줄 수 있는 교사나 코치 존재와 같은 사회 요소가 중요하다. 즉, 자기통제는 이 세 가지 요인의 상호작용을 조절하여 목표를 달성해 가는 과정이다. 예를 들어, 저염식에 실패했던 사람이 모든 음식을 싱겁게 먹는 대신 가공식품 섭취를 반으로 줄이는 새로운 행동 양식을 시도하기로 하고(행동), 습관적으로 먹고 있는 가공식품을 매주 두 가지씩 자연식품으로 바꾸는 도달 가능한 목표 설정을 하고(개인적 요인) 가족들에게 함께 하기로 약속을 받아(환경적 요인), 저염식에 대한 자기통제를 해나가는 것이다. 이 과정에서 영양교육과 영양상담을 진행하는 영양사는 중요한 사회적 환경으로 작용할 수 있다.

2) 이론의 활용

사회인지이론은 심리학, 경영학, 보건의료 등 다양한 부분에서 사용되고 있는 매우 포괄적인 이론이다. 여기서 다룬 구성요소나 개념들은 자주 사용되는 사회인지이론의 일부이다. 너무 포괄적이기 때문에 사회인지이론 전체를 활용하기보다는 유용하다 생각되는 일부 요소만을 사용하는 경우가 대부분이다.

영양교육이나 영양상담에서는 변화시키고자 하는 행동과 연관된 개인적 요인과 행동적 요인의 상호작용을 고려하며, 어느 부분에 대한 코칭이 필요한지를 판단하여 필요한 지식이나 기술을 제공하여 행동수행력을 높일 수 있다. 혹은 그룹상담에서 암생존자에게 사회를 맡도록 하여 자연스럽게 모델을 통한 관찰학습을 할 수 있도록 할 수 있다. 강화는 자주 쓰이는 요소로 행동이 지속되기를 원하면 긍정적 강화를, 행동이 멈추기를 원하는 경우는 부정적 강화를 사용하여 행동변화를 지원할 수 있다. 다만, 강화로 작용하는 상이나 인센티브는 매우 개인적이어서 대상자가 스스로 정하게 하는 것이 바람직하다. 앞에서도 언급한 바와 같이 '자아효능감'은 매우 효과가 좋은 요소이다. 자아효능감을 높이는 방법으로는 실습 등을 통하여 성공을 경험하게 하거나, 자신과 비슷한 사람이 성공하는 것을 보면서 자신감을 얻게 하고, 격려나 설득을 통해 스스로에 대한 믿음을 높이도록 돕는 것이다.

영양교육이나 영양상담에서 가장 많이 활용하는 사회인지이론에 기반한 행동변화기법은 목표설정(goal-setting), 자가모니터링(self-monitoring), 행동계약(behavior contracting) 등이 있다. 도달가능한 작은 수준으로 설정한 목표를 행동계약을 통해 공식화하면서 보상도 정한다. 이후 자가모니터링을 실시하면 자기통제가 더 쉬워지고 성취감을 느껴 자아효능감도 높아지게 된다. 높아진 자아효능감은 행동변화를 촉진하고 유지하는 데 도움이 되는 선순환이 일어난다. 영양교육이나 영양상담에서 대상자에게 필요한 부분을 잘 선택하여 활용하도록 한다. 표 3-6에 각 구성요소에 대한 활용의 예가 있으므로 참고하도록 한다. 이러한 활용은 뒤의 영양교육과 영양상담에서 다시 나오므로 그때 더 알아보도록 하겠다.

6. 기타 이론 및 모델

앞에서 알아본 이론과 모형 이외에도 다양한 이론, 모델들이 현장에서 활용되고 연구되고 있을 뿐만 아니라 새로운 이론과 모델이 개발되고 있다. 모든 이론과 모델을 다루는 것은 이 책의 범위를 넘어서는 것이어서 영양교육과 영양상담에서 활용도가 높다고 생각하는 몇 가지만 추려 간단히 소개하고자 한다.

1) 사회적 지지

사회적 지지(social support)는 누군가에게서 사랑받고 존중받으며 돌보아지고 있거나, 타인으로부터 도움을 받고 있거나, 도움을 주는 사회관계망(social network)의 일원이라고 스스로 느끼는 감정과 실제 상황을 말한다. 사회적 지지는 식행동변화를 포함한 거의 모든 행동변화에 도움이 된다고 알려져 있으며 신체적 건강

뿐만 아니라 정신 건강에도 도움이 된다고 한다. 사회적 지지는 감정적 안정을 제공(emotional support)하기도 하고, 행동변화에 필요한 금전적 도움이나 물품 제공을 줄 수도 있다(tangible support). 행동변화 결심에 필요한 정보나 제안, 조언 등을 얻을 수도 있다(informational support). 또한, 소속감을 느끼게 하고 스스로 존중감을 높이게 한다(companionship support).

사회적 지지는 여러 형태를 가지지만 대체로 사람에게서 나온다. 그러므로 영양교육과 영양상담에서는 대상자에게 사회적 지지를 제공하는 혹은 제공할 수 있는 사람들을 파악하고 그 정보를 활용하는 것이 필요하다. 영양사도 사회적 지지를 제공하는 중요한 자원임을 기억하도록 한다. 요즈음은 다양한 플랫폼을 통한 온라인 활동도 활발하므로 대면이 아닌 이러한 온라인 활동을 통해서도 사회적 지지를 제공할 수 있다고 한다.

2) 개혁확산 모형

개혁확산 모형(diffusion of innovations)은 새로운 생각, 행동, 프로그램 등이 어떻게 인구집단에서 퍼지고 받아들여지는지를 설명한다. 개혁확산 모형은 새로움의 채택(adoption)과 확산(diffusion)을 이야기함에 있어 모든 사람들이 동시에 새로움을 채택하지 않는다고 말한다. 혁신을 만들어내는 사람들을 'innovators'라 부르고 혁신을 빨리 받아들이는 사람들을 'early adopter'라 칭하는데 이제 일상에서도 많은 쓰는 용어가 되었다. 이후에 받아들이는 사람들을 'early majority'와 'later majority'로 나누고 혁신을 받아들이지 않는 사람들은 'laggards'라고 한다.

영양교육과 영양상담에서 개혁확산 모형을 적용함에 도움이 되는 부분은 새로운 생각과 행동 등이 어떻게 받아들여지는지와 빠르게 채택되는 혁신의 특징일 것이다. 개인이 혁신을, 예를 들어 새로운 식행동을, 채택하는 데는 네 단계를 거치는데 그 혁신이 필요를 인지하고, 받아들일지를 결정하며, 일단 시험을 해본 후 지속적인 활용으로 이어지게 된다. 저염 식생활이라는 새로운 행동을 채택되게 하려면, 각 단계가 순조롭게 진행될 수 있도록 도움을 제공하면 좋을 것이다. 또한, 빠르게 채택되는 혁신의 특징은 다섯 가지로 이야기한다. 새로운 아이디어나 행동이 기존의 것보다 좋다는 비교우위(relative advantage), 대상자의 가치, 경험, 필요와 잘 어우러지는 새로움이라는 적합성(compatibility), 이해하고 활용하는 데 어렵지 않으며(complexity), 채택결정 전에 사용해볼 수 있고(triability), 채택 후 바람직한 결과를 볼 수 있는(observability) 경우 채택이 빠르다고 알려져 있다. 영양플러스 프로그램에서 영아 보호자 대상으로 진행하는 이유식 요리실습 교육은 다섯 가지 특징을 잘 활용한 예라 하겠다. 요리 실습을 하면서 왜 해당 이유식이 '비교우위'를 가지는지를 설명할 것이며, 특별한 다른 요리도구나 재료 준비 없이(compatibility) 쉽게 만들 수 있음을 보이며(complexity), 집에서 만들기 전에 실습에서 만들어보고(triability), 만든 이유식을 아기가 잘 먹는 결과를 확인(observability)할 수 있다.

이 모형은 영양을 포함한 다양한 보건분야 등에서 새로운 행동이나 프로그램을 소개하고 채택하게 하는데 성공적으로 활용되었다. 이 모형은 기존 행동을 멈추게 하거나 예방하기보다는 새로운 행동을 채택하게 하는데 효과적이다. 그리고 새로운 행동을 채택하는데 도움이 되는 개인이 가지고 있는 자원이나 사회적지지 등은 고려하지 않고 있다.

3) 사회마케팅

사회마케팅(social marketing)은 공공이익을 위하여 상업마케팅 기법을 차용하여 사회변화를 꾀한다. 상업마케팅에서 활용하는 4P(product, price, promotion, place)를 비롯한 단계를 거쳐 어떻게든 인구집단에 새로운 아이디어, 행동, 제도 등을 알리고 변화를 이끌어내고자 한다. 상업마케팅은 마케팅을 실시한 주체가 사업이익 등의 이익을 가지지만, 사회마케팅은 마케팅을 실시한 주체가 아닌 마케팅을 통해 새로운 행동 등을 실천한 대상자가 이익을 가져간다는 점이 다르다.

다양한 분야에서 널리 쓰이는 방법으로 영양 쪽에서 가장 유명한 예는 미국, 영국, 프랑스 등 선진국에서 실시한 '5-A-Day' 캠페인을 들 수 있다. 이 캠페인은 하루에 채소와 과일을 다섯 번 이상 먹자는 메시지를 다양한 채널을 통해 전달하고 실천할 수 있는 실용적 팁을 제공하여 채소와 과일 섭취를 높이고자 한다. 사회마케팅 기법을 집단을 대상으로 하는 영양교육 등을 계획할 때 활용하면 도움이 된다고 알려져 있다.

4) PRECEDE-PROCEED 모델

이 모델은 영양학뿐만 아니라 건강증진 관련 전 분야에서 광범위하게 활용되고 있다. 이 모델은 개인을 대상으로 하는 교육이나 프로그램보다는 인구집단 혹은 지역사회를 대상으로 할 때 활용이 된다. 이 모델은 생태학적이며 교육적인 접근 법으로 인구집단이나 지역사회를 잘 이해할 수 있게 돕고, 교육을 비롯한 중재에 포함하여야 하는 부분을 파악할 수 있게 돕는다. 이 과정이 그림 3-7의 1단계부 터 4단계까지 활동이고, 5단계부터 8단계까지는 중재 실행과 평가를 가이드한다. 영양교육 계획에도 많이 활용되는 모델이므로 영양교육 부분에서 다시 자세히 보도록 하겠다.

5) 헬스 커뮤니케이션

헬스 커뮤니케이션(health communication)은 이론이나 모형이라기보다 영양교육이 나 영양상담과 같이 전문 영역이다. 건강에 대한 일반인의 관심이 높아지고 건강 관리 혹은 건강증진의 중요성이 높아지면서 헬스 커뮤니케이션에 대한 관심과 활

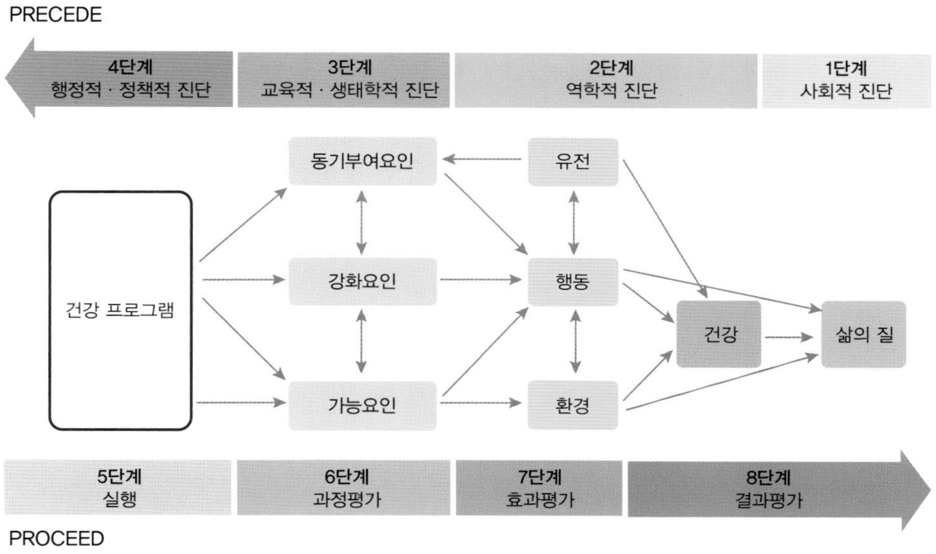

그림 3-7
PRECED-PROCEED
모델

자료 : Theory at a glance, NCI(2005)

동도 함께 높아졌다. 이에 여기서는 헬스 커뮤니케이션을 간단히 소개하고자 한다. 헬스 커뮤니케이션은 '건강 문제에 대한 인식과 지식을 높이고, 태도를 형성하고, 행동 변화를 목표로 하는 일체의 커뮤니케이션 활동'으로 정의한다. 좁게는 의료인과 환자 사이의 커뮤니케이션, 넓게는 대중과의 커뮤니케이션을 대상으로 한다. 근래에는 온라인 도구를 통한 교육이나 상담이 늘면서 e-헬스 리터러시에 대한 관심도 높아지고 있다.

7. 이론의 선택과 활용

각 이론은 장단점을 가지고 있으며 추구하는 바가 다르므로 계획하고 있는 영양교육이나 영양상담에 가장 적합한 이론이나 모델을 선택하는 것이 중요하다. 이론이나 모델을 선택할 때는 대상자 특성, 변화가 필요한 식행동, 영양교육이나 영양상담의 내용, 방법, 장소 등 다양한 요인을 고려해야 한다. 이러한 요인들을 먼저 생각하고 이에 적합한 이론이나 모델을 선택하는 것이지, 어떤 이론을 잘 알고 있다거나 많이 활용되고 있다고 해서 선택해서는 안 된다.

한 가지 이론을 온전히 활용하기도 하고 여러 가지 이론에서 적합한 요소들을 선별하여 활용하기도 한다. 모든 사람에게, 모든 상황에 딱 맞는 이론은 없다. 그러므로 활용하면서 지속적으로 이론과 어느 정도나 잘 맞는지를 가늠해보는 것도 좋다. 이러한 이론과 실제가 서로 영향을 주면서 발전해나가는 것이다.

ACTIVITY

활동 1 아래 이론 구성 요소들을 적합한 이론 아래에 쓰시오.

〈보기〉
행동의도, 인지된 질병 심각성, 행동단계, 결과기대, 인지된 행동변화의 이익, 강화, 인지된 발병 가능성, 고려 전 단계, 인지된 행동변화의 어려움, 행동계기, 자아효능감, 고려단계, 준비단계, 유지단계, 행동에 대한 태도, 주관적 규범, 인지된 행동 통제력, 상호결정론, 행동수행력, 자아효능감, 관찰학습, 자기통제

건강신념 모델	행동변화단계 모델	계획된 행동이론	사회인지이론

활동 2 건강신념 모델, 행동변화단계 모델, 계획된 행동이론, 사회인지이론 중에서 아래 상황에 활용하기 적절한 이론을 선택하고 이유를 설명하시오. 그리고 선택한 이론의 구성 요소를 활용하여 무엇을 할 것인지 간략하게 계획해보시오. 정답은 없고 가장 좋은 답은 있으므로 자유롭게 생각하고 토론해보자.

2-1. 보건소 영양사는 골다공증 예방하기 위한 식생활에 대한 영양교육을 계획하고 있다. 지역 중년 여성들 대상으로 간단한 조사를 해보니 심각성이나 중요성에 대해 잘 모르고 있었다.

2-2. 중학교에 근무하는 영양교사는 비만학생들을 위한 체중관리 프로그램을 계획하고 있다. 그런데 비만학생들 관심정도가 매우 다른 것을 발견했다.

2-3. 임상영양사는 암환자를 대상으로 그룹상담을 계획하고 있다. 새로 진단받은 환자들은 겁이 나 있는 상태이고, 치료를 이어가고 있는 환자들은 매우 지쳐있어 식생활 변화를 실행하는데 회의적인 생각을 가지고 있다.

2-4. 직장건강증진 프로그램을 운영하는 영양사는 직장 내 회식문화 개선 프로그램을 계획하고 있다. 젊은 구성원일수록 변화를 원하지만 상사들이 바라지 않는다고 생각하고 있었다.

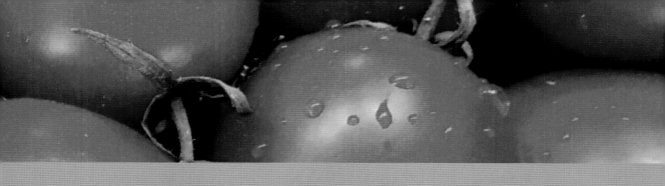

CHAPTER 4

영양교육 및 상담을 위한
대상자 진단

학습목표

- 영양교육과 영양상담을 위한 대상자 진단의 목적과 내용을 설명할 수 있다.
- 대상자 진단을 위한 영양판정 방법의 종류와 장단점을 설명할 수 있다.
- 영양교육과 영양상담을 위한 적절한 영양판정 방법을 선택하여 대상자 진단을 할 수 있다.

영양교육과 영양상담은 대상자의 식생활 혹은 식행동 변화를 통해 영양상태를 개선하고 건강증진을 목적으로 한다. 영양교육과 영양상담은 대상자와 상황을 파악하는 것으로 시작한다(그림 4-1). 대상자 진단을 통하여 무엇을 해야 하는지 계획을 세울 수 있으며 실행할 때 주의해야 할 점을 알 수 있게 된다. 이 장에서는 영양교육과 영양상담을 위한 대상자 진단에 대하여 알아보도록 하겠다. 대상자 진단에 사용되는 영양판정 방법은 영양판정 과목에서 자세히 다루므로 여기서는 간단히 소개하고 영양교육과 영양상담에서 어떻게 활용하는지에 중점을 두겠다.

그림 **4-1**
영양교육과 영양상담의
진행순서

1. 영양교육 및 영양상담을 위한 대상자 진단의 목적

대상자 진단은 영양교육 및 영양상담이 이루고자 하는 목적과 목표를 명확하게 하여 결정하는 데 도움을 준다. 즉, 대상자 진단을 통해 대상자가 가지고 있는 영양문제를 잘 파악하여 이를 해소하기 위한 영양교육 및 영양상담 목적과 목표를 설정하게 된다. 이때 주의할 점은 대상자가 해소하고자 하는 영양문제를 함께 알아보아야 한다. 객관적으로 나타난 영양문제와 대상자가 제시한 주관적 영양문제는 다를 수 있고, 객관적으로 파악된 여러 가지 영양문제의 우선순위도 대상자와 영양사 의견이 다를 수 있다. 이 경우 대상자 의견을 최대한 반영하는 것이 영양교육과 영양상담을 효과적으로 진행할 수 있다고 한다. 대상자가 바라는 바가 아닌 영양문제를 선택해서 다루게 되면 대상자가 흥미를 잃고 참여도가 떨어질 뿐만 아니라 대상자의 의견이 무시되었다는 불쾌감까지 가지게 될 수 있다. 그러나 대상자 의견이 항상 옳은 것은 아니다. 전문가로서 영양사는 객관적으로 대상자의 영양문제들을 설명하고 설득하여 꼭 해소가 필요한 영양문제를 먼저 해소할 수 있도록 하는 노력도 필요하다. 이러한 과정은 영양상담에서는 상담과정에서 자연스럽게 일어나지만, 영양교육에서는 대상자의 의견을 충분히 교류하는 것이 어려울 수 있다. 이러한 점을 보완하기 위해 교육요구도를 잘 조사해야 한다.

영양문제를 파악하면서 영양문제를 일으키는 원인요소와 원인은 아니지만 관련된 요소들을 함께 파악하는 것이 필요하다. 영양교육과 영양상담의 목적은 영양문제를 파악하는 것이 아니며 이를 해소하는 것인데, 원인요소와 관련요소를 알아야 어떻게 해소할 수 있는지를 판단할 수 있다. 즉, 영양문제 파악을 통해 영양교육과 영양상담에서 '무엇을' 해소해야 하는지를 알고, 원인요소와 관련요소를 통해 '어떻게' 해소할 수 있을지에 대한 정보를 얻게 된다.

⊕ **영양교육과 영양상담을 위한 대상자 진단의 목적**
- 대상자의 객관적·주관적 영양문제를 파악하여 목적과 목표 수립
- 대상자와 영양문제의 원인요소를 파악하여 영양교육과 영양상담 계획 수립
- 영양교육과 영양상담 효과평가 위한 기초자료 축적

또한, 대상자 진단을 통해 얻게 되는 대상자의 식생활과 영양 자료는 이후 목적과 목표를 달성했는지를 판단하는 효과평가를 위한 기초자료로 활용하게 된다. 잘못된 진단은 빠른 해소가 필요한 영양문제를 간과할 수도 있고, 문제가 아닌 부분으로 파악하여 영양교육과 영양상담을 잘못된 방향으로 이끌 수도 있다. 그러므로 영양교육과 영양상담의 첫 단계인 대상자 진단은 적절한 방법으로 정확하게 이루어지는 것이 매우 중요하다.

2. 영양교육과 영양상담을 위한 대상자 진단의 내용

영양교육과 영양상담을 위한 대상자 진단을 위해서 무엇을 조사하고 이해해야 할까? 다양한 요소들에 대하여 알아보아야 하겠지만 크게 영양문제와 영양문제 관련 요인으로 나누어 생각해볼 수 있다.

1) 영양문제

영양교육이나 영양상담에서 해소하고자 하는 문제가 바로 이 영양문제이므로, 정확하게 파악하지 않으면 영양교육이나 영양상담 목적 설정부터 잘못될 수 있다. 저체중이나 과체중, 에너지 섭취 과다, 특정 영양소 섭취 부족, 편식, 불규칙한 식생활 등 다양한 영양문제가 대상자 진단에서 나타난다. 즉, 영양문제도 여러 단계로 나누어 생각할 수 있다. 과체중은 에너지 섭취과다나 불규칙한 식생활로 인하여 나타날 수 있다. 영양교육이나 영양상담에서 파악된 영양문제를 기반으로 목적과 목표를 설정할 때 과체중해소를 목적으로 에너지 섭취 적정화와 규칙적인 식생활을 목표로 정할 수 있다. 혹은 에너지 섭취 적정화에 집중하는 것이 필요하다 판단된 경우는 에너지 섭취 적정화가 목적이 되고 관련된 목표 설정을 하게 된다. 대상자 진단에서 파악한 영양문제를 기반으로 목적과 목표 설정하는 것은 이후 영양교육과 영양상담에서 자세히 공부하도록 하자.

영양교육이나 영양상담의 대상자 혹은 대상자집단은 여러 가지 영양문제를 가지고 있을 수 있는데, 중요한 영양문제들을 가능한 모두 파악하여 우선순위를 정하게 된다. 혹은 영양교육이나 영양상담이 특정 목적을 가지고 진행될 수도 있는데 그 경우는 그 목적에 부합하는 영양문제를 중점적으로 파악하게 된다. 예를 들어 암재단에서 암예방을 위한 영양교육을 실시하고자 할때는 암과 관련된 영양문제 파악에 집중하게 될 것이다.

2) 영양문제 관련 요인

많은 사람이 영양문제를 인지하고 있어도 해소하지 못하고 있다. 이는 영양문제를 일으키는 다양한 요인들이 있고 그 관계성이 상황에 따라 변하기도 하는 등 복잡하게 얽혀 있기 때문이다. 고혈압을 앓고 있는 사람이 항상 저염식을 실천하고 있지만, 여행지에서는 염분함량을 크게 생각하지 않고 그 지역특산물을 먹을 수도 있다. 체중관리를 위해 저칼로리 균형식을 장기간 잘하고 있다가 어느 한순간 충동적으로 그만둘 수도 있다. 이처럼 복잡하고 가변성이 높은 영양문제와 관련된 요인들을 잘 이해하지 못하면 문제해결을 할 수 없다. 그리고 영양문제가 중요하고 심각하다는 정보제공과 설득만으로는 필요한 행동 변화를 일으킬 수 없고, 유지할 수 없다. 영양교육과 영양상담은 문제 해소를 위해 어떤 행동 변화가 필요한지를 알려주고 변화를 시작할 수 있도록 도와야 하는데, 영양문제 관련 요인들을 잘 파악하고 이해하면 변화가 필요한 요인이 무엇이며, 어떠한 중재가 제공되어야 하는지를 알 수 있게 된다.

영양문제 관련 요인은 다양하지만 크게 개인적 요인과 환경적인 요인으로 나누어 생각해볼 수 있다. **개인적 요인**은 대상자 특성으로 나이, 성별, 교육수준, 경제수준, 라이프스타일, 음식기호 등과 건강문제를 생각할 수 있다. 교육수준이나 경제수준 등은 대상자가 어떤 정보를 어떻게 접하고, 어떤 식품을 먹으며, 어떤 교육방법을 선호하는지 등에 영향을 준다. 영양문제는 대상자가 가지고 있는 건강문제에서 기인하거나 영양문제가 건강문제를 일으키고 있을 수도 있다. 예를 들어 연하곤란을 가지고 있는 어르신은 식사에 어려움이 많아 영양불량상태일 수 있다. 또는 과도한 식품섭취로 비만이 되고 대사증후군으로 진행될 수 있다. 성공적인 영양교육 및 영양상담을 위해서는 해소하고자 하는 대상자가 가지고 있는 개인적 요인에 대한 이해가 필요하다. 예를 들어 3장에서 배운 변화단계 모델에서 고려 전 단계에 있는 대상자에게 저염식품에 대한 정보를 제공하는 영양교육은 큰 효과를 기대하기 어렵다. 또는 신장병에 대한 염려로 물섭취를 제한하고 있는 대상자에게 물 마시기를 교육한다거나, 육류 섭취에 대해 거부감을 가지고 있는 빈혈 위험 대상자에게 철분섭취를 위해 소고기나 돼지고기 섭취증가를 권유하는 등의 실수가 일어날 수 있다.

⊕ **영양교육과 영양상담을 위한 대상자 진단의 내용**

- 영양문제
- 영양문제 관련 요인
  - 개인적 요인 : 대상자 특성(나이, 성별, 교육수준, 경제수준 등), 건강문제 등
  - 환경적 요인 : 식환경, 식품영양정책, 의료보건체계 등

환경적 요인은 개인이 속한 가정, 직장, 지역사회 등이 가지고 있는 물리적 혹은 비물리적 요인들을 모두 포함한다. 아주 직접적인 예로 채소와 과일을 파는 상점이 없는 지역에 사는 대상자에게 채소와 과일 섭취에 대한 교육을 한다고 섭취가 높아지지 않을 것이다. 영양표시제 정책이 없는 나라에서는 당뇨병 환자가 식품 선택을 함에 어려움이 있을 것이다. 이러한 환경적 요인은 영양교육이나 영양상담을 통해 해소할 수 있는 부분은 아니지만, 영양문제가 왜 일어났고 어떻게 해소할 수 있을지를 생각할 때 필요한 정보라고 하겠다.

다양한 영양 및 건강문제가 있고, 각 영양 및 건강문제에는 다양한 관련 요인이 있을 수 있으므로 대상자 진단을 통해 알아볼 요인들을 잘 선택해야 한다. 이 선택과정에 해당 영양문제에 대한 치료매뉴얼이나, 과거 경험, 연구결과, 그리고 2장과 3장에서 배운 식행동의 이해와 건강행동이론과 모델 등이 도움이 된다.

3. 영양교육 및 영양상담을 위한 대상자 진단 방법

1) 자료를 구하는 방법

영양교육과 영양상담을 위한 대상자 진단을 하는 방법은 크게 직접조사와 간접조사 두 가지로 나눌 수 있다. **직접조사**는 대상자에게 아래에서 알아볼 다양한 조사방법을 통해 필요 항목에 대한 자료를 얻는 것이다. 대상자와 면담을 통해 자료를 수집할 수도 있고, 설문지 등을 통하여 대상자가 기입한 응답을 취합하여 정리할 수도 있다. **간접조사**는 대상자가 속한 인구집단에 대하여 이미 조사된 자료를 사용하는 방법이다. 보건통계자료를 통해서는 주요 질병통계, 사망통계, 의료보건시설 상황 등을 알 수 있다. 식품섭취상황은 국민건강영양조사 결과보고서 등을 이용하여 특정 인구집단의 섭취 경향을 파악할 수 있다.

직접조사와 간접조사 장단점은 서로 반대로 적용된다. 직접조사는 원하는 항목에 대한 자료를 얻을 수 있으나, 조사시행에 시간, 인력, 비용이 든다. 간접조사는 이미 조사된 결과를 활용하므로 시간, 인력, 비용은 절감되지만, 필요한 항목이 조사되지 않았을 수도 있다. 그러므로 직접조사와 간접조사는 어느 쪽이 더 우수한가의 문제가 아니라 어떻게 활용하면 최대효과를 얻을 수 있는가의 문제이다. 현실적으로 영양교육과 영양상담을 위한 영양진단에서는 직접조사방법과 간접조사방법을 함께 활용하는 경우가 많다. 다음 사항들을 고려하여 방법을 선택도록 한다.

⊕ **대상자 진단 방법 선정 시 고려사항**

- 영양진단 목적
- 조사 대상 크기(집단 또는 개인)
- 조사 내용 종류와 양
- 평가도구의 신뢰도와 타당성
- 조사 대상자 특성(교육수준, 시간여유 등)
- 조사 대상자가 느낄 부담
- 조사자료 분석 편리성
- 대상 진단에 쓸 수 있는 비용, 인력, 시간

2) 대상자 진단을 위한 직접조사방법

대상자 진단을 할 때 조사해야 하는 내용을 영양문제와 영양문제 관련 요인으로 나누어 알아보았다. 이러한 내용을 알아보기 위해서 대상자 진단에서 사용하는 방법은 영양판정에서 사용하는 방법과 다르지 않다. 영양판정을 통해 영양문제를 파악하고 객관적인 우선순위를 정할 수 있다. 이 과정에서 영양문제 관련 요인 중 나이, 성별, 교육수준 등 개인적 요인인 대상자 특성을 함께 파악할 수 있다. 그러나 대상자 준비정도, 대상자 주관적 영양문제, 환경적 요인 등은 일반적인 영양판정 방법만으로는 조사하기 어려우므로 따로 문항을 마련하여 면담이나 설문지기법을 통하여 조사해야 한다.

영양판정은 영양스크리닝과 영양조사를 통하여 실시하는 것이 일반적이다. 영양스크리닝은 영양조사가 필요한 대상자를 선별해 낼 때 많이 사용하지만, 빠르게 대상자의 대략적 영양상태를 진단하는 도구로도 활용한다. 영양조사는 다양한 방법을 통하여 대상자의 영양상태를 더 종합적이고 정확하게 알아볼 수 있다는 장점과 함께 시간, 인력, 자원 투입이 많이 필요하다는 단점이 있다.

(1) 영양스크리닝

영양교육이나 영양상담을 시작할 때 대부분 대상자가 이미 정해져 있다. 예를 들어 영양교사의 영양교육 대상자는 담당하고 있는 학교의 재학생일 것이며, 임상영양사의 영양상담 대상자는 내원하거나 입원해있는 환자이다. 하지만, 영양교육이나 영양상담이 필요한 대상자를 선별해야 하는 경우도 있다. 영양교사는 채소섭취가 저조한 학생들만 선별하여 영양교육을 실시하고 싶을 수도 있고, 병원에서는 일상적으로 영양스크리닝(nutrition screening)을 통하여 영양상태를 판정하여 영양조사가 필요한 환자를 선별한다. 또한, 영양교육이나 영양상담 초반에 영양스크리닝을 실시하여 대상자의 관심과 흥미를 유발할 수도 있다.

타당도와 신뢰도가 높은 영양스크리닝 도구를 사용하는 것이 매우 중요하다. 영양교육과 영양상담에서는 대체로 개발된 영양스크리닝 도구를 선택하여 사용하는 경우가 많은데, 영양스크리닝 도구 개발은 세심하게 계획된 연구를 통해 이루어져야 타당도와 신뢰도를 담보할 수 있기 때문이다. 영양스크리닝 도구를 선

표 **4-1** Mini Nutritional Assessment-노인대상 영양스크리닝 도구

이름: [   ] 성별: [   ] 나이: [   ] 키: [   ] cm 체중: [   ] kg 일자: [   ]

※ 해당 사항에 체크하시고, 오른쪽 빈 칸에 점수를 적으십시오.

Screening

A 지난 3개월 동안 밥맛이 없거나, 소화가 잘 안되거나, 씹고 삼키는 것이 어려워서 식사량이 줄었습니까?
0= 많이 줄었다
1= 조금 줄었다
2= 변화 없다 □

B 지난 3개월 동안 몸무게가 줄었습니까?
0= 3kg 이상 감소
1= 모르겠다
2= 1kg~3kg 감소
3= 변화 없다 □

C 거동 능력
0= 외출 불가, 침대나 의자에서만 생활 가능
1= 외출 불가, 집에서만 활동 가능
2= 외출 가능, 활동 제약 없음 □

D 지난 3개월 동안 정신적 스트레스를 경험했거나 급성 질환을 앓았던 적이 있습니까?
0= 예   2= 아니오 □

E 신경 정신과적 문제
0= 중증 치매나 우울증
1= 경증 치매
2= 없음 □

F1 체질량 지수 = kg 체중 / (m 높이)^2
0= BMI < 19
1= 19 ≤ BMI < 21
2= 21 ≤ BNI < 23
3= BMI ≥ 23 □

체질량지수를 모를 경우 F2로 가십시오. F1 응답을 하신 분은 F2를 하실 필요가 없습니다.

F2 종아리둘레(Calf circumference, cm)
0= CC < 31
3= CC ≥ 31 □

Screening score(총 14점)

12~14점 □ 정상   □□
8~11점 □ 영양불량 위험 있음
0~7점 □ 영양불량

자료 : Nestle Nutrition Institute(www.mna-elderly.com).

표 **4-2** NRS2002-입원환자 대상 영양스크리닝 도구

	체중감소	질병	연령
1점	3개월 내 체중감소가 5% 이상 또는 섭취량이 전주 필요량의 50~75%	골반 골절, 급성증상이 있는 만성질환 환자, 간경변, 만성폐쇄성폐질환, 투석, 당뇨, 암환자	≥70세
2점	2개월 내 체중감소가 5% 이상 또는 BMI 18.5~20.5이면서 전반적인 신체상태 저하 또는 섭취량이 전주 필요량의 25~60%	주요 복부 수술, 중증의 폐렴, 뇌졸중, 혈액암	
3점	1개월 내 체중감소가 5% 이상 또는 BMI <18.5이면서 전반적인 신체상태 저하 또는 섭취량이 전주 필요량의 0~25%	두부 손상, 골수이식, APACHE >10의 중환자실 환자	
	평가 총점 0점=위험 없음, 총점 1~2점=영양불량 저위험, 총점 3~4점=영양불량 중등도위험, 총점 5점 이상=영양불량 고위험		

자료 : 임상영양학, 파워북(2003)

택할 때는 대상 인구집단과 스크리닝 목적을 잘 확인하여야 한다. 예를 들어 MNA 스크리닝 도구(표 4-1)는 노인의 전체적 영양위험도를 파악하는 목적이므로, 다른 인구집단에 적용하는 것은 권장하지 않는다. 또한 표 4-2의 영양검색도구는 입원환자를 대상으로 개발되었으므로 이에 맞게 활용하여야 한다.

(2) 영양조사

영양조사(nutrition assessment)는 전통적으로 ABCD 접근법이라 하여 신체계측(anthropometric assessment), 생화학조사(biochemical assessment), 임상조사(clinical assessment), 식사조사(dietary assessment)로 나누었다. 근래에는 신체활동(exercise and physical activity)과 가정환경(family/household)을 넣어 ABCDEF 접근법이라 하기도 한다. ABCD 방법은 영양과 건강문제를 파악하는데 필요한 자료를 제공하며, DEF 방법은 영양과 건강문제 관련 요소를 파악하는데 도움이 된다.

① 신체계측(anthropometric assessment)
영양상태는 성장과 발달에 영향을 주어 신장과 체중, 흉위, 두위가 달라질 수 있

다. 그러므로 신체계측을 통하여 개인의 영양상태를 파악할 수 있다. 신체계측은 비교적 낮은 수준의 훈련을 받은 후 실시할 수 있고, 사용하는 기기나 기구가 상대적으로 고가가 아니며, 대상자들도 거부감이 적어 널리 활용되고 있다. 그러나 영양상태가 신체적 특성으로 발현되는 데 비교적 시간이 오래 걸려 영양상태 변화에 민감하지 않은 방법일 뿐만 아니라 개별 영양소 부족 등은 확인할 수 없다. 에너지와 단백질의 장기적 상태 파악은 할 수 있으나, 비타민 A의 체내 상황을 알려줄 수는 없다. 국가보험공단 건강검진, 학생 건강검사 등 다양한 곳에서 신체계측은 기본적으로 활용되고 있다. 성인은 신장과 체중을 알고 있는 경우가 많지만, 가능하면 정확도를 높이기 위해 영양교육이나 영양상담을 위하여 측정하는 것이 좋다. 특히 성장발달이 진행되고 있는 영유아, 어린이, 청소년의 신체계측 자료를 최신자료를 활용하거나 다시 측정하여야 한다. 표 4-3에 영양교육과 영양상담에 활용도가 높은 생애주기별 주요 신체 계측 항목을 정리하였다.

표 4-3 생애주기별 자주 활용되는 신체계측 항목

생애주기	신체계측 항목	비고
영아	신장, 체중, 흉위, 두위	
유아	신장, 체중, 신장대비 체중, 체질량지수	2017 소아청소년 성장도표 활용
어린이, 청소년	신장, 체중, 체질량지수, 체지방율	
성인	신장, 체중, 허리둘레, 체질량지수, 체지방율	비만지료지침 2018 활용
노인	신장, 체중, 허리둘레, 종아리둘레, 체질량지수, 체지방율	

② **생화학조사(biochemical assessment)**

다양한 생화학적 조사방법을 통하여 신체 내의 다량, 미량 영양소 상태를 파악할 수 있다. 이 조사방법은 상대적으로 가장 민감한 방법으로 영양소가 체내 저장량을 파악하여 결핍증이 외부로 나타나기 전에 미리 파악할 수 있다. 반감기가 짧은 생화학적 지표를 선택하면 근래의 영양소 섭취수준을 알 수 있어 영양교육이나 영양상담 효과를 파악하는 데 도움이 된다. 그러나 생화학적 조사방법은 혈액이나 소변이 필요하여 대상자가 꺼릴 수도 있고 비용도 상대적으로 비싸다. 그러

표 4-4 성인 건강검진 생화학조사 판정 기준치

목표질환	검사항목	단위	1차 검진			2차 검진
			정상A	정상B(경계)	질환의심	정상
고혈압	혈압 • 수축기 • 이완기	mmHg	120 미만 이며 80 미만	120~139 또는 80-89	140 이상 또는 90 이상	120 미만 이며 80 미만
비만	키, 몸무게	BMI(kg/m^2)	18.5~24.9	25~29.9 18.5 미만	30 이상	−
	허리둘레	cm	남 90 미만 여 85 미만		남 90 이상 여 85 이상	−
빈혈	헤모글로빈 • 남 • 여	g/dL	13.0~16.5 12.0~15.5	12.0~12.9 10.0~11.9	12.0 미만 10.0 미만	−
당뇨병	공복 혈당	mg/dL	100 미만	100~125	126 이상	100 미만
이상지질혈증	총콜레스테롤	mg/dL	200 미만	200~239	240 이상	−
	HDL콜레스테롤	mg/dL	60 이상	40~59	40 미만	−
	중성지방 (트리글리세라이드)	mg/dL	150 미만	150~199	200 이상	−
	LDL콜레스테롤	mg/dL	130 미만	130~159	160 이상	−
간장질환	AST(SGOT)	IU/L	40 이하	41~50	51 이상	−
	ALT(SGPT)	IU/L	35 이하	36~45	46 이상	−
	ɤ-GTP • 남 • 여	IU/L	11~63 8~35	64~77 36~45	78 이상 46 이상	−
신장질환	요단백		음성(−)	약양성(±)	양성(+1) 이상	−
	혈청크레아티닌	mg/dL	1.5 이하		1.5 초과	−
	신사구체여과율 (e-GFR)	mL/min/ 1.73m^2	60 이상		60 미만	

자료 : 보건복지부 건강검진 실시기준(2021)

므로 영양교육과 영양상담의 목적에 따라 생화학적 조사가 필요한지 여부를 결정하고 적절한 생화학적 지표를 선택하여 이용하도록 한다.

우리나라는 성인과 노인을 대상으로 정기적으로 국가보험공단 건강검진을 실시하고 있어 주요한 생화학적 지표 수치를 개인이 가지고 있으며 이를 영양교육이나 영양상담에서 활용할 수 있다. 물론, 임상영양사가 임상에서 영양교육이나 영양상담을 실시할 경우에는 더 다양한 생화학적 지표에 접근할 수 있다. 국가보험공단 건강검진에서 실시되는 기본 검사의 판정기준을 표 4-4에 정리하였다. 영유아나 어린이 대상으로 정기적으로 실시되는 생화학적 조사는 없으나 영양플러스 사업에서는 철분의 상태를 알아보기 위하여 혈중 헤모글로빈농도를 모세혈관 혈액을 이용하여 측정한다.

③ **임상조사**(clinical assessment)

임상조사는 '영양불량과 관련되어 나타나는 신체적 증후를 시각적으로 진단'하는 방법이다. 영양불균형이 매우 심각한 상황에서 임상적으로 나타나는데, 이 정도의 영양불균형은 우리나라에서 특수한 경우가 아니면 찾아보기 어렵고, 임상조사를 실시하는 주체는 의사가 하는 것이 바람직하다. 그러므로 현재 영양교육과 영양상담에서 많이 활용되지 않는다.

④ **식사조사**(dietary assessment)

식사조사는 전통적으로 대상자의 식사 섭취 상황을 조사하는 것을 일컬었다. 그러나 영양교육과 영양상담을 위한 식사조사는 범위를 더 넓혀 식생활 전반을 파악하는 것이 도움이 된다. 즉, 식사섭취 상황뿐만 아니라 전반적인 식생활 습관을 파악하면 영양문제를 파악하고 이해하는 데 도움이 된다.

3) 식사섭취 조사방법

(1) 24시간 회상법

가장 많이 활용되는 식사섭취 조사방법인 24시간 회상법(24-hour recall)은 대상자가 전날 혹은 지난 24시간 동안 섭취한 음식의 종류와 양을 조사한다. 대체로

- 하루 동안 드신 음식을 기억해 주세요.
- 어제 저녁이나 오늘이 특별한 식사를 하는 날이었습니까? (예, 아니오)
- 어제나 오늘이 특별한 날이었다면 평소 드시던 대로 대답해 주세요.

(도구 사용 : 밥공기-소 · 중 · 대, 국공기-소 · 중 · 대, 접시-소 · 중 · 대)

식사	식사시간	식사장소	음식명 (조리명)	재료명	눈대중	그림	식품 code	중량 (g)
식전								
아침 식사	9 : 30	집	식빵 우유 딸기잼	서울우유	1개 1컵 1/2작은숟가락	11cm 9cm		
간식								
점심 식사	1 : 02	학교 식당	비빔밥 풋고추멸치조림 배추김치	밥(수북이) 달걀프라이 시금치나물 콩나물 무생채 고추장 당근 풋고추 멸치 간장 배추김치	중1공기 1개 2젓가락 소1접시 1젓가락 1큰숟가락 1젓가락 3개 1큰숟가락 5쪽	9.8cm 6cm 5cm 3cm		
간식								
저녁 식사	8 : 00	집	쌀밥 고등어조림 달걀프라이 풋고추멸치조림 배추김치	밥 고등어 간장 달걀 식용유 풋고추 멸치 배추김치	1/2공기 1토막 1개 4개 1/2큰숟가락 중1접시	5.5cm 4.5cm 지름 13cm 접시		
간식	9 : 00	집	오렌지주스		1컵			

자료 : 이정원·이미숙·김정희·손숙미·이보숙(2009)

그림 4-2 24시간 회상법의 실행 예

전날 먹은 음식을 조사하는 경우가 많은데 아침에 일어나서 처음 먹은 음식부터 시작해서 자기 전에 마지막 먹은 음식까지 조사한다(그림 4-2). 24시간 회상법을 실시할 때 모든 정보를 한 번에 묻기보다 큰 정보부터 세부 정보로 나누어 조사하는 것이 더 효과적이라고 한다. 즉, 처음에는 각 끼니에 섭취한 음식 종류를 아침부터 저녁까지 질문하고, 다시 돌아가 각 음식의 섭취량과 식품재료 등을 확인하는 것이다. 마지막으로 음료나 간식과 같이 빠트리기 쉬운 음식에 대해 확인하면서 조사내용을 대상자와 함께 확인하도록 한다. 영양보충제를 섭취하고 있는지 확인하고 종류를 조사하는 것도 잊지 말아야 한다. 섭취량을 조사하는 것은 섭취한 음식 종류를 조사하는 것보다 어려울 수 있으나 경험이 쌓이면 정확한 조사를 실행할 수 있다. 그림 4-2에는 그림을 그려 넣는 칸이 있는데 실제 식기를 측정할 수 없는 경우가 많다. 대상자가 섭취량을 기억하고 설명할 수 있도록 다양한 보조도구(그림 4-3)를 사용하면 도움이 된다. 이 경우는 그림 대신 사용한 보

그림 4-3
모의 영양조사를 위한
조사 보조도구의 예

자료 : 이영미, 질병관리청(2021)

조도구를 활용하여 섭취량을 가늠하게 된다.

24시간 회상법은 대상자와 영양사가 일대일로 진행해야 하기에 다수를 대상으로 하는 영양교육에서는 사용하기 다소 어려울 수도 있다. 영양상담에서는 기본적으로 활용하는 방법이지만, 24시간 회상법을 실시하는데 10~30분 혹은 그 이상이 걸릴 수 있어 주의가 필요하다. 대상자의 기억에 의존하는 방법이어서 제한점이 있으나 이를 극복하는 다양한 방법이 개발되어 활용되고 있다. 또한, 스스로 식사내용을 기억하고 이야기할 수 없는 어린이나 노인층 대상자의 경우, 부모, 자녀 등 대신 대답해 줄 수 있는 사람과 24시간 회상법을 진행하기도 한다. 24시간 회상법이 잘 실행되려면 영양사의 역량이 중요하므로 다양한 대상자를 대상으로 충분히 연습해보는 것이 좋다.

(2) 식사기록법

식사기록법(food record) 혹은 식사일기(food diary)는 대상자가 섭취한 음식을 스스로 기록하는 방법이다. 24시간 회상법과 다른 점은 영양사의 도움 없이 대상자가 스스로 기록한다는 점이고, 음식섭취 시 혹은 직후에 기록한다는 것이다. 섭취량은 24시간 회상법에서 사용하는 보조도구를 제공하여 추청하여 기록하거나 저울을 활용하여 실제로 측정하여 기록하기도 한다. 당연히 실측하여 기록하는 편이 더 정확하지만, 걸리는 시간과 번거로움으로 많이 시도되지는 않는다.

잘 실시된 식사기록법은 24시간 회상법보다 정확한 정보를 제공한다. 또한, 대상자가 식사내용을 기록하면서 식사의 질에 대해 스스로 생각해보게 되는 교육적인 장점도 있다. 그러나 식사기록법은 상당한 시간과 노력이 필요한 만큼 여러 날 동안 반복실시하게 되면 대상자가 피로감을 느끼고 실제 섭취한 내용과 다르게 간단히 기록하거나 기록하기 쉬운 음식만 섭취하는 등의 단점이 있다는 점도 유의해야 한다. 식사기록법을 실행할 수 있는 역량이 있는 대상자인지, 며칠간 실시할 것인지 등을 잘 판단해야 한다.

식사기록법은 대상자의 상당한 시간과 노력이 소요되고 자료를 검토하는데 영양사 또한 많은 시간과 노력을 투입해야 한다. 그러므로 다수의 대상자와 함께하는 영양교육보다는 영양상담에 더 적합한 방법이라고 하겠다. 영양사가 식사기록법 양식을 제공하면 대상자가 기록하여 제출하고 영양사가 확인하는 과정을

거치게 된다. 요즘은 기술의 발달로 식
사기록법을 식품의약품안전처에서 개
발한 칼로리코디와 같은 스마트폰 앱
이나 인터넷 사이트를 통해 실시하기
도 한다(그림 4-4). 혹은 식사나 간식
전과 후의 사진을 찍어 SNS를 통해 영
양사에게 전달하는 방법도 활용되고
있다. 이 경우, 섭취량 추정을 영양사
가 하게 되어 엄밀한 의미의 식사기록
법은 아니지만 편리성 때문에 많이 활
용되고 있다. 이러한 이유로 사진을 통

그림 **4-4**
식품안전나라
칼로리코디

자료 : 식품안전나라(2021)

해 인공지능이 섭취량 추정을 하는 방법이 연구되고 있기도 하다.

(3) 식품섭취빈도법

식품섭취빈도법(Food Frequency Questionnaire, FFQ)은 '대상자가 속한 지역에서
자주 섭취하는 50~100여 종류의 식품을 평상시에 섭취하는 빈도를 조사하여 장
기간에 걸친 일상적인 식품섭취패턴을 알아보는 질적인 평가법'이다. 연구를 통해
타당도와 신뢰도가 확인된 식품섭취빈도조사표를 사용해야 하며, 대상자가 스스
로 섭취빈도를 기입하거나 영양사와 함께하기도 한다. 식품섭취빈도법은 섭취 횟
수만을 알아보는 '단순 식품섭취빈도조사'와 섭취량도 함께 알아보는 '반정량 식
품섭취빈도조사' 혹은 '정량적 식품섭취빈도조사'가 있다. 섭취량도 함께 알아보
는 경우가 더 많은 시간이 소요된다. 우리나라 식문화는 여러 가지 식품이 포함
된 음식을 기반으로 하기에 식품 기반이 아닌 음식을 기반으로 하는 식품섭취빈
도조사표가 개발되기도 하였다(표 4-5).

　식품섭취빈도법은 하루 혹은 며칠간 실시되는 24시간 회상법이나 식사기록법
과 비교하여 장기간의 일상적인 식품섭취패턴을 알 수 있다는 점이 매우 매력적
이다. 예를 들어 조사일 전날의 24시간 회상법에서는 과일 섭취가 없었지만 식품
섭취빈도법으로 일주일에 3~4회 과일을 섭취한다는 것을 알게 되기도 한다. 다
만, 식품섭취빈도법은 식품섭취빈도만을 알려줄 뿐, 그 식품이 어떻게 섭취되는지

표 **4-5** 음식 기반 식품섭취빈도조사표의 예

다음 각 항목의 음식을 최근 1년 동안 얼마나 자주 섭취했는지 응답해 주시고, 1회 평균 섭취량도 답해 주십시오.

음식명 \ 섭취빈도(회)	거의 안 먹음	1개월		1주			1일			기준분량	1회 평균 섭취량			
		1	2~3	1	2~4	5~6	1	2	3					
1. 쌀밥	(1)	(2)	(3)	(4)	(5)	(6)	(7)	(8)	(9)	1공기(300mL, B1T)	(1) $\frac{1}{2}$	(2) 1	(3) $1\frac{1}{2}$	(4) 2
2. 잡곡밥(콩밥 포함)	(1)	(2)	(3)	(4)	(5)	(6)	(7)	(8)	(9)	1공기(300mL, B1T)	(1) $\frac{1}{2}$	(2) 1	(3) $1\frac{1}{2}$	(4) 2
3. 비빔밥, 볶음밥	(1)	(2)	(3)	(4)	(5)	(6)	(7)	(8)	(9)	1인분(외식제공량 =500mL)	(1) $\frac{1}{2}$	(2) 1	(3) $1\frac{1}{2}$	
4. 김밥	(1)	(2)	(3)	(4)	(5)	(6)	(7)	(8)	(9)	1줄(=삼각김밥 2개)	(1) $\frac{1}{2}$	(2) 1	(3) $1\frac{1}{2}$	(4) 2
5. 카레라이스	(1)	(2)	(3)	(4)	(5)	(6)	(7)	(8)	(9)	1인분(외식제공량 =500mL)	(1) $\frac{1}{2}$	(2) 1	(3) $1\frac{1}{2}$	
6. 라면, 컵라면	(1)	(2)	(3)	(4)	(5)	(6)	(7)	(8)	(9)	1개	(1) $\frac{1}{2}$	(2) 1	(3) $1\frac{1}{2}$	
7. 국수, 칼국수, 우동	(1)	(2)	(3)	(4)	(5)	(6)	(7)	(8)	(9)	1인분(외식제공량 =1000mL)	(1) $\frac{1}{2}$	(2) 1	(3) $1\frac{1}{2}$	
8. 짜장면, 짬뽕	(1)	(2)	(3)	(4)	(5)	(6)	(7)	(8)	(9)	1인분(외식제공량 =1000mL)	(1) $\frac{1}{2}$	(2) 1	(3) $1\frac{1}{2}$	
9. 냉면	(1)	(2)	(3)	(4)	(5)	(6)	(7)	(8)	(9)	1인분(외식제공량 =1000mL)	(1) $\frac{1}{2}$	(2) 1	(3) $1\frac{1}{2}$	
10. 떡국	(1)	(2)	(3)	(4)	(5)	(6)	(7)	(8)	(9)	1인분(외식제공량 =1000mL)	(1) $\frac{1}{2}$	(2) 1	(3) $1\frac{1}{2}$	
11. 만두(찐만두, 군만두)	(1)	(2)	(3)	(4)	(5)	(6)	(7)	(8)	(9)	1인분(외식제공량= 만두 6개)	(1) $\frac{1}{2}$	(2) 1	(3) $1\frac{1}{2}$	
12. 식빵	(1)	(2)	(3)	(4)	(5)	(6)	(7)	(8)	(9)	2장	(1) 1	(2) 1	(3) 3	
12-1. 버터, 마가린	(1)	(2)	(3)	(4)	(5)	(6)	(7)	(8)	(9)	2ts(10mL)	(1) 1	(2) 1	(3) 3	
12-2. 잼	(1)	(2)	(3)	(4)	(5)	(6)	(7)	(8)	(9)	2ts(10mL)	(1) 1	(2) 1	(3) 3	
13. 단팥빵, 호빵, 크림빵	(1)	(2)	(3)	(4)	(5)	(6)	(7)	(8)	(9)	1개	(1) $\frac{1}{2}$	(2) 1	(3) 2	
14. 카스텔라, 케이크, 초코파이	(1)	(2)	(3)	(4)	(5)	(6)	(7)	(8)	(9)	1개(조각)	(1) $\frac{1}{2}$	(2) 1	(3) 2	
15. 피자	(1)	(2)	(3)	(4)	(5)	(6)	(7)	(8)	(9)	2조각($\frac{1}{2}$F3×2)	(1) 1	(2) 1	(3) 3	
16. 햄버거, 샌드위치	(1)	(2)	(3)	(4)	(5)	(6)	(7)	(8)	(9)	1인분(외식제공량)	(1) $\frac{1}{2}$	(2) 1	(3) $1\frac{1}{2}$	
17. 백설기, 시루떡, 인절미, 절편	(1)	(2)	(3)	(4)	(5)	(6)	(7)	(8)	(9)	백설기 $\frac{1}{2}$개(=시루 떡 $\frac{8}{3}$개=인절미, 절 편 3조각)	(1) $\frac{1}{4}$		(3) 1	
18. 떡볶이	(1)	(2)	(3)	(4)	(5)	(6)	(7)	(8)	(9)	1컵(200mL)	(1) $\frac{1}{2}$	(2) 1	(3) $1\frac{1}{2}$	
19. 시리얼	(1)	(2)	(3)	(4)	(5)	(6)	(7)	(8)	(9)	1대접(250mL, D1B, 우유 포함)	(1) $\frac{1}{2}$	(2) 1	(3) $1\frac{1}{2}$	

자료 : 질병관리본부(2018)

를 알려주지 않는다. 예를 들어, 과일을 일주일에 3~4회 섭취한다는 것을 알 수 있지만, 하루 중 어떤 시기에 먹는지, 후식으로 먹는지 간식을 먹는지 등의 정보는 알 수 없다. 이러한 정보는 식행동 변화를 유도하는데 유용한 정보이다. 그래서 24시간 회상법이나 식사기록법 중 한 가지와 식품섭취빈도법을 함께 사용하면 풍부한 정보를 얻을 수 있다.

영양교육이나 영양상담에서 식품섭취빈도법은 유용하게 활용될 수 있다. 다만, 어떤 식품섭취빈도조사표를 활용할 것인지에 대한 고민이 필요하다. 상대적으로 높은 타당도를 제공하는 식품섭취빈도조사표는 대체로 시간이 많이 소요된다. 약 15~30분이 넘는 작성시간이 필요한 식품섭취빈도조사표가 많고 표 4-5에 소개한 음식기반 식품섭취빈도조사표도 소요시간이 매우 길다. 그러므로 영양교육이나 영양상담 현장에서는 상대적으로 소요시간이 짧은 식품섭취빈도조사표를 활용하기도 한다. 개별 식품이나 음식이 아닌 식품군에 집중하여 각 식품군 섭취 횟수를 조사하기도 하고, 칼슘과 같은 특정 영양소가 중요한 영양교육이나 영양상담에서는 그 영양소에 특화된 식품섭취빈도조사료를 사용하기도 한다.

(4) 식습관 조사

앞에서 알아본 24시간 회상법, 식사기록법, 식품섭취빈도조사법은 음식이나 식품 섭취를 조사하는데 초점을 맞춘 방법이다. 그러나 대상자의 식생활을 잘 파악하려면 영양문제의 원인이 될 수 있는 식행동이나 식습관을 알아보는 것도 중요하다. 식습관 조사는 대체로 설문지기법을 통해 진행된다. 전반적인 식습관을 조사하기도 하고, 특정 질환이나 영양소에 중심을 두고 진행하기도 한다. 전반적인 식습관을 알아보는 설문지의 예로는 국가보험공단 건강검진에서 사용하는 '영양 생활습관 평가도구(그림 4-5)'를 들 수 있다. 점수에 따라 식생활습관을 '개선할 점이 많은 상태입니다', '보통입니다'. '질병을 예방하고 건강을 유지할 수 있을 만큼 양호한 상태입니다'라는 세 등급으로 나눈다. 한국영양학회에서 개발한 영양지수는 어린이, 청소년, 성인, 노인용으로 나뉘어 개발되어 있다. 식생활 위험도를 1등급에서 5등급까지 구분하고 식생활 영역을 '균형', '다양', '절제', '규칙', '실천'으로 나누어 평가해주어 어떤 부분이 개선이 필요한지를 파악할수 있다. 특정 질환을 위한 식습관 조사표는 국가암정보센터의 암예방을 위한 식생활

수검자 성명	

1. 우유나 칼슘강화두유, 기타 유제품(요구르트 등)을 매일 1컵(200mL) 이상 마신다.
   - □ 항상 그런 편이다(5점)　　　　□ 보통이다(3점)　　　　□ 아닌 편이다(1점)

2. 육류, 생선, 달걀, 콩, 두부 등으로 된 음식을 매일 3회 이상 먹는다.
   - □ 항상 그런 편이다(5점)　　　　□ 보통이다(3점)　　　　□ 아닌 편이다(1점)

3. 김치 이외의 채소를 식사할 때마다 먹는다.
   - □ 항상 그런 편이다(5점)　　　　□ 보통이다(3점)　　　　□ 아닌 편이다(1점)

4. 과일(1개)을 매일 먹는다. (갈아먹는 형태 포함)
   - □ 항상 그런 편이다(5점)　　　　□ 보통이다(3점)　　　　□ 아닌 편이다(1점)

5. 튀김이나 볶음 요리를 얼마나 자주 먹습니까?
   - □ 주 4회 이상(1점)　　　　□ 주 2~3회 (3점)　　　　□ 주 1회 이하(5점)

6. 콜레스테롤이 많은 식품(삼겹살, 달걀노른자, 오징어 등)을 얼마나 자주 먹습니까?
   - □ 주 4회 이상(1점)　　　　□ 주 2~3회 (3점)　　　　□ 주 1회 이하(5점)

7. 아이스크림, 케이크, 과자, 음료수(믹스커피, 콜라, 식혜 등) 중 1가지를 매일 먹는다.
   - □ 항상 그런 편이다(1점)　　　　□ 보통이다(3점)　　　　□ 아닌 편이다(5점)

8. 젓갈, 장아찌, 자반 등을 매일 먹는다.
   - □ 항상 그런 편이다(1점)　　　　□ 보통이다(3점)　　　　□ 아닌 편이다(5점)

9. 식사를 매일 정해진 시간에 한다.
   - □ 항상 그런 편이다(5점)　　　　□ 보통이다(3점)　　　　□ 아닌 편이다(1점)

10. 곡류(밥, 빵류), 고기·생선·달걀·콩류, 채소류, 과일류, 우유류 등 총 5종류 식품 중에서 하루에 보통 몇 종류의 식품을 드십니까?
    - □ 5종류 (5점)　　　　□ 4종류 (3점)　　　　□ 3종류 이하(1점)

11. 외식(직장에서 제공되는 식사 제외)을 얼마나 자주 하십니까?
    - □ 주 5회 이상(1점)　　　　□ 주 2~4회 (3점)　　　　□ 주 1회 이하(5점)

합계	

1. 개선할 점이 많은 상태입니다. (27점 이하)
2. 보통입니다. (28~38점)
3. 질병을 예방하고 건강을 유지할 수 있을만큼 양호한 상태입니다. (39점 이상)

자료 : 보건복지부(2021)

그림 4-5 영양 생활습관 평가도구

자가진단표를 들 수 있다.

이러한 식습관 조사는 식품섭취 중심 조사와 함께 활용되면 영양문제와 관련 요소를 파악하는 데 큰 도움이 된다. 앞에서 예로 제시한 식습관 조사는 식습관 위험 등급을 제공하므로 영양스크리닝 도구로도 사용할 수 있다. 영양교육과 영양상담에서 적절한 시간을 두고 반복하여 점수변화를 보면 교육과 상담의 효과를 점수화 할 수도 있고 대상자에게 동기부여를 할 수도 있다. 다만 주의할 점은 식습관 조사는 개선이 필요한 식생활 영역을 제시할 뿐, 어떻게 개선해야 하는지는 알려주지 않는다.

(5) 식사조사 자료의 활용

식사조사를 통해 얻은 자료를 활용하여 식생활을 평가하고 진단할 때 사용하는 기준은 한국인 영양소 섭취기준, 식품구성자전거, 한국인을 위한 식생활 지침이다.

한국인 영양소 섭취기준(Korean Dietary Reference Intakes, KDRIs)은 법적으로 5년마다 개정되는데 현재 2020 한국인 영양소 섭취기준이 나와 있다. 총 다섯 가지 기준치를 제시하고 있는데 평균필요량, 권장섭취량, 충분섭취량, 상한섭취량, 만성질환위험감소섭취량이다. 이 기준치를 활용하여 영양소 섭취 정도 판정하게 된다. 기준치 활용법은 표 4-6에 요약하였다.

⊕ **한국인 영양소 섭취기준의 기준치**

- **평균필요량** 인구집단을 구성하는 건강한 사람들의 영양소 필요량의 평균치 또는 중앙치를 말하며 인구집단의 50%에 해당하는 사람들의 하루 필요량을 충족하는 수준이다.
- **권장섭취량** 평균필요량에 2배의 표준편차를 더한 값으로서 건강한 인구집단의 97~98%가 영양소 필요량을 충족하는 양이 된다.
- **충분섭취량** 평균필요량이나 권장섭취량을 설정하기에 과학적 근거가 충분하지 않은 영양소에 대한 섭취기준으로서 거의 모든 집단구성원의 필요량을 충족하는 수준이다.
- **상한섭취량** 인체 건강에 유해 영향이 나타나지 않는 최대 영양소 섭취수준이다. 과량 섭취할 경우 건강에 해로운 영향의 위험이 있다는 자료가 있는 영양소에 설정하였다.
- **만성질환위험감소섭취량** 건강한 인구집단에서 만성질환의 위험을 감소시킬 수 있는 영양소의 최저 수준의 섭취량

표 **4-6** 영양소 섭취평가를 위한 한국인 영양소 섭취기준의 기준치 활용법

	개인	집단
평균필요량(EAR)	• 일상섭취량*이 부적절할 확률을 조사하는 데 사용 • 일상섭취량 ≤ EAR : 부족할 확률 50% 이상 • EAR보다 낮아질수록 부족할 확률이 높아짐	• 부적절한 섭취자의 집단 내 비율을 추정하는 데 사용 • 일상섭취량이 EAR 이하인 사람의 비율 : 부족률
권장섭취량(RNI)	• 일상섭취량 ≥ RNI : 부족할 확률이 낮음	• 집단의 섭취량을 평가하는 데 사용하지 않음
충분섭취량(AI)	• 일상섭취량 ≥ AI : 부족할 확률이 낮음	• 일상섭취량의 중앙값이 AI 수준이면 부족률이 낮음
상한섭취량(UL)	• 과잉섭취 가능성 조사에 사용 • 일상섭취량 ≥ UL : 과잉섭취로 인한 건강장애증상이 일어날 수 있음 • UL보다 높을수록 건강장애 위험도가 높아짐	• 영양과잉으로 인한 건강장애 위험도를 추정하는 데 사용 • 일상섭취량이 UL 이상인 사람의 비율 : 과잉섭취율
만성질환 위험감소섭취량	기준치보다 높게 섭취할 경우 섭취량을 줄이도록 노력해야 함	

* 일상섭취량이란 평상시에 섭취하는 양을 가리키며, 장기간에 걸쳐 측정된 섭취량의 평균치를 이용한다. 그러나 실제 식사조사에 적용 가능한 최소 조사 일수로서 비연속 2일 이상 또는 연속 3일 이상을 측정하여 구한 평균치를 이용한다.
자료 : 보건복지부·한국영양학회(2020)

영양소 섭취량은 24시간 회상법, 식사기록법, 반정량 혹은 정량적 식품섭취빈도조사표 결과를 컴퓨터 프로그램을 통하여 전환하여 얻는다. 우리나라에서 가장 많이 사용되는 프로그램은 한국영양학회 영양평가용(CAN) 프로그램이고, 식품의약품안전처의 칼로리코디, 농촌진흥청 홈페이지도 사용된다. 스마트폰을 위한 다양한 건강관리 앱에도 식품섭취정보를 영양소섭취정보로 전환하는 기능이 탑재된 경우가 많은데 정확도는 편차가 있을 수 있으므로 확인이 필요하다.

식품구성자전거(그림 4-6)는 건강한 식생활의 기본인 균형 잡힌 식품군 섭취를 판정할 수 있게 한다. 식사조사를 통하여 얻은 식품섭취자료를 기반으로 식품군 섭취 횟수를 산출하여 각 식품군이 골고루 충분히 섭취되었는지를 판정한다. 혹은 특정 질병이나 영양소를 중심으로 식품군 섭취판정을 할 수도 있다. 예를 들어 뼈 건강을 위한 영양교육이나 영양상담이라면 뼈 건강에 관련이 높은 식품군

식품구성자전거

매일 신선한 채소, 과일과 함께 곡류, 고기·생선·달걀·콩류, 우유·유제품류 식품을 필요한 만큼 균형있게 섭취하고, 충분한 물 섭취와 규칙적인 운동을 통해 건강체중을 유지할 수 있다는 것을 표현하고 있습니다.

자료 : 보건복지부·한국영양학회, 2020 한국인 영양소 섭취기준 활용(2021)

그림 4-6
2020 한국인
영양소 섭취기준
식품구성자전거

한국인을 위한 식생활 지침

1. 매일 신선한 채소, 과일과 함께 곡류, 고기 · 생선 · 달걀 · 콩류, 우유 · 유제품을 균형있게 먹자.
2. 덜 짜게, 덜 달게, 덜 기름지게 먹자.
3. 물을 충분히 마시자.
4. 과식을 피하고, 활동량을 늘려서 건강체중을 유지하자.
5. 아침식사를 꼭 하자.
6. 음식은 위생적으로, 필요한 만큼만 마련하자.
7. 음식을 먹을 땐 각자 덜어 먹기를 실천하자.
8. 술은 절제하자.
9. 우리 지역 식재료와 환경을 생각하는 식생활을 즐기자.

그림 4-7
한국인을 위한
식생활 지침

자료 : 식품의약품안전처, 보건복지부, 농림축산식품부(2021)

들의 섭취 경향을 중심으로 판정하게 될 것이다.

한국인을 위한 식생활 지침(그림 4-7)은 "국민의 건강하고 균형 잡힌 식생활 수칙"을 제시한다. 전문가가 아닌 일반인들이 쉽게 이해하고 일상생활에서 실천에 옮길 수 있도록 제시하는 권장 수칙이다. 총 9가지가 제시되어 있는데 영양교육이나 영양상담의 목적에 따라 수칙 모두를 혹은 특정 수칙만을 이용하여 판정할 수 있다. 그런데 이 수칙은 판정 기준을 제시하지 않으므로 그 기준은 한국인 영양소 섭취기준이나 식품구성자전거의 정보를 이용하도록 한다.

영양교육이나 영양상담에서 사용할 때 한국인을 위한 식생활 지침은 대상자들이 쉽게 이해할 수 있다는 장점이 있고 전체적인 식생활 변화 방향을 설정하는 데 도움을 줄 수 있다. 한국인 영양소 섭취기준은 영양소 섭취정도를 판정하는데 반드시 필요하다. 다만, 우리는 식품을 먹지 영양소를 개별로 먹지 않기 때문에 영양소 섭취 개선을 위해서 식품섭취로 변환하여야 활용해야 한다. 식품구성자전거는 균형 잡힌 식생활의 기준을 제시한다. 하루에 여러 번 식사와 간식을 하는데 식품구성자전거는 하루를 기준으로 작성되어 있어 영양사의 설명과 도움이 제공되어야 한다. 이 세 가지 기준을 모두 활용하는 영양교육도 있겠고 한 가지만 활용하는 영양상담도 있을 것이다. 모든 상황에 맞는 한 가지 정답은 없으며, 대상자의 특성과 영양과 건강문제에 적절한 기준을 선택하여 활용하는 것이 좋다.

ACTIVITY

활동 1

1-1. 본인 식생활을 생각할 때 가장 문제라고 생각하는 세 가지를 써보세요.

1-2. 표 4-5의 영양 생활습관 평가도구를 이용하여 본인의 영양 생활습관 상태를 알아보세요.

1-3. 표 4-5에서 나타난 식생활에서 변화가 필요한 부분(5점을 받지 못한 문항)을 나열해보세요.

1-4. 3번의 답을 1번의 답과 비교해보세요. 일치하나요? 일치하지 않았다면 이유가 무엇일까요?

1-5. 1번과 3번 답을 바탕으로 변화하고 싶은 식생활 부분 한 가지를 선택하고, 선택한 이유를 쓰세요.

1-6. 5번에서 선택한 식생활 문제의 원인을 생각해보고 요약해보세요. (이때 2장 식행동의 이해와 3장 영양교육과 상담 이론을 참고해보세요.)

1-7. 5번에서 선택한 식생활 문제의 원인을 확실하게 알고 싶다면 무엇을 어떻게 조사해야 할까요?

1-8. 이 경우 3장에서 배운 네 가지 주요 이론(건강신념 모델, 행동변화단계 모델, 계획된 행동이론, 사회인지이론) 중 어떤 이론을 접목하는 것이 가장 적절할까요?

PART

2

영양교육

CHAPTER 5

영양교육의 과정 Ⅰ- 계획

학습목표

- 이론 기반 영양교육 수행을 위해 변화행동목표 수립부터 교육평가까지 영양교육중재 계획을 세운다.
- 측정가능하고 달성가능한 구체적 교육중재목표를 수립한다.

1. 영양교육 계획 개론

효과적인 영양교육을 수행하기 위해서는 계획을 잘 세우는 것이 매우 중요하므로 본 장은 이러한 영양교육 계획을 어떻게 세우는지에 대해 단계적으로 설명하고자 한다. 영양교육을 수행하기 위해서는 지금까지 배운 영양교육 이론들을 어떻게 실제 대상과 상황에 적용할지가 매우 중요하다. 영양교육은 슈퍼마켓, 전통시장, 레스토랑, 온라인 마켓뿐만 아니라 지역사회, 병원, 직장, 학교 등 다양한 곳에서 실시될 수 있으며 장소와 대상에 따라 다양한 영양교육이론이 적절하게 사용될 수 있어 영양교육을 계획할 때는 이러한 모든 것들이 고려되어야 한다.

일반적으로 영양교육 외에도 영양중재, 영양교육중재라는 용어가 혼재되어 쓰이는데 엄밀히 말하면 영양중재는 영양교육을 포함하는 좀더 넓은 의미의 개념이다. 중재란 시스템적으로 계획된 교육활동들이나 행동 변화를 가능케 하는 환경하에서 제공되는 여러 가지 학습경험을 모두 포함하므로 중재는 교육활동을 포함함을 알 수 있다. 교육중재라 표현하는 경우에는 변화를 위해 개인에게 단순히 교육만을 제공하는 것이 아니라 이에 더 나아가 변화를 위한 지지적 환경조성, 즉 정책, 시스템, 환경변화 등의 모든 다양한 활동이 포함됨을 의미한다. 결론적으로 교육중재는 교육 세션이나 활동 등 직접적 교육활동뿐 아니라 교육매체, 인터넷 교육, 캠페인, 건강 박람회 등의 간접적 교육활동을 포함하며 다양한 대상자에게 다양한 장소와 상황에서 제공되는 행동변화를 위한 동기부여, 기술제공, 실천을 위한 활동을 모두 포함한다. 또한 변화를 위한 지지적 환경을 조성할 수 있도록 정책, 시스템, 환경변화 활동도 포함할 수 있다.

2. 영양교육 계획방법

영양교육을 계획하기 위해서는 기본적으로 단계별로 교육과정 계획을 구체적으로 세우는 것이 필요하다. 본 장에서는 식행동 이론을 결합하여 최근 제시되고 있는 영양교육과정(nutrition education process)과 DESIGN 방법을 소개하고자 한다. 이 방법들은 미국영양사협회가 제시하고 있는 영양평가, 영양진단, 영양중재, 영양모니터와 평가 4단계의 영양관리과정(nutrition care process)과 논리적으로 단계진행원리는 유사하나 식행동 이론과 교육이론을 이용하여 교육중재를 단계적으로 계획하도록 유도하고 있어 효과적인 영양교육을 계획하는데 좀더 자세한 정보를 포함하고 있다.

1) 영양교육과정

영양교육과정(nutrition education process)은 바우어와 리오(Bauer & Liou)가 제시하고 있는 영양교육계획 모델로 성공적 영양교육을 위해 7가지의 중요한 요소를 다음과 같이 제시하고 있다(그림 5-1). 대부분의 다른 교육 모델과는 달리 매체개발을 교수안, 학습전략과 분리한 점이 특징적이다.

  (1) 대상자의 영양문제와 요구를 파악한다.
  (2) 교육적 접근 방향 및 전략을 수립한다.
  (3) 이론에 근거한 영양교육 프로그램을 계획한다.
  (4) 영양교육의 목적과 목표를 확립한다.

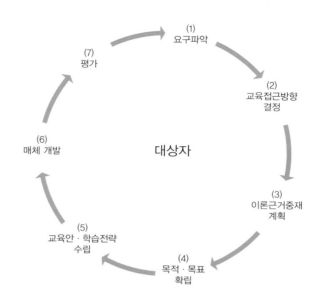

그림 5-1
영양교육과정 모델

자료 : Bauer K, Liou D. Nutrition counseling and education skill development. Third edition. Cengage Learning; 2016.

(5) 교육안과 학습전략을 계획한다.

(6) 매체를 개발한다.

(7) 평가를 실시한다.

2) DESIGN 방법

콘텐토와 코흐(Contento & Koch)는 실제 영양교육을 효과적으로 수행하기 위해 영양교육을 계획하는 단계를 개발하였는데 각 단계의 영문 첫글자를 따 DESIGN 방법이라 명명하였고 6단계로 이루어져 있다(그림 5-2). 대부분의 다른 영양중재 프로그램계획과 다른 DESIGN 방법의 가장 큰 특징은 영양문제를 진단할 때 문제현상이나 주제가 아닌 문제행동에 주목하며 해결할 행동 변화에 중점을 두고 접근한다는 것이고 6단계는 다음과 같다.

(1) 목표 행동을 결정한다.

(2) 행동변화를 위한 결정요인을 탐색한다.

(3) 식행동 이론을 선택하고 교육철학을 확립한다.

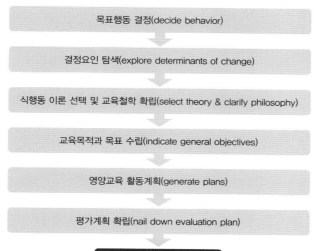

그림 **5-2**
DESIGN 방법

자료 : Contento I. Nutrition education linking research, theory and practice, 4th edition, Jones & Bartlett Learning;
2020 에서 변형

(4) 영양교육의 목적과 목표를 수립한다.

(5) 영양교육 프로그램 및 활동을 계획한다.

(6) 평가계획을 확립한다.

DESIGN의 첫 단계는 목표행동을 결정하는 것으로 이를 위해서는 대상자의 문제행동을 분석하고 이를 근거로 변화시킬 행동목표를 정한다. 이렇게 정한 행동변화를 목표로 그를 변화시키기 위한 여러 요인들을 탐색한 후 요인들과 행동을 연결시킬 식행동이론을 선택하고 교육을 시행하기 위한 목적과 목표를 정한다. 그 다음으로 이에 따른 교육 프로그램, 활동을 계획하고 이들에 대한 평가 계획을 시행한다. 이들 여섯 단계에서 각 단계별로 어떤 업무를 시행해야 하는지와 각 업무를 통해 어떤 결과물을 생성하여 영양교육을 계획할지를 요약하여 표 5-1에 나타내었다.

표 **5-1** DESIGN 방법 및 각 단계별 실제업무

단계	업무	결과물
1단계: 목표행동 결정	• 대상자의 문제행동분석 • 이를 근거로 교육중재의 행동변화 목표 수립	행동변화목표 서술
2단계: 목표행동변화를 위한 결정요인 탐색	여러 자료로부터 행동변화 관련 결정요인 탐색	관련 결정요인 리스트 작성
3단계: 식행동 이론 선택 및 교육철학 확립	• 식행동 이론 선택/중재계획 • 교육철학 확립 • 내용에 대한 관점 확립	중재이론 모델 교육철학 및 내용 관점 서술
4단계: 영양교육 목적/목표 수립	이용할 식행동 이론의 각 결정요인별 목표설정	각 결정요인별 목표
5단계: 영양교육활동 계획	교육계획 수립 • 식행동 이론의 모든 결정요인 관련 교육활동 및 교육시행 계획	결정요인별 교육활동을 통한 교육계획
6단계: 평가계획 확립	평가계획수립: • 자원평가, 과정평가, 효과평가를 위한 디자인과 방법 선택 • 평가지표 질문 생성	평가방법서술 질문리스트

자료 : Contento I. Nutrition education linking research, theory and practice. 3th edition. Jones & Bartlett Learning; 2016 변형하여 제시

(1) 1단계: 목표행동 결정

교육중재 프로그램을 계획하기 위해 첫 번째로 수행해야 하는 업무는 변화시키고자 하는 행동 목표를 결정하는 것이다. 대부분의 교육 프로그램에서 프로그램 계획 시 변화행동보다는 교육주제를 선정하여 진행하는 경우가 많은데 프로그램이 효과가 있으려면 주제선정에 국한되기보다는 각 주제에서 변화시켜야 할 행동을 명확히 하여 그를 중심으로 계획이 진행되어야 한다. 예를 들어 골다공증이라는 주제만으로 계획하기보다는 골다공증을 예방 또는 관리하기 위해 변화되어야 할 행동은 무엇인지를 결정하고 이를 중심으로 교육을 계획해야 한다. 교육은 다음과 같은 사항을 고려하여 계획한다.

① 대상자가 누구인지에 관한 평가가 제대로 이루어져야 한다. 대상자와 그들의 특징을 파악하고 이해하는 것은 효과적인 영양교육을 위해 필수적 조건이다. 또한 그들이 필요하고 원하는 것이 무엇인지 요구도를 파악하여 영양교육을 계획해야 한다. 대상자를 선정할 때는 학교, 경로당 등 영양교육이 이루어지는 환경에 따라 대상자 선정이 저절로 이루어지는 경우도 있지만 집단내에서 가장 많은 비율을 차지하는 대상자가 그 문제를 해결하기를 원하는가, 어느 집단에서 가장 심각한 문제인가, 특정 위험을 가진 대상자는 누구인가, 소득이나 건강 불균형에 따른 문제인가 등에 따라 대상자가 달라질 수 있으므로 이들을 잘 파악해야 한다.

② 문헌검색, 소비자조사결과 및 연구보고서, 보건통계자료, 국가 식품섭취자료 등의 일반적인 자료를 통해 대상자의 건강, 식행동 문제점 등을 파악해야 한다. 대상자가 관심 있는 문제들과 관련된 건강, 식품, 사회적 정의 등의 관련정보를 조사하고 문헌, 건강조사, 사망률, 유병률, 연구보고서, 전문가 의견 등의 자료를 검색하며 식이지침서, 권장량, 식사구성안, 만성질환지침서, 신체활동, 운동지침서 등을 조사한다. 또한 공정무역, 환경 친화 등 지속가능한 먹거리 공급 관련 사항, 식품포장, 유통, 지역내 식품공급, 음식쓰레기, 식품위생 등에 관련된 자료, 관련 국가 정책이나 조직 등을 조사하고 건강관련 식행동, 식품소비자조사 등 식사행동 관련 자료도 조사한다.

③ 그룹 토론, 주요대상자와의 인터뷰, 포커스 그룹 인터뷰(focus group interview), 관찰, 설문조사 등을 통해 관심대상자들의 특징을 파악한다. 대상자들의 건강, 식품, 사회적 정의 등의 문제에 관한 관심정도를 파악하기 위해 토론, 인터뷰, 관찰, 설문 등을 통해 조사를 실시하고 문제들의 우선순위를 정한다. 우선순위는 어떤 문제를 다룰 때 가장 효과적인 결과를 가져올지, 어떤 문제가 중재에 의해 교정이 가능할지, 어떤 문제가 대상자들에게 가장 많은 영향을 미치고 심각하며 중요한지, 문제 해결을 위해 비용을 지불하는 기관이 가장 중요시 여기는 문제가 무엇인지를 파악한다.

문제에 대한 평가와 진단을 바탕으로 대상자의 의견을 고려하여 영양교육중재 프로그램에서 변화시키고자 하는 **목표행동**을 선택한다. 중재를 통해 변화되어야 할 행동들이 여러가지인 경우에는 **우선순위**를 정해 다음의 요소를 고려하여 목표행동을 결정한다.

- **중요성:** 특정 행동변화가 문제 해결을 위해 얼마나 중요한지를 문헌검색 증거의 강약으로 판단한다.
- **교정가능정도:** 특정 행동이 교육에 의해 얼마나 교정이 될 수 있는가를 문헌검색과 대상자 특징을 중심으로 판단한다. 행동교정이 좀더 쉽게 이루어지게 하기 위해서는 변화될 행동이 나의 현재 행동보다 더 나은 행동인지, 실천하기에 복잡하지 않은지, 현재의 나의 방식과 유사한 점이 존재하는지, 시행이 가능한가, 또한 내가 그 행동을 했을 때 결과의 장점을 볼 수 있는지 여부에 따라 동기부여가 달라지므로 이들을 고려해야 한다.
- **실행가능정도:** 교육 중재가 얼마나 실행가능한지, 얼마나 많은 시간과 노력을 기울여야 하는지, 얼마나 오랜 기간 프로그램을 제공할 수 있는지, 변화를 가져오기 위해서는 그 정도의 프로그램이 충분한지 등을 고려한다.
- **변화행동의 적절성:** 얼마나 변화행동이 적절한지, 현실적으로 실천가능하다고 생각하는지, 효과적이라고 생각하는지, 실천이 쉽다고 생각하는지 등을 고려한다.
- **측정가능 여부:** 행동변화가 측정가능한지를 고려한다.

목표행동을 결정하여 교육을 계획할 때 주의할 점으로는 한 세션 교육에서 1~2개의 행동만 목표로 하며 가능한 구체적인 행동으로 정한다. 즉 '과일섭취 늘이기'보다는 '하루 1개 이상의 과일을 섭취한다'로 구체적인 목표행동을 정하는

표 5-2 만성질환예방을 위한 목표행동과 우선순위 결정을 위한 고려사항 기술예시

목표 행동	목표행동 결정시 고려사항(중요성, 교정가능 · 실행가능 · 적절성, 측정가능 여부)
채소 · 과일섭취 늘리기	채소과일은 만성질환과 관련이 있으며(중간 정도 증거 기반) 교육에 의해 섭취가 증가되었다는 보고가 있음. 어린이들에게 채소섭취 증가는 과일섭취 증가보다 어려움. 섭취량 측정 가능.
가당 음료섭취 줄이기	어린이들은 단맛을 좋아함. 가당 음료를 전혀 섭취하지 않도록 하는 것은 어려우므로 섭취량을 줄이는 것을 목표로 함.

것이 좋다. 또한 식사구성안을 한 세션에서 모두 다루면 짧은 시간에 너무 많은 행동을 다루게 되므로 여러 세션으로 나누는 것이 교육의 효과를 더욱 크게 할 것이다. 아주 중요하나 변화시키기 어려운 행동의 경우에는 한 가지 행동변화를 교육하기 위해서 여러 시간의 세션을 할애할 수도 있다. 즉 채소·과일 권장 섭취 교육이 10개의 세션교육으로 구성되는 것도 가능하다. 목표행동을 나열한 후 우선순위를 결정하기 위한 예시를 표 5-2에 제시하고 있다.

(2) 2단계: 목표행동 변화를 위한 결정요인 탐색

이 단계에서는 대상자의 행동변화를 위한 동기부여요인, 실행능력, 지역사회 및 문화여건 등에 대한 파악이 이루어져야 한다. 이를 위해서는 행동변화를 위한 심리적인 요인, 인지된 이익, 사회적 규범 등을 파악하여 이들을 변화시킬 수 있는 교육, 정책, 지지적 환경조성 등도 파악되어야 하며 이를 위한 자료조사, 대상자조사 등이 필요하다. 대상자를 조사할 때는 대상자의 생활, 직업, 연령, 경험, 문화, 종교, 이민여부, 가치관, 태도 등 기본적인 사항뿐만 아니라 행동변화를 위한 심리요인도 파악해야 한다. 식행동 이론을 이용하면 심리요인을 파악하고 교육전략과 학습경험을 세우기에 효과적이므로 이를 이용하고, 만약 여러 개의 행동변화를 목표로 한다면 각각의 목표행동별로 그 요인을 파악해야 할 것이다.

　행동변화를 위한 심리와 능력을 파악하기 위해서는 다음과 같은 동기부여요인, 행동촉진요인 2가지 결정요인을 탐색하여 파악해야 한다.

　① 동기부여요인: 행동의 변화를 위한 동기를 부여할 수 있는 요인들은 다음과 같다.
- 인지된 위험(부정적 결과 기대): 목표행동을 하지 않았을 때 질병에 걸릴 위험에 대한 인식
- 인지된 이익(긍정적 결과 기대): 목표행동이 어떻게 건강을 향상시킬지에 대한 인식
- 인지된 장애: 행동변화를 하는데 드는 비용이나 어려움에 대한 인식
- 태도: 목표행동변화에 대한 대상자의 태도(믿음이나 결과 기대)
- 식품선호도와 즐거움: 식품에 대한 선호도, 식품을 먹는 것이 즐거운지 여부

- 사회적 규범(명령적): 다른 사람들이 대상자의 특정행동을 승인하는지 여부
- 사회적 규범(묘사적); 다른 사람들이 특정행동을 적절하다고 느끼는지 여부
- 자기 정체성: 본인을 어떻게 생각하는지, 녹색소비자인지, 채식주의자인지 등의 사항
- 인지된 행동조절: 자신의 행동에 대해 조절이 얼마나 가능한지에 대한 인식
- 인지된 자아효능감: 특정 행동에 대한 자신감
- 기대 감정 또는 정서: 목표행동 실행시 느끼는 긍정적 감정

② 행동촉진요인: 행동변화를 가져오게 하는 행동요인들은 다음과 같다.
- 행동능력: 행동을 하기 위한 지식, 행동기술
- 자기규제 능력: 행동을 위한 자기 조절, 모니터링 능력, 목표 설정 능력, 계획 능력, 상황 대처 능력, 행동 신호에 대한 반응 등
- 인지된 자아효능감: 특정 행동에 대한 자신감
- 대처계획/감정기술: 스트레스 시 대처 계획
- 강화: 행동에 대한 보상

위의 요인들을 파악하기 위해 기술한 예시를 표 5-3에 제시하고 있다.

표 **5-3** 행동 변화 관련요인 및 결정요인 예시

동기부여요인(변화 이유)	결정요인
청소년들은 채소와 과일을 적게 먹으면 만성질환에 걸릴 가능성이 커진다는 것을 모른다.	인지된 위험
청소년들은 친구들이 하는 행동대로 하는 경향이 있다.	사회적 규범
행동촉진요인(지식, 기술)	결정요인
청소년들은 채소와 과일 권장 섭취량을 모른다.	행동능력/지식
청소년들은 학교매점에서 과일을 팔면 사 먹을 것이라 말한다.	사회적 지지

(3) 3단계: 식행동 이론 선택 및 교육철학 확립

이 단계에서는 교육세션, 간접적 교육활동, 변화를 지지하는 환경을 생성하는 교육활동 등을 통해 목표를 이룰 수 있도록 교육에 사용할 식행동 이론과 철학을 선택하고 이를 기반으로 중재를 계획한다. 이전 장에서 배운 식행동 이론 중 대상자와 그 환경에 알맞은 것을 선택하거나 기존 모델들을 이용하여 새로운 모델을 생성하고 이를 이용하여 교육을 계획한다. 이때 행동이론뿐 아니라 교육을 시행하는데 중요시 여기는 교육철학을 같이 세우면 중심 철학이 생겨 교육이 더욱 확고해지게 된다. 행동을 변화시키기 위해 동기를 부여하고 행동변화 단계마다 어떤 식행동 이론을 사용할 수 있는지를 표 5-4에 관련 결정요인과 함께 정리하여 제시하였다. 동기부여에 관련되는 결정요인을 설명하는 식행동 이론은 건강신념 모델, 계획적/합리적 행동 모델, 사회인지이론, 변화단계 모델 등이고 행동촉진에 관여하는 결정요인을 포함하는 이론은 자기규제이론, 자아효능감이론, 사회인지이론, 변화단계이론 등이 있다. 사회인지이론과 변화단계이론은 동기부여, 행동촉진 결정요인 모두를 포함한다.

표 5-4 행동변화를 위한 식행동 이론

동기부여요인		행동촉진요인	
행동 고려	행동 준비, 결정	행동 시작	행동 유지
동기향상 흥미증가 의식증가	변화행동 실행 결정 행동의도 촉진	행동 촉진 지식, 기술제공 자아효능감 증가	자기규제 강화 행위주체로의 의식증가 건강습관 형성
건강신념 모델 계획적/합리적 행동 모델 사회인지이론 변화단계 모델 등		자아효능감이론 사회인지이론 변화단계이론 등	사회인지이론 자기규제, 목표이론 변화단계이론 등
실행을 위한 환경지지 사회적 지지, 기관, 지역사회, 식품환경, 정책 시스템			

자료 : Adapted from Contento I. Nutrition education linking research, theory and practice.3rd edition, Jones & Bartlett Learning; 2016

(4) 4단계: 영양교육 목적 및 목표 확립

이 단계에서는 행동변화를 목적으로 교육 목표를 수립·서술한다. 선택한 식행동 이론을 이용해 효과적인 교육을 진행하기 위해서는 교육목표를 수립해야 하는데 교육목표를 수립할 때는 이전 단계에서 탐색한 행동변화를 위한 결정요인들을 근거로 해야 하며 먼저 전체 교육 또는 각 교육 세션을 계획하기 위해 일반적인 교육목표를 수립하고 그 다음으로 각 교육 세션의 각 활동에 대한 좀더 자세하고 구체적인 특정교육목표를 수립하여야 한다. 교육목표는 학습자 입장에서는 학습목표가 될 수 있으며 이러한 목표는 교육방법에 대한 서술이 아닌 행동결과물에 대한 서술이 되어야 한다. 예를 들어 '대상자가 우유섭취와 골다공증에 관한 관련 영상을 본다'보다는 '대상자는 우유섭취가 골다공증에 미치는 영향을 말할 수 있다' 등 대상자가 행동변화를 위해 필요한 각 결정요인을 알고 느끼고 실행해야 하는 것에 대한 서술이 되어야 할 것이다. 이때 목표는 누가(대상자), 언제 또는 어디서(교육이 끝난 후 또는 특정장소에서), 무슨 행동(변화목표행동)을 할

표 **5-5** 결정요인별 활동의 교육목표 예시

결정요인		교육목표
동기부여요인	인지된 위험	대상자들은 그들의 채소과일 섭취량이 권장량대비 부족하다는 것을 인식할 수 있다.
	인지된 이익	대상자들은 다양한 채소과일 섭취의 중요성을 서술할 수 있다.
	식품선호도	대상자들은 다양한 채소과일의 맛을 평가할 수 있다.
	인지된 장애	대상자들은 채소과일 섭취의 장애물 극복 전략을 말할 수 있다.
	인지된 사회적 규범	대상자들은 간식을 선택할 때 친구들의 영향을 인식할 수 있다.
행동촉진요인	식품영양 기술	대상자들은 먹음직스러운 채소·과일 간식을 준비할 수 있다.
	행동능력	대상자들은 채소과일 섭취를 증가시키고 다양하게 섭취할 수 있는 방법을 말할 수 있다.
	목표수립	대상자들은 다양한 채소과일 섭취를 목표로 하고 모니터할 수 있다.
	자아효능감	대상자들은 다양한 채소과일 섭취에 대한 자신감을 가질 수 있다.

자료 : Contento I. Nutrition education linking research, theory and practice. 4th edition. Jones & Bartlett Learning; 2020

수 있는지를 모두 포함하여 서술하여야 하며 이를 위해 대상자가 정확히 무엇을 할 수 있는지를 명확히 서술하고 또한 이때 서술되는 행동은 관찰과 측정이 가능하여야 할 것이다. 각 결정요인별, 활동별로 목표를 수립한 예시를 표 5-5에 제시하였다.

목표를 수립할 때는 인지(지식 및 생각), 태도, 행동 3가지 영역으로 수립되어야 한다. 인지영역은 정신적 능력을 말하며 일반적으로 지식이나 생각을 의미하고 지식, 이해, 응용, 분석, 평가, 종합에 관련된 학습분야이다. 태도는 느낌이나 감정을 포함하며 주의집중, 적극적 참여, 긍정, 원칙, 일관성 등에 관련된 학습분야이

표 5-6 영역별 교육목표에서 사용할 수 있는 동사

영역		동사형	예시
인지영역	지식	나열한다, 기억한다, 명명한다, 정의한다, 서술한다, 표시한다, 기록한다, 말한다	비만을 정의한다.
	이해	묘사한다, 설명한다, 요약한다, 비교한다, 토론한다, 식별한다, 분류한다, 검토한다, 찾는다	칼슘의 역할을 설명한다.
	적용	적용한다, 사용한다, 입증한다, 해석한다, 수정한다, 예측한다, 해결한다, 운영한다	식사지침을 식생활에 적용한다.
	분석	분석한다, 계산한다, 검사한다, 비교한다, 반박한다, 비판한다, 구별한다, 조사한다, 구분한다, 토론한다, 관련시킨다, 도표를 그린다	자신의 비만도를 계산한다.
	평가	평가한다, 비교한다, 판단한다, 선택한다, 측정한다, 비판한다, 가치를 매긴다	영양상태를 판정한다.
	종합	작곡한다, 창조한다, 계획한다, 디자인한다, 배열한다, 구성한다, 분류한다, 제안한다	식단의 계획한다.
태도영역		수용한다, 인식한다, 답한다, 선택한다, 따른다, 태도를 가진다, 돕는다, 토론한다, 참여한다, 관심을 가진다, 흥미를 보인다, 영향을 끼친다, 수정한다, 실행한다, 질문한다, 해결한다, 증명한다	비만의 심각성을 인식한다.
행동영역		선택한다, 관찰한다, 준비한다, 모방한다, 만든다, 수행한다, 측정한다, 적용한다, 수정한다	저열량 샌드위치를 만든다.

자료 : Bauer K, Liou D. Nutrition counseling and education skill development. Third edition. Cengage Learning; 2016.
영양상담 6판 내용 결합

며 행동은 관찰, 준비, 모방, 연습, 적용에 관련된 학습분야이다. 각 영역 목표를
수립시 사용 가능한 동사들과 그 예시를 표 5-6에 보여주고 있다.

(5) 5단계: 영양교육활동 계획

이 단계에서는 행동 변화를 위한 전략과 실질적인 학습 경험을 선택한다. 또한 필
요하다면 행동변화 목표를 달성하는데 도움이 되는 환경이나 정책에 관련된 활동
을 계획한다. 동기부여요인과 행동촉진요인의 각 결정요인에서 이용할 수 있는 전
략과 교육활동을 표 5-7에 예시로 보여주고 있다.

　대상자의 행동변화를 위한 교육활동을 제시하기 위해서는 전체 교육계획과 차
시계획, 세션별 교수학습과정안(세션별 교육계획)을 세워야 한다. 차시는 표 5-8과
같이 전체교육 목표 달성을 위한 세부 주제와 내용 그리고 필요한 매체 등의 준
비물을 간단히 서술하여 작성한다. 이때 매체는 기존에 존재하는 매체를 찾아 활
용할 수도 있고 필요하다면 새로 개발하여 사용할 수 있다.

　교수학습과정안의 형식은 여러 가지로 제시될 수 있으나 일반적으로 첫 번째로
주의집중단계(흥미유발)가 필요하고, 본격적으로 변화시켜야 할 행동목표를 설명
하며 행동을 왜 해야 하는지 설명하여 행동에 가치와 동기를 부여한다. 그다음으
로 행동을 하기 위한 지식과 기술을 제공(설명)하여 어떻게 그 행동을 해야 하는
지(발전)를 가르친다. 마지막으로 종료시 적용, 요약(정리) 등을 학습시킨다. 목표는
한 세션에 여러 개를 제시할 수 있으나 교육에 따라 한 가지 목표만을 제시하는
것이 더 효율적일 수 있으며 교수학습과정안 형식은 교수자가 중요시 여기는 내
용을 따로 추가할 수 있다. 교수학습과정안의 작성 요령과 예시를 표 5-9에 나
타내었다.

표 **5-7** 결정요인별 행동변화 전략 및 교육활동 예시

행동변화 결정요인	행동변화 전략	교육활동
동기부여요인		
인지된 위험 (현재 행동의 위험성 평가)	위험에 대한 정보제공	영상자료, 그림, 챠트, 통계, 사례, 역할놀이, 나쁜 결과 관련 사진
	권장량대비 개인섭취량의 자기 평가 기회 제공	자기평가 체크리스트작성, 식품기록/회상을 완성 후 권장량과 비교
인지된 이익	행동 후 이익 정보 제공	행동변화가 가져올 건강, 가족, 지역사회, 환경 측면 장점 논의(건강, 식품, 환경 관련 과학적 증거 발표, 메시지, 활동, 시연)
인지된 장애	장애물 확인	장애물 브레인스토밍 · 극복 방법 논의, 행동 어려움 관련 인식 줄이기
자아효능감	자신감	행동 자신감 증가–성공 논의
인지된 행동조절	행동조절 재구성	행동조절 관련 질문, 시각화, 논의/ 잘못된 신념 수정
태도/감정	감정	식품, 행동, 질병 등에 관한 긍정적 · 부정적 감정 탐색 · 논의
	개인적 의미 확립	식품, 행동변화에 대한 개인적 의미 탐색하여 기록, 그룹토론
	잠재적 후회	행동하지 않을 때 결과 논의, 시각화
식품선호도	건강식품 경험제공, 반복노출	식품 맛보기, 시연, 요리
사회적 규범 (명령적)	타인의 기대와 승인반영 규범 재구성	행동에 대한 중요한 사람의 기대, 승인, 불인정 분석(인쇄물, TV, 온라인광고, 비디오 메시지 등 분석)
사회적 규범 (묘사적)	타인의 행동과 태도에 관한 신념 및 문화 탐색	통계, 영상자료, 활동을 통해 특정행동이 일반적 · 문화적으로 받아들여지는지 논의(활동, 영상자료)
본인 확인	본인에 대한 확인	바람직한 식행동을 가진 이상적 모습의 본인과 실제 본인에 관한 논의, 건강 관련 본인 탐색 · 토의(기록)
도덕적 규범	도덕적 규범	개인의 책임감과 도덕적 책무에 관한 질문과 논의
행동의도	습관행동 파악	체크리스트–현재 행동, 본인 관찰
	행동의 장점과 단점 분석	장점, 단점 논의–선택기회제공
	저항과 양가감정을 해결	저항, 양가감정 해결 논의, 활동
	행동의도 형성	행동계획 수립, 행동변화 의도 서술
	집단 결정	행동에 대한 집단 결정 및 논의
행동촉진요인		
실행목표설정/ 행동 및 대처 계획	목표설정/행동계획	목표설정 기술, 행동 계약서, 행동 계획 구체적 형식 제공
	대처 반응 계획	어려움 대처 보조
행동능력/ 지식, 인식 기술	행동관련 지식 제공	행동변화 관련 정보 제공(지식, 이해, 강의, 시각화, 슬라이드, 활동)
	행동방법 지식 교육 제공	배운 것을 적용하여 어떻게 행동할지에 관한 교수학습경험 제공
	행동 관련 인지 자극	분석, 평가, 종합 토론, 게임, 학습경험교환, 역할놀이

(계속)

행동변화 결정요인	행동변화 전략	교육활동
행동능력/ 정서적 기술	효과적인 의사소통기술 형성	의사소통 기술향상(시나리오, 역할놀이, 비디오, 워크시트 사용)
	만족 지연 기술	의식적인 식행동, 운동 모습 시각화
	대처 기술 수립	어려운 상황의 대처 방법 논의[예시, 토론(감정 경험 공유), 비디오]
	건강하지 않은 규범에 저항	건강하지 못한 규범에 저항기술 습득
행동능력/ 행동기술	기술 훈련	행동에 대해 명확히 지시, 식사준비, 요리, 부모 연습 시연: 기술 발달을 위해 적절한 훈련 · 연습 지도/피드백
자아효능감	실행 지도	대상자가 성공적으로 행동을 수행하도록 보조: 명확한 행동지시, 모델링(행동시연), 연습(직접적 경험 제공)
	피드백과 격려	행동에 대한 피드백과 격려−성취와 어려움 극복 격려
	행동에 대한 신체적 정서적 반응 재구성	새로운 행동에 대해 신체적 정서적 반응 문제에 대한 걱정 감소 활동, 연습을 통한 편안함
대처를 위한 자아효능감	대처 능력 증진	어려움에도 불구하고 대처하는 자신감
회복을 위한 자아효능감	실패 후 조절능력 회복/ 인식 재구성	역행이 임시적인 것이라는 관점 본인의 성공과 실패에 대한 재해석
자기규제/ 실행조절	자기 모니터링, 피드백	목표설정 후 자기 모니터링, 실행 목표를 향한 과정 피드백, 실행 정보
	실행 목표 유지	실행 목표 선별 · 확립, 실행목표 유지, 의식적 식행동, 자신 확인
	환경으로부터의 신호 관리	유혹적 상황에 대처하도록 계획
	개인적 식품원칙과 습관 촉진	식품구매, 식사패턴, 외식시 원칙 형성
	건강 식품의 반복적인 섭취	건강한 식품 반복섭취가 기호도형성으로 연결
사회적 지지	사회적 지지 증진	지지환경 조성, 동료 시스템 격려
강화	보상과 강화	칭찬, 상, 기념품
행동 신호	행동 신호 계획	상기시켜주는 디지털 메모, 시장바구니, 광고, 냉장고 자석, 열쇠고리
집단효능감/ 권한부여	옹호 기술	집단 요구 확인, 정책관계자를 위한 추천/실행계획 개발, 모니터, 피드백

자료 : Contento I. Nutrition education linking research, theory and practice. 4th edition, Jones & Bartlett Learning; 2020

표 **5-8** 차시계획 예시

차시	학습주제	학습내용	학습자료
1	건강한 식생활	균형있는 식사, 식품구성안	색칠 도구, ppt, 식품자전거 모형
2	아침먹기	아침식사 좋은점, 아침식사 방법	동영상, 식품메뉴 융판
3	채소과일 먹기	채소과일 종류 알기, 채소과일의 좋은점	채소, 과일, 식품스티커

표 **5-9** 교수학습과정안 작성 요령 및 예시

제목	저지방식품섭취			차시	2/5
대상	40대 직장 남성			학습형태	강의/토론/실습
학습목적	(예시)저지방, 고지방에 대한 지식을 향상시키고 실천 증가			교육총시간	40분
학습목표	(예시)1. 대상자들은 슈퍼마켓 식품 중 저지방/고지방 식품을 구별해 말할 수 있다.				
단계	내용		방법	교육자료	시간
도입	주의집중: 대상자의 목표행동변화와 관련된 개인적 관심 야기, 위험과 이익비교, 자기평가, 권장량과 비교, 이전내용 소개 등		질문/시청각 자료/통계자료 제시/식사지침 관련 활동 등	파워포인트 슬라이드/동영상/워크시트/식품실물	5분
전개	행동에 대한 동기 및 가치 부여 • 자극을 주며 새로운 자료 소개 • 왜 목표행동을 해야 하는지 의미, 동기부여 • 목표 행동이 건강, 자신감, 가치 향상, 결과 달성에 얼마나 효과적인지 강조(인지된 이익) • 행동 대한 좋은 감정을 증가시킴 • 행동을 쉽게 할 수 있는 방법 제시(장애물 극복/자아효능감 증진)		강의/토론/역할놀이 등	파워포인트 슬라이드/동영상/워크시트/식품 실물 등	10분
	행동을 위한 지식과 기술 제공 • 지도와 연습 • 어떻게 행동하는지 구체적 지시, 시연, 연습 • 행동을 하기 위한 지식, 기술 제공 • 능력과 자신감을 키우기 위해 학습활동 제공, 코칭, 피드백 제공, 협력적 팀활동 실시 • 사회적 롤모델, 미디어 등을 이용		강의/토론/시연/실험, 실습/롤모델 등	파워포인트 슬라이드/동영상/워크시트/식품, 영양표시 등	15분
요약/평가/종결	적용/요약/종결 • 지금까지 배운 것을 목표 수립과 행동계획에 어떻게 적용시킬지 설명 자기규제, 사회적 지지와 행동신호 제공 요약, 평가, 종결		강의/토론/평가질문 등	파워포인트 슬라이드/동영상/워크시트/음식 실물 등	10분

(6) 6단계: 평가계획 확립

영양교육을 계획하여 실시하고 난 후에는 교육중재가 실현이 되면 어떤 효과가 발생하는지에 대한 평가 계획이 필요하다. 평가는 교육 전후에 결정요인들이 변화되었는지, 결정요인들의 변화로 인해 실제 목표행동이 변화되었는지를 평가한 단기평가와와 중기평가가 있고 행동의 변화에 따라 실제로 건강이나 식품 시스템들이 변화가 되었는지를 살펴보는 장기평가가 있다(표 5-10). 이러한 효과평가 외에 투입된 자원에 대한 사용자원평가와 교육과정을 평가하는 과정평가도 계획을 세워야 한다.

(7) 환경적 지지 설계계획

목표행동변화가 가능하도록 환경적 지지를 어떻게 변화시킬지를 설계한다. 환경적 지지를 설계할 때도 DESIGN의 과정으로 설계가 가능하며 우선 행동변화목표

표 5-10 영양교육 후 단기, 중기, 장기 평가 계획

평가 종류	단기평가	중기평가	장기평가	

변화
요인
	동기부여 결정요인
	• 위험, 걱정
	• 이익, 장애물
	• 태도
	• 식품선호도
	• 자아효능감
	• 사회적 규범
	
	행동촉진 결정요인
	• 지식
	• 식품기술
	• 목표 설정 기술
	• 행동 의도
		식행동
		예) 채소과일먹기,
		칼슘급원식품 섭취,
		자원관리
			식품관련 시스템
			
			생화학적 지표
			• 뼈 건강 지표
			• 혈중 콜레스테롤
			  지표
			
			사회적 시스템
				• 건강개선
				• 질병 위험 감소
				• 식품 불안정성
				  감소

평가 방법	조사, 워크시트, 집 단토론, 관찰 등	관찰, 식품섭취조사	신체검사, 혈액검사, 관련 환경조사	관찰, 모니터링, 조사

자료 : Contento I. Nutrition education linking research, theory and practice. 4th edition. Jones & Bartlett Learning; 2020

를 설정하고 이를 위한 환경적 지지 요인을 탐색한다. 환경적 지지 요인은 사회생태학적 요인 중 개인간/사회적 지지와 사회 관계망, 조직과 지역사회 수준의 환경 조성, 정책, 사회구조 시스템적 지지 조성 등을 포함하며(그림 5-3) 이를 기반으로 프로그램의 구성요인을 선택하고 적용이론을 선택하여 계획을 세운다. 그리고 그 다음 단계로 행동변화목표 달성을 위한 환경적 지지 목표를 설정하고 실행계획을 수립하고 평가계획을 수립한다.

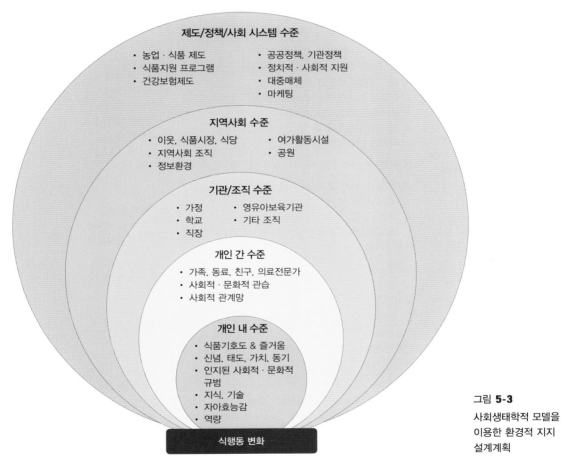

그림 **5-3**
사회생태학적 모델을
이용한 환경적 지지
설계계획

자료 : McLeroy, K.R., D. Bibeau, A. Steekler, K. Glanz(1988). An ecological perspective on health promotion programs. Health Education Quarterly. 15:351–377.

활동 1

지금까지 설명한 6단계의 DESIGN 방법을 단계별로 요약하여 예시를 제시하였다. 각 단계별로 어떤 요인을 고려하여 어떻게 교육을 계획해야 하는지를 순서대로 이행해보자.

1-1. 영양교육계획(행동변화) 예시

대상자: 청소년		
행동결정 **(decide** **behavior)**	일반자료로부터 대상자 행동관련사항 평가: 비만의 문제	특정 대상자의 행동관련사항 평가: 특정대상자가 비만율이 더 높음
	행동변화 목표: 과일 채소 권장량 먹기	
변화 요인 **탐색** **(explore** **determinants** **of change)**	행동변화를 위한 동기 부여(이론에 근거한 결정요인)	
	대상자들이 말한 것과 알게 된 것 • 채소과일 부족한 식사의 건강문제점 • 채소과일이 맛없고 비쌈 • 부모가 채소를 먹으라고해서 먹음 • 동료들은 채소과일 안먹음 • 내 식사질은 안좋음 • 무엇이 이익인가?	결정요인 • 인식된 위험 • 인식된 이익 • 인식된 장애 • 인식된 행동 조절 • 사회적 규범
	행동변화를 위한 행동적 지식 및 기술(이론에 근거한 결정요인)	
	대상자들이 말한 것과 알게 된 것 • 채소과일을 내가 얼마나 먹나? • 채소과일을 어디서 쉽게 얻나? • 채소과일 맛을 향상시키기 위해 어떻게 준비할까? 목표설정와 모니터링	생각 기술 행동능력(쇼핑) 행동능력(식사준비) 목표설정, 자기규제

이론과
철학 선택
(select theory
and clarify
philosophy)
	사회인지이론
	
	                               사회적 지지
	                                    ↓
	인식된 위험
	인식된 이익 → 행동의도 → 목표설정 → 행동변화
	식품선호 ↑
	인식된 장애 행동능력 ← 지식, 태도
	인식된 사회적 규범 ← 행동기술	

	교육철학: 청소년들은 그들의 건강에 대한 책임이 있고 건강한 식생활을 선택할 수 있음, 그러나 동기부여가 필요함, 학교는 지지적 환경을 만들어줄 책임이 있고 청소년들은 자아효능감이 필요함	식품과 영양에 대한 인식: 청소년들은 최소한으로 가공된 자연 식품을 먹기 위한 지식과 기술을 익혀야함, 직접적 다이어트를 실시하기 보다는 건강한 식생활과 활동을 강조하여야함

목표설정 (indicate general objectives))/ 영양교육 계획 (generate plans)	동기부여를 위한 목표: 대상자는 • 인식된 위험: 채소과일 섭취 부족 인식 • 인지된 이익: 다양한 채소과일 섭취의 중요성 서술 • 식품선호도: 다양한 채소과일의 다양한 맛에 감사 • 인지된 장애: 채소과일을 먹는데 장애를 극복하기 위한 전략 도출 • 자아효능감: 채소과일 먹는 자신감 증가시키기 • 사회적 규범: 간식섭취에서 동료의 영향	각 목표를 위한 활동 • 각자의 식사 평가 • 다양한 채소과일 소개와 함유한 영양소 역할 소개 • 다양한 채소의 맛을 보고 맛을 묘사 • 장애물 극복 방법 논의 • 동료영향논의, 긍정적 롤모델
	지식과 행동 기술을 위한 목표 • 행동능력: 채소과일 먹어야 하는 양 서술 • 행동능력과 자아효능감: 채소과일 더 먹고 준비하는 자신감 증가 표현 • 행동능력과 자아효능감: 채소과일 간식 준비능력과 자신감 • 자기규제: 다양한 채소과일을 먹고자하는 목표를 세우고 실천하는 능력 • 사회적지지: 채소과일섭취를 늘이기 위한 친구들의지지, 협력	채소과일 먹어야 하는 양, 1인분양 관련 매체 채소과일섭취를 증가시키기 위한 전략 논의 채소과일 간식 준비 채소과일 섭취 목표 기록완성 다른 사람과 목표를 공유하고 서로를 돕기 위한 논의
평가계획 (nail down evaluation plan)	측정하고자 하는 결과(결과평가) • 인지된 이익 • 인지된 위험 • 인지된 장애물 • 목표설정기술 • 채소과일 섭취량	평가도구 • 차시별 평가지 • 논의사항 기록지 • 사전사후평가 • 실천목표설정 활동지 • 사전사후 채소과일 섭취 체크리스트
	과정평가 • 관찰 체크리스트: 수행완료/미완료된 것 • 관찰 체크리스트: 참여율 • 설문조사: 만족도, 목표달성 여부	

1-2. 영양교육계획(환경적지지변화) 예시

환경적 지지 구분	환경적 지지 목표	활동	평가
식품환경	학교에서 과일을 판매한다	다양한 과일을 판매한다	다양한 과일을 판매하나?
정보환경	과일먹는 행동이 규범적 행동이 되게 한다	과일섭취권장 포스터를 교실에 게시한다	과일섭취권장 포스터를 교실에 게시하나?
사회적 지지	선생님은 학생들의 과일섭취를 먹도록 권한다	과일을 섭취하도록 격려한다	과일을 섭취하도록 권하는가?
식품정책	과일판매 건강매점을 학교에 구축한다	건강매점에 과일을 판매한다	건강매점에 과일을 판매하는가?

자료 : Contento I. Nutrition education linking research, theory and practice. 4th edition, Jones & Bartlett Learning; 2020

CHAPTER 6

영양교육의 과정 II - 방법

학습목표

- 교육설계이론을 적용하여 교육을 설계할 수 있다.
- 교육 방법의 유형을 알고 각 유형별 커뮤니케이션 방법을 이해한다.

교육은 의사소통(communication) 과정으로 교육과정을 통해 교육자와 피교육자는 서로의 지식, 사상, 태도 등을 공유하게 된다. 영양교육의 목적과 목표가 설정되면 이를 달성하기 위하여 한 가지 교육 방법이 아니라 여러 가지 다양한 교육 방법을 함께 사용하는 것이 효과적이다. 똑같은 교육 방법으로는 효과를 거두기 어려우므로 영양교육자는 교육 방법의 특성을 잘 파악하여 적절하고 다양한 교육 방법을 선택하도록 한다.

1. 교수설계 이론

교육은 복잡하고도 여러 가지 특별한 상황에 따라 제약을 받기 때문에 사전에 미리 계획되어야 한다. **교수설계란 피교육자의 주의집중, 기억, 회상 등이 학습과정에 관여하는 방식에 기초하여 수업을 구성하는 방법**으로 교육자료 선택, 대상자 파악, 교육과정 관리 및 모니터링의 모든 활동이 교수설계에 포함된다. 교수설계이론에는 교육목표와 피교육자에 따라 지식을 전달하는 방법에 초점을 맞추는 **객관주의 교수설계이론**과 피교육자의 주도적 역할을 강조하는 **구성주의 교수설계이론**이 있다. 객관주의 교수설계 이론에는 가네(Gagné)의 교수설계이론과 켈러(Keller)의 교수설계이론이 있고, 구성주의 교수설계 이론에는 학습자 중심의 교수학습, 문제 중심의 교수학습, 사회적 경험을 통한 교수학습이 있다.

가네(Gagné)는 교육이 피교육자에게 내재화되는 과정에 연계된 **9가지 수업사태** (events of instruction)를 제시하였는데 이는 표 6-1과 같다. 여기에 제시된 9가지 수업사태가 항상 일정한 순서대로 일어나지는 않지만 각 수업사태가 어떻게 피교육자의 내적 학습과정을 촉진하고 서로 상호작용하는지 이해하고 교육계획에 적용한다.

표 6-1 학습의 내재화 과정에 따른 교육의 9가지 수업사태

학습 단계	내적 학습과정	수업사태	
학습 준비 과정	주의집중	주의집중	시청각적 자극이나 흥미를 유발하는 자극
	기대	목표제시	적절한 기대감 형성을 위한 최종 학습목표 및 학습 후 어떤 행동을 할 수 있는 지 제시
	재생	선수학습 회상	장기기억에 있는 관련 정보를 회상하도록 하여 새로운 정보와 연결할 수 있도록 준비
정보/ 기술의 획득과 수행	선택적 지각	자극자료 제시	학습 내용에 적절한 자료(교수학습내용, 관련 보조 정보 등) 제시를 통해 학습활동 시작
	의미있는 정보의 저장	학습안내	새로운 정보들을 이미 알고 있는 지식들과 연결하도록 지원하는 과정. 꼭 알아야 할 핵심적인 개념 등 통합된 정보가 유의미하게 피교육자의 머릿속에 저장되는데 초점을 둠
	재생과 반응	수행유발	반응을 이끌기 위해 질문이나 지시 등을 통해 피교육자로 하여금 명백한 행위를 수행하도록 유도
	강화	피드백 제공	피교육자의 수행에 대한 정확성 여부를 알려주는 것으로 수행의 성공여부, 문제점이나 개선점을 피교육자에게 알려주는 단계
학습의 재생과 전이	재생	수행평가	피드백을 제공한 뒤 간단한 연습이나 테스트를 하여 학습 결과 확인
	일반화	파지와 전이	피교육자가 잘못 반응한 과제나 문항을 다시 해결해보도록 하거나 문제해결 상황 등을 제시함으로써 교육내용이 다른 상황으로 일반화되거나 적용할 수 있는 경험을 제공함

2. 교육 방법의 유형

영양교육은 교육자와 대상자 사이에 서로 교류해서 공감대를 형성하는 일종의 커뮤니케이션 과정이다. 교육 방법은 커뮤니케이션 유형에 따라 다섯 가지로 분류된다(그림 6-1).

개인형, 강의형, 토의형, 실험형, 독립형 교육 방법의 특징과 단점 및 유의할 점을 살펴보면 표 6-2와 같다. 이들 교육 방법은 모두 장단점을 가지고 있으므로 대상자에게 적절한 교육 방법을 선택하도록 하되 한 가지 교육 방법에만 의존할 것이 아니라 다양한 교육 방법을 적절히 혼합하여 서로 보완되도록 하는 것이 효과적이다.

최근에는 교육자의 강의 없이 문제상황을 제시하고 피교육자가 스스로 문제를 해결하면서 필요한 지식과 정보를 학습하게 하는 **문제중심 학습법**이나 사전에 주요 교육내용을 비디오 형태의 강의로 숙지하고 강의실에서는 피교육자 주도의 연습과 과제해결을 하는 **플립러닝**(flipped learning)과 같은 대안적 교육 방법도 시도되고 있다.

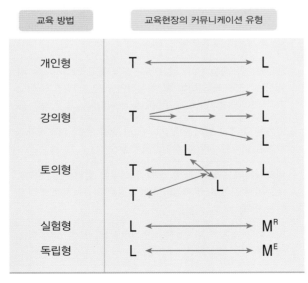

그림 **6-1**
커뮤니케이션 유형에
따른 교육 방법

표 **6-2** 커뮤니케이션 유형에 따른 특징

유형	특징	단점 및 유의할 점
개인형	• 교육자와 대상자는 1 : 1 접촉으로 긴밀한 상호작용 • 개인 특성을 고려하여 개별 영양문제에 집중 • 대상자의 식행동 개선 촉진	• 많은 시간과 인원 필요 • 교육자의 전문적 상담기술 필요
강의형	• 공통적 영양문제에 대하여 다수의 대상자들에게 동시에 정보 전달	• 대상자 개개인의 능력이나 지식수준 등 특성을 고려하지 않은 일방적 정보 전달 • 주의집중이 어렵고 식행동 개선도 기대하기 어려움
토의형	• 대상자 간, 혹은 교육자와 대상자 간의 상호작용 활발 • 정보와 의견을 교환하여 협동적으로 결론 도출 • 충분한 토의를 통한 결론이므로 식행동 개선 기대 • 교육자는 유익한 정보를 제공하고 토의가 주제에서 벗어나지 않도록 상호작용 조정	• 시간이 많이 걸리고 번거로움 • 토론이 부진하면 결론에 도달하지 못할 가능성 • 대상자의 능동적 참여가 중요
실험형	• 대상자가 원 교육자료(전시자료, 시뮬레이션, 견학, 역할 놀이, 인형극, 동물실험 등)를 토대로 스스로 학습 • 교육자는 교육목적과 목표에 맞는 교육자료 제공 • 대체로 흥미로워서 대상자의 호기심과 동기유발 용이	• 대상자의 능동적 참여가 있을 때만 효과적 • 자칫하면 흥미에 그칠 수 있음 • 준비에 많은 시간과 노력 필요
독립형	• 대상자가 고안된 교육자료(대상자가 전문가와 상호작용할 수 있도록 개발된 컴퓨터 프로그램 등)를 통해 스스로 학습	• 대상자의 능동적 참여가 있을 때만 효과적 • 활용되는 프로그램의 선정이 중요

3. 개인지도

개인지도는 그림 6-2와 같이 교육자가 대상자와 대면하여 대화를 통하여 지도하는 방법이다. **교육자와 대상자 간의 끊임없는 상호작용을 통하여 개인의 특별한 영양문제에 집중**할 수 있으므로 교육목표를 효과적으로 달성할 수 있다는 장점이 있으나, **많은 시간과 노력, 경비가 요구**된다는 단점이 있다.

개인지도는 1회에 30분 정도가 적당하며 교육자가 일방적으로 말하거나 대상자가 교육자에게 지나치게 의존하는 것은 피한다. 교육자와 대상자 사이에 대면

그림 6-2
개인지도방법

교육이 어려운 경우에는 전화 상담, 이메일이나 메신저를 이용한 상담, 또는 화상 채팅, 원격교육을 통해서도 개인지도가 이루어질 수 있다.

(1) 가정 방문

교육자가 대상자의 가정을 방문하여 가족의 공통된 영양문제나 가족구성원 개개인의 특별한 영양문제에 대하여 상담이 이루어진다. 교육자는 개인의 생활환경을 직접 보고 파악할 수 있어서 개인의 특성과 요구에 맞는 개인지도가 가능하지만 시간, 경비, 노력이 많이 요구되므로 지역사회의 모든 가정을 방문하기는 어렵고 접근이 가능한 지역에만 제한된다는 단점이 있다.

(2) 병원, 보건소 방문

환자나 대상자가 병원이나 보건소를 직접 방문하여 의사나 영양사로부터 주로 질병의 치료 및 예방에 대한 영양상담을 받는다.

(3) 상담소 방문

영양전문기관이나 단체에 설치된 상담소를 이용하여 상담을 받는다. 교육자가 직접 방문하는 가정 방문보다 시간, 경비, 노력이 덜 든다.

(4) 전화 상담

가정 방문이나 병원 또는 보건소 방문이 어려울 때 이용할 수 있지만 교육자와 대상자가 대면하여 이루어지는 교육이 아니어서 간단한 정보교환만 가능하므로 효과는 다소 떨어진다.

⊕ **영양교육자가 갖추어야 할 자질**

영양교육자는 영양교육의 목표 달성을 위하여 개인이나 집단의 식행동에 영향을 줄 수 있는 지도력을 갖추어야 한다. 영양교육자의 인성과 태도에 따라 교육효과가 크게 달라지므로 항상 깨끗하고 단정한 용모로 미소를 띠며 좋은 인상을 갖도록 한다.

- 선천적으로 영양개선활동에 적성이 맞고 흥미와 열의가 있어야 한다.
- 인내력을 가지고 추진하는 노력이 있어야 한다.
- 남의 어려운 일을 내 일같이 생각하고 진심으로 남을 도울 수 있어야 한다.
- 누구나 따를 수 있도록 유머감각이 있는 명랑하고 쾌활한 성격이어야 한다.
- 모든 일에 신중하면서 어려운 일에 닥쳤을 때 낙관할 수 있는 마음의 여유가 있어야 한다.
- 타인의 실수를 용서하는 아량과 편견 없는 마음을 가지고 실수나 좌절을 극복할 수 있는 원숙한 성품이어야 한다.
- 책임과 의무를 다하되 자신의 행동 결과를 받아들이고 신속한 결단을 내리는 의지가 필요하다.
- 감정의 변화가 너무 심해서는 안 되고 지성과 이성, 냉철한 판단력을 가지고 지도하는 모범을 보여야 한다.
- 상대방이 믿고 따를 수 있도록 인자한 모습과 원만한 성품을 갖도록 노력해야 한다.

(5) 인터넷 상담

병원, 보건소 및 영양관련학회, 영양사협회 등의 전문기구나 단체에 개설된 홈페이지를 방문하거나 전자메일을 이용하여 상담을 받을 수 있다. 요즈음에는 너무나 많은 영양 관련 정보를 흔히 접할 수 있는데, 신뢰할 수 있는 영양전문조직이나 기구로부터 전문가의 의견을 따르는 것이 영양문제 해결에 도움이 된다.

4. 집단지도

공통적인 영양문제에 대해 관심이 많은 사람을 대상으로 교육하는 방법을 집단지도라고 한다. 재정이나 인력이 부족할 때 가장 많이 이용하는 방법으로 **다수의 사람들에게 교육내용을 동시에 반복적으로 전달할 수 있어서 시간적으로 능률적**이고, 개인지도에서는 볼 수 없는 체면이나 참여의식 등 군중심리를 이용할 수 있다는 장점이 있다.

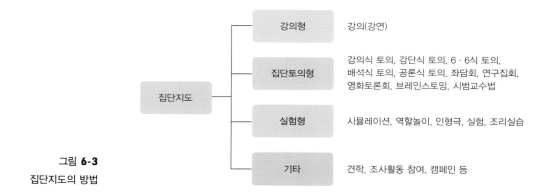

그림 6-3
집단지도의 방법

　그러나 **개별적인 영양문제에 대한 지도가 어려우며 대상자 개개인의 특성을 고려할 수 없다.** 주로 기본적인 개념 등 공통적으로 전달해야 하는 지식을 전달할 때 사용한다. 영양교육에서 차지하는 비중은 크지만 집단지도만으로는 영양교육의 목적을 달성하기 어려우므로 개인지도와 병행하면 개인지도와 집단지도의 단점을 서로 보완할 수 있다.

　집단지도에는 강의(강연), 집단토의, 실험형 지도, 캠페인 등 여러 교육 방법이 있으므로 장점과 단점을 잘 파악하여 대상자에게 적합한 방법을 선택하도록 한다(그림 6-3).

1) 강의(강연)

강의(lecture) 또는 강연은 교육자 1명이 다수의 대상자들에게 정보를 일방적으로 전달하는 교육 방법으로 보편적으로 많이 이용된다(그림 6-4). 대상자 수는 70~200명이 적당하고 한 주제당 1시간을 넘기지 않도록 한다.

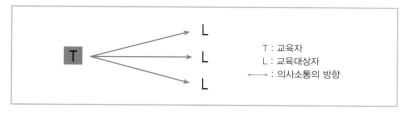

그림 6-4
강의형 교육 방법

⊕ **강의의 장점**

- 단시간에 많은 양의 지식과 정보를 전달하므로 경제적이다.
- 복잡하고 다양한 내용보다는 간단하고 단순한 내용 전달에 효과적이다.

⊕ **강의의 단점**

- 자세한 내용보다는 개략적인 설명으로 내용의 수준이 낮아진다.
- 교육효과는 교육자의 지식, 전달력, 자질, 품성 등에 많이 의존한다.
- 대상자는 소극적, 수동적이 되어 교육자와 상호작용이 활발하지 않다.
- 대상자 개인의 특성을 고려하지 않은 일방적인 교육으로 쉽게 흥미를 잃는다.
- 주의집중이 어려워 교육내용을 쉽게 잊어버리므로 대상자의 행동 변화가 어렵다.

⊕ **강의에서 교육자의 유의사항**

- 강의의 목적과 목표를 구체적으로 이해시킨 후 주제를 간결하게 설명한다.
- 교육내용은 쉽고 간단한 것부터 복잡하고 어려운 순서로 구성한다.
- 강의 도중에 대상자들의 이해도를 측정하기 위해 질문을 하되 답변을 강요하지 않는다.
- 강의 분위기가 지루하지 않도록 내용과 관련된 비유를 하고 파워포인트 자료, 동영상, 실물 모형 등 시청각 자료를 이용한다.
- 목소리의 크기와 말하는 속도를 조절하여 지루함이 없도록 하고 강조하는 부분에서는 소리를 크고 높게 하여 주의를 끌도록 한다.
- 대상자와 눈을 맞추어 그들의 반응이나 이해도를 파악하여 교육진행에 반영하고 어떤 특정인이나 특정 장소만을 응시하지 않도록 한다.
- 강의가 끝난 후에는 대상자들에게 질문할 기회를 주어 교육의 관심도를 높이고 강의내용을 다시 한 번 요약 정리하여 결론을 내린다.

2) 집단토의

집단토의는 그림 6-5와 같이 교육자와 대상자 등 모든 참가자 간의 상호작용을 통하여 공통의 문제에 대한 깊은 연구와 논의를 하고 서로의 의견을 제시·통합하여 함께 문제를 해결하는 방법이다.

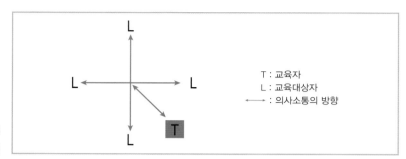

그림 **6-5**
토의형 교육 방법

⊕ 토의의 장점

- 참가자의 동기를 유발하여 능동적인 참여의욕을 불러일으킨다.
- 참가자의 생각과 태도의 변화가 행동 변화로 이어져 강의보다 효과가 크다.
- 참가자 각자의 적극적인 의견 제시와 함께 다른 사람의 의견과 비교하는 등 계속된 상호작용을 통해 협조성과 이해도가 커진다.

⊕ 토의의 단점

- 다양하고 많은 양의 내용을 다루기에는 부적절하다.
- 교육자는 참가자들의 능동적 참여를 유도하는 등 토의를 조절하고 관리하기가 어려워 강의에 비해 시간과 노력이 많이 요구된다.

집단토의에는 강의식 토의, 강단식 토의, 6·6식 토의, 배석식 토의, 공론식 토의, 좌담회, 연구집회, 영화토론회, 브레인스토밍, 시범교수법 등이 있다(그림 6-6).

(1) 강의식 토의

강의식 토의(lecture forum)는 집단토의 중에서 가장 많이 이용되는 방법으로, 단순한 강의나 강연과 다른 점은 교육자만이 일방적으로 말하는 것이 아니라 강의 사이나 강의 끝난 후 주제를 중심으로 대상자들과 질의응답 및 토론을 한다는 것이다.

교육자는 1~2명으로 대상자 100명 이상에서도 가능하나 토의를 위해서는 50~60명 정도가 좋고 강의시간은 30분 정도로 한다. 그러나 소집단 토의에서와 같이 깊이 있는 토의는 어렵고 참가의욕도 다소 떨어진다. 영화나 동영상, 파워포인트 자료, 실물모형 등 시청각 매체를 함께 이용하면 효과는 커진다.

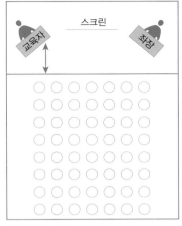

(A) 강의식 토의

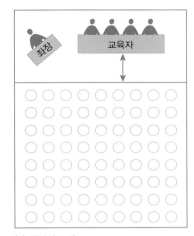

(B) 강단식 토의

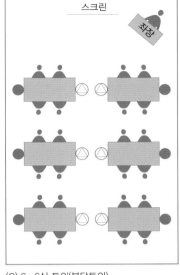

(C) 6 · 6식 토의(분단토의)

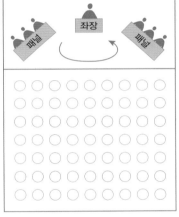

(D) 배석식 토의(패널토의)

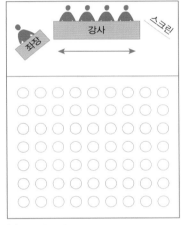

(E) 공론식 토의

←——→ 의사소통 방향
● 분단대표
△ 서기
○ 참가자

a. 좌담회의 좌석 배치

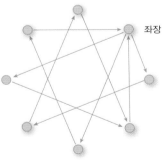

b. 좌담회의 발언순서

(F) 좌담회(원탁식 토의)

그림 **6-6**
**토의형 교육 종류별
교육 모식도**

⊕ **강의식 토의의 예**

주제 : 체중 조절의 식사요법

교육자의 강연(주제에 관한 내용)

→ 대상자의 질문(단식이 왜 나쁜가요?)

→ 교육자의 답변(단식의 특징 및 단점에 대한 설명)

→ 대상자의 질문(공복에 좋은 음식은 무엇인가요?)

→ 교육자의 답변(공복감 해소하는 저에너지 식품 소개)

→ 교육자와 참가자 사이에 질의응답 반복

→ 좌장(토의내용 정리)

(2) 강단식 토의

강단식 토의(symposium)는 공통적인 주제에 대하여 전문경험이 많은 4~5명의 교육자가 서로 다른 측면에서 자신들의 경험과 의견을 발표한 후 대상자들과 질의응답을 하는 방법이다. 교육자 한 사람당 보통 15~20분 정도 발표하되 교육자 상호간에는 토의하지 않는 것을 원칙으로 한다. 한 사람이 15분 정도라고 하면 4명의 교육자들인 경우에는 1시간 정도 자신들의 경험과 의견을 토대로 교육하고 이어서 사회자의 진행으로 교육자들과 참가자들 사이에 질의토의를 실시한다.

좌장은 교육자의 발언내용을 요약하여 참석자들이 잘 이해하도록 돕고 교육자 간 발언내용의 중복을 피하도록 조정하며 참가자들의 질문이 특정 교육자에게만 집중되지 않도록 유도한다. 교육자가 바뀌고 내용에 변화가 있기 때문에 지루하

⊕ **강단식 토의의 예**

주제 : 당뇨병 환자의 치료

교육자(의사, 영양사, 간호사와 환자 가족 대표 등 4명으로 구성)

→ 교육자는 주제에 관한 각자의 경험과 의견 발표

  의사 : 당뇨병의 병리와 의료   영양사 : 당뇨병의 영양관리

  간호사 : 인슐린 주사   환자 가족 : 가정에서의 환자관리

→ 교육자와 참가자 사이에 질의응답 및 토의 반복

→ 좌장(토의내용 정리)

지 않으나 교육시간이 길어지면 분위기가 산만해지고 질의토론 시간은 짧아지므로 효과를 기대할 수 없다. 참가자들도 주제에 대하여 어느 정도 사전지식을 가지고 있는 것이 좋다. 사전준비가 되어 있으면 토론을 통해 더욱 깊이 있고 폭넓은 정보를 얻을 수 있어 태도의 변화를 기대할 수 있다.

(3) 6 · 6식 토의(분단토의)

6·6식 토의(six-six method)는 참가자를 소집단 또는 분단으로 나누어서 분단들이 각각 다양한 작은 주제를 택하여 토의하고 다시 분단 대표가 주제 발표과정을 거쳐 전체토의를 한다. 그림 6-6의 (C)와 같이 보통 6~8명씩 분단으로 나누고 한 사람이 1분씩 6분간 토의를 한다고 하여 6·6식이라고 부르지만 꼭 6명씩 6분간 하도록 제한되어 있는 것은 아니며 6~8명 정도가 10분간 토의해도 상관없다. 참가자 전원의 의견을 들을 수 있기에 조금 소란스럽기도 하여 벌이 웅웅거린다는 의미의 'buzz session'이라고도 하며 의견이 분분하다고 해서 분분식 토의라고도 한다.

진행에 각 분단의 토의를 전체적으로 조정하는 좌장의 확실한 방향제시가 중요하고 각 분단 대표의 역할과 분단토의 진행에서 서기의 역할도 중요하다. 진행이 잘되지 않으면 소란한 분위기에서 참가자 전원의 참여가 불가능해지고 시간 제한으로 참가자 전원이 심사숙고하여 의견을 제시하기보다는 분단 구성원 중 한두 사람의 의견이 분단의 의견을 지배할 수 있으므로 유의한다.

좌장은 큰 문제를 단시간에 토의할 수 있도록 요점을 소구분해서 각 분단에서

⊕ **6·6식 토의의 예**

주제 : 초등학교 급식 개선
참가자(영양사 60명)를 1분단당 6명씩 전체 10분단으로 나눔
→ 분단 주제 정함(식단 개선, 급식시설 개선, 위생관리 등 10개의 작은 주제)
→ 분단토의(각 분단에 속한 6명 모두가 분단좌장 사회 아래 주제에 관한 의견 제시)
→ 분단별 발표(분단의 좌장 10명이 분단별 주제에 관한 토의내용 발표)
→ 전체토의(발표내용을 소재로 전체 토의)
→ 좌장(분단토의를 조정하고 전체 토의내용을 최종 정리)

다룰 주제의 내용을 미리 준비하고, 분단 대표는 좌장으로부터 토의자료를 받아서 토의를 진행시키며 서기는 토의내용을 요점 정리하도록 한다. 좌장은 필요에 따라 또는 분단 대표의 요청에 의해 각 분단을 순회지도할 수 있다.

(4) 배석식 토의(패널 토의)

배석식 토의(panel discussion)는 외부에서 초빙한 전문가 혹은 참가자들 가운데 뽑힌 4~8명의 패널이 특정 주제에 관하여 자유롭게 토의한 후 토의내용을 소재로 참가자들과 질의토론을 하는 방법이다. 참가자들은 토의 중간 여러 시점에서 참여할 수 있으며 패널 중재자에게 질문을 써서 전달하거나 직접 질문할 수도 있다.

패널토의에서는 좌장의 역할이 중요한데, 단상에서 전문가들 간에 일종의 좌담회를 하고 이를 토의재료로 삼기 때문에 좌장의 역할이 좌담회의 좌장과 매우 비슷하다. 좌장은 토의 종료 전 15분 동안 짧은 요약으로 토의를 마무리하고 강사들에게 토의내용에서 중요한 요점을 언급할 기회를 준 다음 전체적으로 종합하여 정리하는 것이 바람직하다.

⊕ **배석식 토의의 예**

주제 : 어린이집 어린이 편식 교정
패널구성(영양사, 유아원 교사, 유아교육전문가, 편식 교정에 성공한 학부모, 편식 교정에 실패한 학부모 등 5명으로 구성)
→ 패널토의(참가자들 앞에서 편식 교정에 대한 경험과 효과적인 편식 교정방법 등을 서로 제시하면서 토의)
→ 참가자 질문(가정에서 편식 교정의 어려움 호소 및 해결방법 질문)
→ 패널 응답 후 토의 반복
→ 좌장(토의내용 정리)

---

(5) 공론식 토의

공론식 토의(debate forum)는 한 가지 주제에 대하여 의견이 다른 3~4명의 전문가들이 자기들의 의견을 먼저 발표한 다음, 참가자들의 질문을 받고 이에 대하여 다시 간추린 토의를 하는 방법이다. 전문가들의 의견을 충분히 들을 수 있으나 서로의 의견이 달라서 일정한 결론을 내리기 어려운 단점이 있으므로 좌장의 능력과 역할이 매우 중요하다. 좌장은 의견이 서로 다른 전문가들의 발표내용을 요약해서 최종적인 결론을 내려야 한다.

⊕ **공론식 토의의 예**

주제 : 고등학교 급식 직영화
토의 참가자 구성(찬성 : 영양사, 학부모 / 반대 : 학교의 장, 위탁급식업체 직원)
→ 찬반토의(직영과 위탁급식의 특징 및 장단점 제시 등 주제에 대한 토의)
→ 참가자와 토론자 사이의 질의응답 및 토의 반복
  (직영과 위탁급식의 차이점? 영양 공급 측면에서 좋은 급식 형태는?)
→ 좌장(토의내용 정리)

---

(6) 좌담회(원탁식 토의)

토의의 기본 형식으로 그림 6-6의 (F)와 같이 참가자들이 원탁에 둘러앉아 토의를 한다고 해서 원탁식 토의(round table discussion)라고도 한다. 비슷한 수준의 동격자로 10~20명 정도로 구성된 참가자들이 좌장의 사회로 토의 주제에 관련된 각자의 체험이나 의견을 발표한 후 좌장이 전체 의견을 종합하는 방법이다. 참가자 전원이 발언 기회를 가지므로 종합된 의견에 공감대가 형성된다.

좌장은 특정한 사람이 발언을 독점하지 않도록 하고 참가자 전원이 고루 발언할 수 있도록 유도한다. 1회 토의시간은 2~3시간 정도가 적당하며 그 이상 시간을 끌지 않도록 한다. 토의는 좌장에 의하여 통제되며 서기는 참가자의 발언 요점을 기록하여 순조롭게 진행한다.

⊕ **좌담회의 예**

주제 : 아침식사의 중요성
토의 참가자 구성(같은 수준의 초등학교 5학년 학생들 12명)
→ 원탁토의(내용 : 아침결식의 원인, 개선방법, 아침식사를 하는 이유, 아침식사 형태, 균형식 등)
→ 좌장은 참가자 12명 모두 고루 발표하도록 유도하고 토의 후 내용 정리

(7) 연구집회

연구집회(워크숍, workshop)는 전문가들이 모여 특정 주제에 관한 연구나 경험이 많은 연사 2~3명으로부터 연구 결과나 사례 발표를 들은 후 서로 토의함으로써 문제를 해결하는 기술과 방법을 배우는 과정이다.

참석인원은 대개 30명 이하의 소규모로 하되 간단한 논제에 관한 연구집회는 하루 정도로 끝나는 경우가 많고 폭넓은 논제를 깊이 있게 다루는 데는 2~3일 또는 1주일 정도의 긴 시간이 필요하기도 하다.

> ⊕ 연구집회의 예
>
> 주제 : 산업체에서의 비만 근로자 대상의 영양상담기법
> 상담 성공사례가 있는 영양사, 비만 관련 전문가 등 2~3명의 연사가 산업체 영양사들을 대상으로 강연함
> → 산업체 영양사들은 강연을 들은 후, 연사들에게 질의 응답하거나 서로의 상황을 제시하고 의견을 나누는 등의 토의가 이루어짐

(8) 영화토론회

영화토론회(film forum)는 영화를 보면서 문제를 제기하고 그것을 중심으로 질의하고 토의하는 방법이다. 1~2명의 교육자가 필요하고 교육자가 좌장의 역할을 겸하기도 한다. 일반적으로 문제를 제기하고 설명하는 시간을 영상시간에 맞추어 진행하기 어려우므로 영화를 보다가 도중에 중단하고 토의한 후 다시 영화를 계속 보는 경우가 많다.

영화 상영시간은 15~30분 정도가 적당하다. 영화토론회는 대규모의 참가자들에게 정서적인 접근이 가능하고 참가자들과의 질의응답이 빠르게 진행되어 흥미롭지만 문제 제기방법이 체계적이지 못하고 일방통행식 의사소통이 될 가능성이 있다. 따라서 대부분의 경우 참가자들의 질문에 완벽한 대답을 기대하기 어려우므로 즉석에서 명확하게 대답할 수 있도록 하는 사전준비가 필요하다. 좌장의 능력에 따라 토의를 통해 많은 문제를 다룰 수 있다.

(9) 브레인스토밍

브레인스토밍(brain storming)은 제기된 문제에 대하여 참가자 전원이 자신의 생각이나 의견을 자유롭게 제시한 후, 충분한 토의를 거쳐 문제해결의 최선책을 찾아내는 방법으로 조직적이고 집단적인 아이디어 발상의 대표적인 방법이다. 참가자들이 기존의 사고의 틀이나 편견에서 벗어나 다양하고 참신한 아이디어를 모두 내놓는 과정으로 두뇌충격법이라고도 하며, 하나의 아이디어를 기초로 그 위에 더욱 진전된 새로운 아이디어가 나올 수도 있어 단결이 잘 되고 실천의욕이 높다.

참가인원수는 보통 10명, 1회 진행시간은 10분에서 20분까지로 2~3번 반복하여 전체 시간을 30분 정도로 진행하는 것이 효과적이다. 좌장은 편안한 분위기에서 참가자들의 적극적 참여를 유도하기 위하여 참가자들을 격려하고 그들이 제시한 아이디어를 평가나 비판하지 않도록 유의한다.

⊕ 브레인스토밍에서 지켜야 할 규칙

- 아이디어에 대한 비판은 잠정적으로 보류한다. → 이른 비판은 발표를 꺼리게 만들어 아이디어의 유창성을 저해한다.
- 자유분방함을 권장한다.
- 아이디어의 양을 추구한다. → 아이디어의 양은 질을 높이고 발상이 많을수록 새롭고 유용한 아이디어가 나올 확률이 높아진다.
- 결합과 조합을 통해 개선한다. → 누군가 한 번 제안한 아이디어를 기초로 더 좋은 아이디어를 발전시킬 수 있고 하나의 아이디어가 다른 아이디어를 유도하여 발상의 연쇄작용을 일으킬 수도 있다.

⊕ 브레인스토밍의 예

주제 : 학예회 준비
토의 참가자 구성(영양교사와 초등학교 3학년 어린이 10명)
→ 토의내용(학예회의 내용, 방법 등을 결정)
→ 어린이들 모두가 자신들의 의견을 자유로이 제시
→ 여러 의견 중 가장 좋은 아이디어를 선정하고 역할 분담
　예) 학예회 내용(균형식), 방법(식품가면을 이용한 연극)
→ 영양교사(토의내용 정리)

(10) 시범교수법

시범교수법(demonstration)은 실물을 보여주거나 경험이나 사례를 들어 방법이
나 과정을 설명하면서 시범을 보이는 교육이다. 종류로는 방법시범교수법(method
demonstration)과 결과시범교수법(result demonstration)이 있다.

① 방법시범교수법

제기된 문제를 해결해 나가는 과정을 단계적으로 천천히 시범을 보이면서 교육하
는 방법으로 일종의 시연이라고 할 수 있다. 비교적 적극적인 참가자들이 실천적
교육을 받으므로 실천에 대한 자신감으로 인해 교육효과가 크다. 교육자는 1~3명
으로 참가자들의 이해도와 반응을 관찰해 가면서 진행속도를 조절하는데, 보통

⊕ 방법시범교수법의 예

주제 : 어린이들을 위한 채소요리 조리실습
참가자 구성(채소 섭취를 싫어하는 어린이들의 어머니 30명)
→ 조리실습 참가자들을 5명씩 6그룹으로 나눔
→ 교육자는 여러 가지 채소의 종류, 함유 영양소의 기능, 채소의 장점 등을 설명
→ 교육자는 채소의 맛, 질감을 살리면서 어린이들이 좋아하는 다양한 조리과정을 단계적으로 천
　천히 설명하면서 시범을 보임
→ 참가자들은 시식함으로써 직접 조리하고자 하는 의욕이 높아짐
→ 참가자들이 시범 단계에 따라 직접 조리하고 만든 음식에 대해 자유롭게 토의
→ 교육자는 식품구매, 선택, 식행동 및 식습관 개선 등을 중점적으로 설명

참가자들을 한 그룹당 3~5명, 많으면 10명으로 하여 소그룹으로 나누어 시범을 보인다. 예를 들어, 조리실습이라면 먼저 교육자가 여러 가지 식품의 맛과 질감을 변화시키는 다양한 조리과정을 설명하고 시범을 보이면 이에 따라 참가자가 직접 음식을 조리하는 방법으로 참가자들의 관심과 의욕이 많아져 동기부여가 되므로 효과가 매우 큰 방법이다.

② **결과시범교수법**

영양교육자나 지역사회 주민들의 활동을 하나의 결과로 놓고 그들이 문제를 해결해 나가는 과정이나 경험 등을 보여 주면서 토의하여 참가자들의 행동방향을 유도하는 방법이다. 일종의 사례연구로 참가자들의 관심과 실천의욕을 높인다.

성공한 사례에 대해서는 참가자들의 문제와 비교해 가면서 그 과정이나 방법을 배우고 실패한 결과에 대해서는 그 원인을 파악하고 단점을 보완한다. 성공사례를 소개할 때는 지나치게 과장하지 말아야 한다. 사례는 참가자들의 영양문제, 지식수준, 요구, 태도, 환경 등 특성을 참고하여 현실적인 상황을 선택한다. 방법시범교수법보다 시간, 노력, 비용 면에서 경제적이다.

⊕ **결과시범교수법의 예**

주제 : 학교 직영급식 사례연구
교육자 : 학교 영양사
참가자 : 학교 교직원, 학부모, 학생
방법
- 성공 사례를 소개하면서 장점을 부각하고 설명함 : 학부모와 학생들이 학교 근처 부지에 질 좋은 식품을 직접 재배·생산하고 학부모들이 직접 조리하여 저렴한 가격으로 균형식을 제공함
- 영양적으로 질 좋은 급식을 받은 어린이들과 그렇지 못한 어린이들의 성장률, 학습능률, 결석률 등을 비교하는 자료를 통해 학부모들의 관심과 지원을 유도함
- 실패 사례를 소개하면서 실패의 원인이나 보완점을 설명함
→ 참가자들과 질의응답 및 토의

3) 실험형 교육

실험형 교육(experimental education)은 교육대상자가 원 교육자료를 토대로 스스로 배우는 형태의 교육 방법이다(그림 6-7). 원 교육자료는 전시되어 있는 자료, 교육내용과 관련된 상황·모형 등을 전시한 시뮬레이션이 될 수도 있고 그 외에 역할놀이, 인형극, 그림극, 실험(동물사육실험, 식품안전실험, 채소 재배), 조리실습 등이 포함될 수도 있다.

그림 **6-7**
실험형 지도

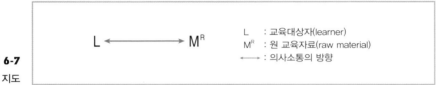

교육자는 교육목적과 목표에 맞는 원교육자료를 제공해 주고 대상자의 학습과정을 관찰하면서 때때로 격려하거나 조언한다. 대상자가 직접 참여하여 영양지식을 얻고 원리를 터득하는 등 스스로 학습하므로 활기차고 능동적인 교육을 할 수 있으나 대상자의 능력수준에 따라 교육효과가 크게 달라질 수 있고 시간과 비용이 많이든다. 실험형 지도가 끝난 후에는 이를 토의 재료로 삼아 참가자들 사이에 토의가 이루어지도록 해야 효과적인 교육이 이루어진다. 교육자는 참가자들의 토의에 참여하여 좌장의 역할을 할 수 있다. 이런 경우는 실험형 지도와 토의형 지도가 혼합된 형태가 된다.

(1) 시뮬레이션

시뮬레이션(simulation)이란 모의상황 속에서 이루어지는 교육활동으로 실제상황 중 가장 기본적이고 중요한 부분만을 선택하여 설정한 교육상황 속에서 이루어지는 교육이다. 실생활을 간접적으로 경험하고 이를 통해 문제를 인식하여 생각이나 태도가 변화되는 교육 방법이다. 실제상황을 경험할 때 소요되는 경비나 시간, 노력 또는 위험 등을 거치지 않고 모의상황을 통해 필요한 경험을 얻을 수 있다는 장점이 있다.

(2) 역할놀이

역할놀이(role playing)는 같은 문제나 고민을 가진 사람들이 모여서 그중 몇 사람이 문제와 관련된 상황을 극화하여 역할을 연기하면, 나머지가 연기자들의 연기를 관찰하면서 그들의 입장을 평가하고 토의재료로 삼아 문제의 해결방안을 찾는 교육 방법이다. 이 방법은 역할연기법이라고도 하는데, 연기자와 참가자들은 이 과정을 통하여 서로의 감정을 탐색하고 이해하는 등 극 중 문제상황을 실감할 수 있어 강한 인상과 흥미를 느껴 태도 변화를 통해 실천으로 이어지는 경우가 많다.

한 예로, 편식하는 어린이가 엄마와 역할을 바꾸어 연기하면서 평소 자신의 편식 때문에 속상했던 엄마를 이해하게 되는 경우도 있다. 이와 같이 역할놀이에서는 특별한 상황에서 어떤 감정이나 행위의 결과로 일어난 상황을 실감하고 이해할 수 있기에 식행동을 교정하는 데 좋은 반응이 나타날 수 있다. 강의나 강연 시 역할놀이를 병행하면 지루함이 덜하고 정보 전달에 효과적이다.

(3) 인형극

인형극(puppet play)은 인형의 특수한 동작과 극적인 대화를 통하여 간단한 내용을 전개해 나가는 교육 방법이다. 유아나 초등학교 저학년 어린이들에게 친밀한 인형을 소재로 다양한 내용을 극화함으로써 즐거운 분위기를 만들 수 있고 어린이들의 상상력과 창의력을 개발할 수 있으므로 활용가치가 크다.

어린이들은 인형 제작과 연출과정에도 참여하므로 흥미와 동기유발로 효과는 더욱 커진다. 또한 어린이들을 인형극의 연기자로 참여시켜 연극을 보고 있는 어린이들에게 질문하고 대답하도록 한다면 이해도를 더욱 높일 수 있다. 그러나 인형극은 15분 이상 진행하면 지루하여 효과가 떨어지므로 단막극 형태로 진행하는 것이 좋고 익살스러운 말이나 행동으로 어린이들의 주의를 집중시켜야 한다.

인형의 종류로는 손가락인형, 손인형, 막대인형, 줄인형, 그림자극 등이 있다(그림 7-18 참고).

(4) 실험

실험(experiment)을 통한 영양교육 방법에는 동물사육실험, 식품안전실험, 채소재배실험, 식생활 변화를 통한 인체실험 등이 속하며 관련 교과목과 연계하여 교육을 진행할 수 있다.

동물사육실험은 어린이를 대상으로 동물에게 제공할 식이를 영양소 함량에 차이를 두어 직접 만들게 하고 균형식이와 영양소 결핍식이를 먹은 동물의 성장과 결핍증 등을 비교하면서 과학이나 실과 교과목과 연계하여 발표와 토론으로 진행한다면 식품과 영양소의 기능 및 중요성을 전달하는 효과적인 영양교육이 될 수 있다. 또한 채소를 싫어하는 어린이를 대상으로 채소의 종류별 이름 익히기, 재배와 성장과정 관찰하기, 채소 맛보기 등의 채소재배실험을 채소조리실습과 함께 진행한다면 편식 교정을 위한 효과적인 방법이 될 수 있다. 식품안전실험에서는 식품 포장지의 영양표시 읽는 방법, 안전하고 건강한 식품선택방법 등을 포함할 수 있고 비만 어린이의 식생활 교정을 통한 비만 탈출 등의 인체실험도 좋은 교육이 될 수 있다.

(5) 조리실습

대상자가 직접 조리하는 과정을 통하여 교육이 이루어지는 조리실습은 방법시범 교수법을 이용한 실험형 교육이라고 볼 수 있다. 이는 다양한 식재료의 소개와 함께 함유 영양소와 체내 기능 등 영양지식을 전달하면서 영양소 균형을 살리는 식재료들의 조화나 조리방법, 또는 대상자별 영양문제 개선을 위한 식재료 선택과 조리과정을 단계별로 교육하는 방법이다.

조리실습 후에는 만든 음식에 대한 평가와 토의를 진행하여 영양지식과 균형식 및 건강식에 대한 내용을 확실하게 정립하도록 한다. 조리실습을 통하여 대상자가 싫어하는 식품이나 조리법에 대하여 반감을 호감으로 바꿀 수 있고 새로운 식품이나 조리법을 접할 수 있는 기회를 제공함으로써 친밀감을 형성하여 대상자의 기호와 편견을 교정할 수도 있다. 어린이 대상의 채소조리실습, 환자와 보호자 대상의 저염식·저지방식·당뇨식 등 치료식 조리실습 등 다양한 목적으로 활용할 수 있다.

이외의 실험형 교육 방법으로 견학이나 조사활동 참여, 캠페인 등이 있다.

ACTIVITY

활동 1 다음은 가네의 9가지 수업사태입니다. 중학생을 대상으로 하는 체중조절 영양교육 프로그램을 실시할 때 각 단계에 해당하는 내용의 예시를 생각해 보세요.

학습 단계	내적 학습과정	수업사태	
학습 준비 과정	주의집중	주의집중	
	기대	목표제시	
	재생	선수학습 회상	
정보/기술의 획득과 수행	선택적 자각	자극자료 제시	
	의미있는 정보의 저장	학습안내	
	재생과 반응	수행유발	
	강화	피드백 제공	
학습의 재생과 전이	재생	수행평가	
	일반화	파지와 전이	

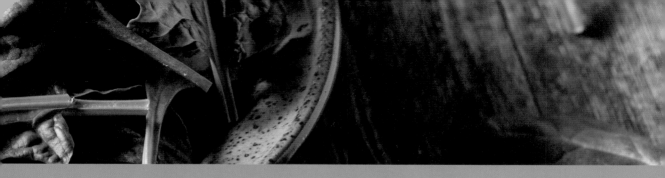

CHAPTER 7

영양교육의 과정 Ⅲ – 매체와
미디어 활용

학습목표

- 영양교육에서 매체 활용의 이론적 근거를 설명할 수 있다.
- 매체 개발의 절차를 설명할 수 있다.
- 매체를 제작할 수 있다.
- 미디어를 영양교육에 활용할 수 있다.

영양교육의 교육내용을 구성하고 교육방법을 선택한 후에는 교육에 활용할 매체나 미디어를 선정한다. 매체는 영어의 media에서 온 말로 'between'에 해당하는 뜻으로 양자를 연결하는 중간 매개 역할을 한다. 매체나 미디어를 적절히 활용하는 것은 피교육자의 동기부여를 강화하여 영양교육의 목적과 목표 달성에 효과적이다. 건강에 대한 관심이 날로 높아지는 현대사회에서 다양해진 영양정보를 전달하는 방법을 잘 이해하고 활용할 수 있는 능력을 키우는 것은 영양교육과 상담의 효과적 수행에서 중요한 일이다.

1. 매체 활용의 이론적 근거

1) 통신이론과 매체

1950년대에 접어들어 통신이론이 발달하면서 교육과정을 일종의 통신, 즉 커뮤니케이션 과정으로 보게 되었다. 교육통신이란 교육자인 송신자와 교육대상자인

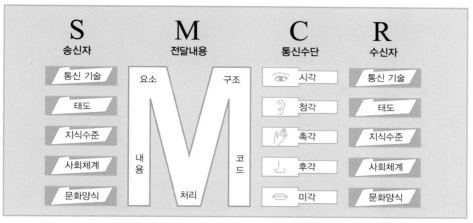

그림 **7-1**
벌로의 SMCR 모형

수신자 사이의 의사소통을 말하는데, 여기에는 반드시 서로의 지식, 사상, 태도 등을 공동으로 소유하려는 목적이 존재하게 된다. 통신(communication) 과정을 정리해 놓은 대표적인 통신 이론으로는 **벌로(Berlo)의 SMCR 모형**이 있다. 이 모형은 그림 7-1과 같이 송신자(sender)로부터 수신자(receiver)에게로 정보(message)가 통로(channel)인 감각기관, 즉 시각, 청각, 촉각, 후각, 미각을 통해 전달되는 커뮤니케이션 과정을 분석해 놓은 것이다. 수신자에게 전달된 메시지가 송신자가 원래 의도하였던 메시지와 동일할 수도 있지만 경우에 따라서는 송신자와 수신자가 가지고 있는 태도, 지식수준, 사화문화 양식의 차이 등의 요인 때문에 송신자가 전달한 메시지와 수신자가 받아들인 메시지가 완전하게 일치하지 않을 수도 있다.

매체는 송신자와 수신자 사이에서 정보를 전달하는 수단 또는 통로의 역할을 한다. 교육매체는 교육자와 대상자 사이에서 인체의 감각기관을 동원하여 교육 효과를 극대화시키기 위한 모든 교육적 수단이다. 교육은 시청각 매체를 이용하여 교육대상자가 가지고 있는 능력을 최대한 개발시킬 수 있도록 시각, 청각, 촉각, 후각, 미각을 활용하는 커뮤니케이션을 활용할 때 더 효과적으로 이루어질 수 있다.

2) 영양교육에서 매체의 역할

교육매체는 넓은 의미로는 교육자료를 포함하는 일체의 교육환경을 뜻하지만 좁

⊕ 교육매체의 역할

교육내용의 표준화	모든 대상자에게 같은 매체를 통하여 동일하고 보편된 정보를 제공함
흥미유발과 주의집중	더 재미있는 교육을 통하여 학습동기를 유발하고 교육내용의 수용도를 향상시킴
교육시간 단축	정보전달 효과를 높여 다량의 정보를 단시간 내에 전달함
교육의 질 향상	교육내용에 적합한 교육활동이 가능하여 교육목표 달성이 용이함
시공간 접근 편리성	대상자에게 편리한 시간과 장소에서 교육이 가능하게 함
긍정적 학습태도 형성	교육에 대한 호감과 만족감, 교육자에 대한 신뢰도를 향상시킴
교육자 역할 다양화	교육자는 지식의 전달자 및 상담자로서의 역할도 가능해짐

은 의미로는 **시각·청각·촉각·후각·미각의 감각적 활동을 통해 교육의 효율화를 꾀하는 방법**을 의미한다. 매체를 활용한 의사소통은 정해진 교육 목표를 기초로 교육 내용을 체계적으로 전달하고 발전시키는 역할을 하게 된다.

"그림 하나가 천 개의 글이나 말보다 가치 있다"라는 말이나 "누군가 말을 한다고 해서 누군가 듣고 있다고 보장할 수는 없다"라는 말은 영양교육을 계획할 때 매체의 중요성을 잘 나타낸다. 사람들은 교육자가 말하는 것을 이해하지만 설명과 함께 시각 및 기타 미디어가 활용되면 더 흥미를 갖고 더 많이 기억한다. 실제로 사람들은 읽은 내용은 7~10%, 들은 내용은 20~38%만 기억하지만, 보고 시행한 내용은 55~80%를 기억한다. 매체를 활용하여 영양교육을 실시하는 것은 전달하고자 하는 교육 내용을 더욱 생생히 전달함으로써 교육대상자의 관심을 자극하고 교육과정에 적극적으로 참여하도록 유도하여 교육 내용에 대한 이해도를 향상시킨다. 그러나 매체를 본다고 해서 저절로 배우게 되는 것은 아니므로 교육자는 매체에 전적으로 의존하기보다는 매체를 교육의 일부분, 즉 보조수단으로 이용하여 효과적인 교육을 하도록 노력해야 한다.

3) 매체의 이론적 근거

데일(Dale)은 시청각 매체를 구체성과 추상성을 기준으로 분류한 **경험의 원추**(cone of experience) **이론**을 통하여 시청각 교육 효과를 설명하였고 브루너

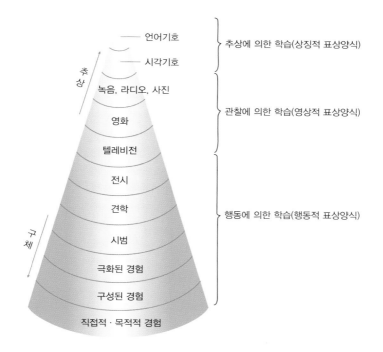

그림 **7-2**
데일의 경험의
원추와 브루너의
지식의 표상양식

(Bruner)는 경험의 원추에서 제시하는 11단계의 학습을 추상화의 정도에 따라 **행
동적 표상양식(행동에 의한 학습), 영상적 표상양식(관찰에 의한 학습), 상징적 표상양
식(추상에 의한 학습)**의 세 단계로 분류하였다. 브루너의 '행동적 학습'은 데일의 경
험의 원추 중 직접적 경험부터 전시까지, '영상적 학습'은 텔레비전부터 녹음·라
디오·사진까지, 그리고 상징적 학습은 시각기호와 언어기호에 해당한다(그림 7-2).

데일의 경험의 원추에서 주요 단계의 특징은 표 7-1과 같다.

**구체성이 큰 행동적 학습일수록 교육내용을 전달하는 데 시간도 많이 걸리고
경험해야 하는 양도 많아서 어려운 반면, 추상성이 큰 상징적 학습**은 꼭 필요한
내용만을 상징적인 기호화 등으로 함축시켜 전달하므로 구체성이 큰 행동적 학
습보다 **짧은 시간에 많은 교육내용을 전달할 수 있다**(그림 7-2). 그런데 **구체성이
큰 학습일수록 오래 기억되고, 오래 기억할수록 실생활에서 실천할 확률은 높아
진다.**

따라서 교육자는 학습자의 다양한 특성과 교육목적, 교육 효과 및 교육 시간
등 교육 현장의 상황을 고려하여 적절한 학습방법을 선택하고 이에 적절한 영양
교육 매체를 활용하는 것이 바람직하다. 데일은 구체적인 것과 추상적인 것을 적

표 **7-1** 경험의 종류에 따른 특징

경험 종류	특징	학습방식
언어기호	글자나 말이 지칭하는 대상의 속성과는 상관없는 임의적 기호	상징적 학습
시각기호	만화·그림·모형 등 실물이나 현상을 인위적으로 생략하거나 강조하여 상징적으로 나타낸 것으로 사진보다는 추상적임	
텔레비전, 영화, 녹음·라디오·사진	관찰에 의한 영상적 학습으로 행동적 학습보다는 구체성이 낮고 더 추상적임	영상적 학습
시범, 견학, 전시	하위 단계의 직접적·목적적 경험, 구성된 경험, 극화된 경험보다는 구체성이 낮은 행동적 학습	행동적 학습
극화된 경험	극에 참여하거나 관람하는 일	
구성된 경험	직접경험과 유사하며, 시·공간의 제약으로 직접 경험할 수 없는 상황에서 활용. 직접경험에서 생길 수 있는 우연적인 요소를 생략하고 꼭 필요한 경험만을 인위적으로 제공한다는 점에서 효과적	
직접적·목적적 경험	가장 구체적이고 생생한 것으로 모든 경험의 기초	

절히 통합하여 행동적·영상적·상징적 학습이 알맞게 상호작용할 때 가장 효율적인 교육이 이루어진다고 하였다.

4) 매체의 종류

교육에 사용되는 매체는 인쇄매체, 전시·게시매체, 입체매체, 영상·전자매체로 분류할 수 있으며 그 종류는 다음과 같다.
- 인쇄매체 : 팸플릿, 리플릿, 전단지, 통신문, 포스터, 만화, 스티커, 슬로건 등
- 전시·게시매체 : 게시판, 탈부착 자료(융판이나 자석판 자료), 괘도, 패널 등
- 입체매체 : 실물, 모형, 인형 등
- 영상·전자 매체 : PPT(파워포인트) 자료, 동영상 자료, 텔레비전, 영화, 다큐멘터리 등

⊕ 다양한 매체 활용의 예

1. 우리나라의 보건소 영양사례집에서 소개한 영양교육활동의 예를 들어, 한 가지 주제하에 활용된 다양한 영양교육방법과 매체 구성을 소개하면 다음과 같다.
   - 어린이들 대상의 일반 영양교육 : 영양정보 게시판, 식품 모형, 그림자료, 노래 부르기, 역할극, 시장 보기, 영양퀴즈 등 다양한 방법과 매체를 이용한 교육 실행
   - 어린이들 대상의 영양캠프 : 신체계측, 영양지식 조사, 인형극 '뚱뚱군의 하루' 보기, 말판 게임 '좋은 식습관 말하기', 기초식품군의 연극, 균형식 강의, 식품 색칠하기, 식품 스티커 붙이기, 식품 퍼즐 맞추기, 식품 빙고 게임하기, 식품 칼로리 알기, 나의 1일 적정 식사량 알기, 시장놀이, 운동(수영하기, 눈썰매 타기, 승마) 등으로 구성된 교육 실행

2. 미국 농무성의 식품영양정보센터의 자료 가운데, 어린이들에게 활용할 수 있는 다양한 영양교육 매체 구성의 예를 소개하면 다음과 같다.
   - 5 a day for better health! : 매일 5회 이상 과일과 채소를 먹도록 권장하는 자료로 포스터, 교육활동 계획서, 교재, 영상자료, 자석으로 구성
   - Eat good, feel good : 영양과 관련된 습관, 음악, 춤, 정보로 구성된 비디오테이프와 어린이와 부모를 위한 인형극으로 진행되며 비디오테이프, 인형, 수업 계획서 및 지침서, 교재, 부모에게 보내는 편지로 구성
   - Healthy choices, balanced meals : 균형식, 영양소, 식품군에 대한 내용으로 구성된 교재, 스티커 그림, 상차림 사진 식품 모형과 접시, 스티커, 리플릿으로 구성
   - Hands on food(a nutrition education resource for primary schools) : 식품에 대한 긍정적인 태도 습득, 식품과 문화의 다양성 이해, 넓은 범위의 식품기술 개발, 어린이와 학교 및 지역사회 사이의 식품연계 경험, 적절한 식품선택 및 건강에 관련된 좋은 결정 등을 교육하는 자료로서 유니폼, 카세트테이프, 벽신문, 동화책, 교재, 활동지침서 등으로 구성

3. 매체를 전문적으로 제작하는 미국 NASCO사의 매체 세트를 소개하면 다음과 같다.
   - Low Fat Express : 지방 섭취를 줄이자는 주제하에 구성된 매체는 교재, 영양문제 해결지침, 체지방 모형, 식품 모형, 동맥 모형, 사진, 지방 함량을 제시하는 튜브, 요리책, 주사위, 리플릿, 부엌 조리기구 등으로 구성
   - Fruit & Vegetable '5–a–Day' Activity Kit : 게임, 노래, 인형극, 동화, 풍선, 스티커, 교재, 활동과정지침서 등으로 구성

Fruit & Vegetable' 5–a–Day'Activity Kit(NASCO)

가장 널리 활용되는 매체는 상징적 표상양식인 시각, 언어 기호를 주로 활용한 인쇄매체이나 최근에는 영상적 표상양식인 시청각 매체인 영상매체가 많이 이용되고 있다. 또한 시범교수법이나 실험형 교육에는 행동적 표상양식을 활용한 매체를 적용할 수 있으며, 컴퓨터, 인터넷 등 과학 기술의 발달로 상호작용이 가능한 매체를 활용한 교육도 가능해졌다.

2. 매체의 개발 절차

하이니히(Heinich) 등이 고안한 'ASSURE 모형'은 매체의 체계적인 개발을 위한 절차로, 각 단계의 영어 머리글자를 따서 'ASSURE 모형'이라고 한다.

⊕ **ASSURE 모형**

A: 대상 집단의 특성 분석(**A**nalyze learner characteristics)
S: 매체의 목표 제시(**S**tate objectives)
S: 매체 선정 및 제작(**S**elect or design materials)
U: 매체의 활용(**U**tilize materials)
R: 대상자의 반응 확인(**R**equire learner response)
E: 매체에 대한 총괄평가(**E**valuate)

1) 대상 집단의 특성 분석

영양교육에서 가장 중요한 것은 **매체를 통하여 전달하는 정보의 내용과 수준이 대상자의 특성에 적합해야 한다**는 것이다. 따라서 우선적으로 대상 집단의 특성 분석이 필요하다. 대상자 전체 또는 표본집단이나 초점집단(focus group)을 대상으로 영양교육 주제에 관한 지식, 태도, 행동을 조사할 수 있다. 시간 혹은 예산의 문제로 대상 집단에 대한 새로운 조사가 어려운 경우에는 대상자 중 일부를 매체의 개발과정에 직접 참여시킨다. 대상자들과 가까이 접촉하고 있거나 그들과 접촉해서 일한 경험이 있는 사람들로부터도 정보를 얻을 수 있다. 대상자들이 참여하지 않은 가운데, 대상자들에게 정보를 전해 주는 사람들인 의사나 영양교육자들의 의견에만 의존해서 개발된 매체는 실패할 가능성이 크다.

⊕ **초점집단 조사**

방법 : 6~10명의 대상자 대표들과 1~2시간정도 집단토의하는 방법.
      주제에 대한 깊은 토의가 가능하여 대상자의 특성을 파악하는 데 도움
장점 : 조사가 빠르고 소요 경비가 적음
단점 : 토의 결과를 전체 대상집단의 결과로 적용하기에 한계가 있음

2) 매체의 목표 제시

영양교육의 목표를 제시하는 것은 매체 선정이나 제작의 지침이 된다. 영양교육의 목표를 기준으로 매체를 통하여 달성하고자 하는 목표를 세우고, 이를 기준으로 매체를 선정하거나 제작한다. **단순한 정보 제공 차원의 목표보다는 확실하고 구체적인 행동목표를 설정하는 것이 중요하다.** 행동의 변화는 지식, 태도 등의 동기유발요인 및 행동변화 가능요인이나 강화요인에도 관련되므로 이들 관련 요인의 변화에 대한 목표도 포함시키되 행동목표에 초점을 맞추어 단계적으로 설정해야 실천으로 이어질 확률이 높아진다.

3) 매체 선정 및 제작

(1) 매체 선정

영양교육의 목적과 목표를 달성하는 데 필요한 정보를 대상자들에게 충분히 전달해 줄 수 있는 기존 매체가 있다면 시간과 경비 절약 면에서 그것을 선택하여 이용하는 것도 좋다. 매체를 선정할 때에는 표 7-2의 기준을 고려한다.

표 **7-2** 매체 선정기준

선정기준	고려해야 할 내용
적합성	• 매체의 목표는 영양교육의 목적과 목표에 적합해야 함 • 매체의 목표 달성에 필요하고 대상자가 수용할 수 있는 내용이어야 함 • 매체에 사용된 용어의 수준, 제시방법 등이 대상자의 특성에 맞아서 매체에 대한 대상자의 이해도가 높아야 함
구성과 균형	• 매체의 내용이 한쪽으로 치우치지 않고 적절하게 구성되어 있어야 함 • 삽입된 음악이나 배경, 그림 등도 전체적으로 잘 구성되고 균형잡혀 있어야 함
신뢰성	• 매체를 통해 전달되는 정보는 과학적인 근거가 충분한 올바른 정보이어야 함
경제성	• 선정된 매체 구입비용이 예산을 초과할 때에는 대체할 수 있는 매체의 종류를 알아보거나 직접 제작할 수도 있어야 함 • 내구성이나 보수 및 관리비용 등도 고려함
효율성	• 매체 제작이나 활용에 소요되는 시간과 노력에 비해 효과가 커야 함
편리성	• 대상자에게 활용할 때 교육자나 대상자 모두에게 편리한 매체여야 함
기술적인 질	• 매체의 전체적인 완성도로서 매체의 색상, 재질, 글자, 그림, 음악, 안전성 및 제작연도를 확인함
흥미도	• 대상자의 흥미와 호기심을 충족시키면서 속도감과 변화가 있어야 함

➕ **매체 선정 및 개발 시 활용할 수 있는 웹사이트**

한국건강증진개발원 https://www.khealth.or.kr
국민건강보험공단 https://www.nhis.or.kr
농식품올바로 http://koreanfood.rda.go.kr
대한영양사협회 https://www.dietitian.or.kr
식품안전나라 https://www.foodsafetykorea.go.kr
어린이급식관리지원센터 https://ccfsm.foodnara.go.kr
대한비만학회 http://general.kosso.or.kr
대한당뇨병학회 https://www.diabetes.or.kr

(2) 매체 제작

대상자의 특성, 매체의 목표, 매체의 종류 및 특성과 매체를 활용하는 영양교육 방법 등을 검토하여 매체를 개발한다.

① 내용 수집

대상자들에게 매체를 통해서 전달하고자 하는 정보, 즉 매체의 목표에 적합한 내용을 수집한다. 특히, 매체의 목표 가운데 행동 변화에 초점을 맞추어서 **매체의 내용이 실생활에서 실천 가능하고 적용 가능하도록 한다.**

'균형식'을 위한 매체라면 균형식의 중요성을 강조하기보다는 균형식의 실천 방법을 제시하는 것이 더 효과적이다. '심장질환 예방'을 위한 매체에서는 심장질환의 분류나 원인에 대해 설명하기보다는 지방이나 콜레스테롤 섭취를 줄이기 위한 식품 선택과 조리법, 또는 지방 섭취는 줄이면서 음식 맛을 유지하는 방법 등을 다루는 것이 실천에 도움이 된다. 이와 같이 영양교육에서는 정보를 실천하는 방법(how-to information)을 많이 제시하면 효과적이다. 한 예로 '채소와 과일을 적어도 5 servings 먹자'라는 취지에서 시행된 '5 a day' 프로그램은 개념이나 내용이 매우 간단하고 실천적이어서 쉽게 기억되고 실생활에 적용하기도 쉽다.

② 내용 구성

매체의 내용에는 단순성과 통일성이 있어야 한다. 대상자들에게 너무 많은 정보를 제시하는 매체는 혼동을 일으키므로 한 번에 한두 가지 정보만을 제시한다. 복잡한 내용이나 구체적 설명을 전달해야 할 때는 간단한 것부터 복잡한 순서로 내용을 분류하고 단계별로 구성하여 복잡한 내용을 단순화시킨다. 전달내용 가운데 가장 중요한 것은 매체의 처음과 마지막 부분에 제시하는 것이 대상자의 기억에 오래 남는다.

(3) 사전평가 및 수정 · 보완

① 사전평가

사전평가는 매체에 대한 대상자들의 반응을 질적으로 측정하는 것으로 대상자들에게 적합한 매체를 제작하기 위해 수정·보완되어야 할 요소를 확인시켜 주는 절차이다. 사전평가에서 가장 중요한 점은 매체를 통해서 대상자들이 무엇을 어떻게 해야하는지, 즉 식행동 변화의 필요성을 이해하고 식행동 변화를 실천할 의지가 있는가를 확인하는 것이다. **사전평가의 세 가지 요소는 매체에 대한 대상자들의 이해도(comprehension), 흥미도(attraction), 수용도(acceptability)**이며 사전평가에서 유의할 점은 다음과 같다.

⊕ 사전평가요소

이해도
- 내용을 대상자들이 잘 이해하고 있는가
- 사용된 단어는 대상자들의 수준에 적절한가
- 주요 단어나 기호, 시각정보 등의 의미를 잘 이해하고 있는가
- 불확실하고 혼동되는 내용이나 믿고 따르기 어려운 것이 있는가

흥미도
- 전체적인 색이나 구성, 시각정보의 색과 배치는 어떠한가
- 대상자들의 의욕을 불러일으키는가, 아니면 흥미를 못 느끼게 하는가
- 등장하는 사람들이나 그림이 대상자들에게 친근하게 느껴지는가 아니면 혐오감을 불러 일으키는가

수용도
- 지역 문화와 조화를 이루는가
- 내용이 사실에 입각한 것인가
- 내용을 거부하지 않고 수용하는가
- 문화적 특성을 고려해서 실천 가능한 내용인가

⊕ 사전평가에서 유의할 점

시기	• 매체 개발 직후로서 실제 교육에 들어가기 전
방법	• 간단한 매체 : 10~20분 정도의 개인면담 • 길고 복잡한 매체 : 30~60분 정도의 집단면담 및 토의
장소	• 대상자 가정, 병원이나 보건소의 대기실, 영양상담실, 지역사회나 단체의 시설, 정부기구나 조직 등
환경	• 매체가 활용되는 환경과 비슷한 환경
참석자 수	• 대상자 가운데 최소 25~50명 정도 • 매체의 내용이 간단하다면 참석자 수가 적어도 되고 매체의 내용이 길고 복잡하다면 참석자 수가 많을수록 좋음
참석자 수준	• 사전평가 참석자들은 매체의 대상자 전체를 대표할 수 있어야 함 • 매체의 일반 대상자들의 특성이나 수준과 같아야 함

② 수정 · 보완

사전평가 결과 대부분의 사전평가 참여자들이 매체의 내용을 완전히 이해하지 못하거나 매체가 오히려 정보 전달을 방해하는 경우 혹은 매체의 체제나 구성이 대상자들의 호감을 이끌지 못하거나 매체가 대상자들의 문화와 맞지 않아서 대상자들과 무관한 경우 등 근본적인 문제가 지적되면 매체 개발단계부터 검토하여 다시 시작한다.

4) 매체의 활용

수정 및 보완단계를 거쳐 매체의 제작을 완료한 다음에는 실제로 활용하는 단계로 들어간다. 매체를 효과적으로 활용하기 위해서는 사전 준비과정이 필요하고 영양교육자는 이를 통하여 매체와 그 활용에 친숙해져야 한다. 매체의 활용 절차는 표 7-3과 같다.

표 **7-3** 매체의 활용 절차

절차	내용
1. 실제 교육 전 매체에 대한 검토	• 교육 전 내용을 면밀히 검토하여 충분히 숙지 • 대상자의 특성, 매체의 종류 · 제목 · 목차 및 내용 · 활용방법 · 제시시간 · 제작자 및 출처 · 제작일 등을 기록하여 매체에 첨부하고 활용
2. 매체의 시범적 활용	• 여러 종류 매체를 준비했을 때는 활용시간을 배정하여 단계적으로 제시하고 활용 • 교육자가 자신감을 갖고 교육에 임할 수 있도록 익숙해질 때까지 여러 번 활용하는 연습 필요
3. 교육환경 준비	• 교육 환경의 환기, 온도, 밝기 등 확인하고 안락한 의자 준비 • 매체 활용에 필요한 시설, 장비 등의 준비 확인
4. 매체를 활용한 실제 교육 활동 시작	• 대상자들에게 영양교육의 목적 및 목표에 대해 설명 • 활용할 매체의 종류와 내용에 대해 간단히 소개하고 교육 시작 • 교육 내용에 따라 다양한 매체를 단계적으로 활용

5) 대상자의 반응 확인

매체를 활용하면서 대상자의 반응을 확인한다. 교육 효과는 대상자의 반응에 대한 피드백이 빠를수록 커진다. 교육자는 교육을 진행하는 동안 대상자들의 주의 집중도나 표정 등을 관찰하면서 스스로 중간평가를 하고 이에 적절히 대처한다. 휴식시간을 이용하여 대상자들과 대화하면서 그들의 반응을 평가하거나 때로는 대상자들에게 질문하여 이해도를 점검할 수도 있다.

6) 매체에 대한 총괄평가

매체를 활용한 후에는 영양교육 매체의 제작과 활용에 사용된 자원에 대한 평가(사용자원평가), 매체 활용방법이나 과정에 대한 평가(과정평가), 그리고 매체의 목표 달성 여부에 관한 평가(효과평가)를 한다. 매체의 분량이 적당하였는지, 내용이 기억에 남는지, 다른 사람에게 보여주고 싶은지 등에 대한 평가도 이에 포함된다.

3. 매체 제작의 실제

1) 매체 디자인 원칙

영양교육 매체 특히 시각을 활용한 영양교육 매체의 질과 효과는 디자인에 의해 크게 좌우된다. 모든 매체 개발에 디자인 전문가가 참여할 수는 없어도 최소한의 디자인 원칙이 필요하다. 인쇄매체나 전시·게시매체 등의 시각자료를 제작할 때는 KISS(Keep It Simple and Short) & KILL(Keep It Large and Legible)의 **원리**를 적용하는 것이 좋다.

> **⊕ KISS & KILL의 원리**
>
> - 한 번만 보아도 이해하기 쉬워야 한다.
> - 모든 시각자료에 각각 제목을 붙인다.
> - 일관되고 유사한 양식으로 만든다.
> - 자료 하나에 하나의 아이디어만을 표현하여 혼란을 주지 않는다.
> - 글씨체는 크고 굵은 한두 가지를 사용하여 단순하게 표현한다.
> - 하나의 시각자료에 서너 가지 이상의 색을 사용하지 않는다.
> - 그래프, 사진, 도면, 만화 등을 사용하여 흥미를 유발한다.

(1) 내용 구성

① 글자 구성

매체에서 제시되는 내용은 **단순하고 명료하며 교육내용에 정확히 부합**되어야 한다. 매체 내 문자는 가능한 적게 사용하고 제시된 시각적 자료는 설명의 보조자료로 활용한다. 슬라이드를 활용하는 경우 한 장의 슬라이드에 한 가지 전달내용만 담는다. 일부에서는 한 슬라이드에 글자는 6줄 이하 한 줄에 6개 단어 이하만 쓰는 **6의 규칙**을 권장한다. 학술지나 책에서 나오는 표와 그래프를 활용하는 경우에는 이를 단순화시켜 교육대상자들이 빨리 이해할 수 있도록 한다. 각 장에 제목을 제시하여 강조하는 내용을 명확히 한다.

② 문장 구성

사용하는 단어는 단순하고 짧을수록 좋다. 문장이 길어지면 이해하기가 어려워진다. 9~10개의 문장을 100단어로 표현하는 것을 목표로 한다. **문장은 짧게 유지하면서 한 문장에 전달 의미만 전달한다.**

각 단락은 주제 문장으로 시작한다. 예를 들자면 "당뇨가 있을 때는 체중 조절이 중요하다"라는 문장보다는 "체중을 조절하는 것이 당뇨 환자에게 중요하다"라는 문장이 더 적절하다. 주제 문장으로 단락을 시작하고 동일 단락에서는 하나의 주제와 논조를 유지한다.

대상자의 읽기 수준을 고려하여 문장을 작성한다. 일반적으로 인쇄물의 경우 중학교 2학년 읽기 수준을 목표로 한다.

③ 도입부

흥미로운 일화 혹은 통계로 주의를 끌거나 질문, 체크리스트, 퀴즈 등으로 시작하면 대상자의 관심을 끌 가능성이 높다. 예를 들자면 "최근 암 유병율을 보면 남자 성인 3명 중 1명이 평생 암이 발생합니다"와 같은 통계적 사실을 제시한다. 혹은 짜게 먹는 식행동과 관련한 체크리스트를 작성하도록 하고 해당일에 염분 함량이 높은 식품을 얼마만큼 섭취했는지 확인하거나 "탄수화물 함량이 높은 간식을 다섯 가지 말해보세요"와 같은 퀴즈로 시작한다.

④ 동기부여

교육에 참여한 대상자는 교육을 받게 될 사안에 대해 관심이 아직 없고, 그 중요성에 대한 인식도 없는 상태일 수 있다. 따라서 해당 교육에서 다루고자 하는 문제의 중요성이나 건강상의 이득을 설명하여 대상자가 교육의 주제에 대해 관심을 가지도록 한다. 예를 들자면 체중관리에 대한 자료라면 체중을 관리했을 때 예방할 수 있는 질병을 설명한다거나 어르신을 대상으로 균형잡힌 식사에 대해 설명하는 자료라면 균형잡힌 식사가 삶의 질을 높이는 예를 제시한다.

⑤ 핵심 내용 배치

교육 대상자가 처음 몇 문장, 몇 단락 혹은 첫 쪽만 읽을 것이라 가정하고 **가장 중요한 정보를 앞부분에 배치**한다. 처음에 긴 소개와 긴 설명은 피한다.

(2) 단락 디자인

제목에 전달하고자 하는 정보를 구체적으로 표현한다. 예를 들자면 '야식'이라는 제목보다는 '야식을 줄이는 방법'과 같은 제목을 사용한다. **단락은 짧게 더 많이** 만든다. 단락 사이에는 여백을 적절히 두면 문자를 읽기가 더 쉬워진다. 한 줄이 너무 긴 경우 두 개의 열로 나눈다. 너무 긴 줄은 대상자가 내용을 놓치게 만드는 반면 너무 짧은 줄은 눈을 좌우로 계속 움직여 피로감을 가중시킬 수 있다. 문단을 양쪽 정렬하는 것보다는 왼쪽 정렬을 하면 줄이 바뀌는 것을 쉽게 알 수 있다. 목록형 정보에는 글머리 기호를 나열하면 읽기가 쉬워진다.

(3) 글씨체와 글씨 크기

동일 매체 내에서는 **글씨체와 크기를 표준화**한다. 그래픽 요소가 많이 가미된 글씨체보다는 **가독성이 높은 글씨체를 이용**한다. 초등학교 고학년 학생을 대상으로 한 연구에서 돋움체류와 굴림체류 글씨체가 다른 글씨체에 비해 선호도와 가독성이 높은 것으로 나타났다. 글씨의 크기는 매체의 이용환경에 맞추어 정한다. 예를 들자면 프로젝터를 이용해 제시되는 슬라이드의 경우 제목은 36~38포인트, 부제목은 26~28포인트, 내용은 18~20포인트로 하며 한 페이지 내에서 글자 크기는 2종류 이내로 사용한다. 유인물로 제공하는 경우 글씨의 크기는 최소 12포인트로 하고 어르신을 대상으로 하는 유인물의 글씨 크기는 14~18포인트가 적당하다.

(4) 색상의 선택

색상을 적절히 사용하는 것은 주목도를 높일 수 있다. **동일한 자료 내에서는 최대 3가지 이내의 색상을 선택**하여 일관성 있게 사용한다. 주요 전달 내용을 정하고 거기에 맞는 색상을 우선 선정한다. 소등이 된 상태에서 매체를 활용해야 하는 경우 밝은 바탕의 어두운 글씨가 어두운 바탕에 흰 글씨보다 좋다.

(5) 이미지

시각적으로 제시되는 그림, 도표, 사진 등은 어려운 개념을 전달하는 데 효과적이다. 복잡한 개념의 표나 차트는 슬라이드 자료보다는 유인물에 활용하는 것이 좋다. 그림, 사진 등을 이용하는 경우 저작권 문제에 유의한다. 낮은 해상도의 이미지 자료를 늘려서 사용하는 것은 바람직하지 않다. 동영상 혹은 오디오 자료를 자료에 삽입하는 경우 자료의 길이는 1분~1분 30초 이내로 한다.

① 그림

그림(picture)은 시청각 매체의 가장 중요한 요소이다. 특히 그림은 어린이를 대상으로 식품과 영양에 대한 개념교육을 하거나 동화를 들려 줄 때 기본 자료로 활용되는 경우가 많다. 그림을 통하여 식품 이름을 익히고 색깔이나 크기, 모양을 구별하도록 하는 것도 좋다(그림 7-3의 (A), (B), (C)). 홍콩에서 개발한 초등학교용 영양교육 패키지에서 소개하는 '여섯 가지 다른 부분 찾기'의 그림은 건강한 식생

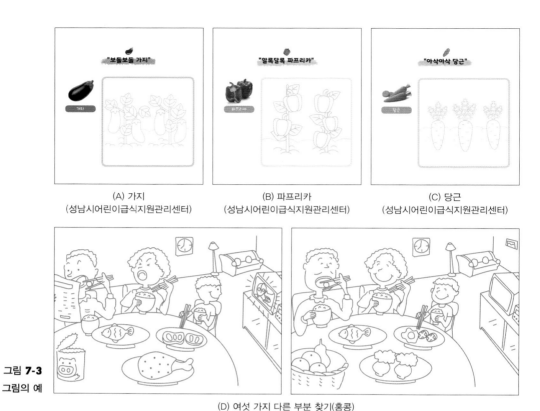

(A) 가지
(성남시어린이급식지원관리센터)

(B) 파프리카
(성남시어린이급식지원관리센터)

(C) 당근
(성남시어린이급식지원관리센터)

그림 7-3
그림의 예

(D) 여섯 가지 다른 부분 찾기(홍콩)

활과 올바르지 못한 식생활 그림 두 가지를 비교하면서 서로 다른 내용을 찾아내는 것이다(그림 7-3의 (D)).

② 사진

사진(photograph)은 사실성이 매우 강하여 인물, 장소, 사건 등 추상적인 개념을 실제에 가장 가깝게 시각적으로 재현해 주는 매체이지만 그림과 같이 평면자료이기 때문에 동적인 입체감이 중요시되는 교육에는 적합하지 않다. 사진은 사실성이 강한 반면, 그림은 단순화시키거나 특징적으로 표현하는 기능이 강하므로 사진과 그림을 낱장으로 섞어 하나의 시리즈 자료로 만드는 일은 피한다.

③ 도표

도표(graph)는 단순한 선이나 기호를 사용해서 전체적인 것을 요약하여 표시해

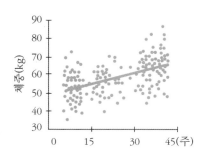

(A) 임신주수 점도표

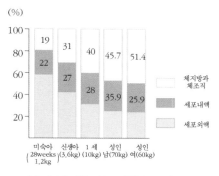

(B) 체중에 대한 체수분비율(막대도표)

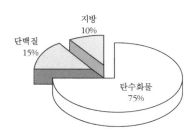

(C) 영양소별 구성비(원도표)

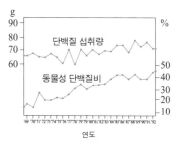

(D) 단백질 섭취량과 동물성 단백질비의
연차적 추이(절선도표)

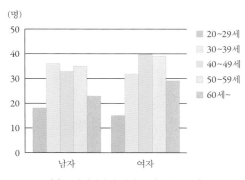

(E) 조사대상자의 연령분포(도수분포도)

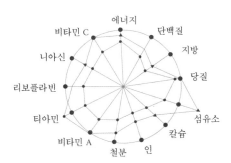

(F) 권장량에 대한 섭취비율(다각형도)

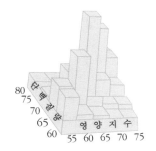

(G) 영양지수수준에 따른 단백질 섭취량
(입체도표)

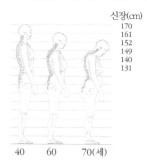

(H) 미국 여성의 연령별 척추와 신장의 변화
(그림도표)

그림 **7-4**
도표의 예

주는 시각교재로 설명이나 글만으로 표현하기에는 복잡하고 긴 것을 간략하게 요약해 준다. 일반적으로 많이 사용하는 도표에는 점도표(point graph), 막대도표(bar graph), 원도표(pie graph), 절선도표(polygon graph), 도수분포도(histogram), 다각형도(polyanglegram), 입체도표(stereogram), 그림도표(pictograph) 등이 있다(그림 7-4). 도표는 상호관계나 경향, 변화 등을 한눈에 알 수 있도록 간단명료해야 한다.

2) 인쇄매체 제작

역사가 오래되어 교육자와 대상자 모두에게 친숙한 인쇄매체는 인쇄된 정보를 자신의 속도로 읽고 소화할 수 있고 보관할 수 있어 시간이 지난 후에도 다시 찾아볼 수 있다. 최근에는 인쇄매체가 PDF(Portable Document Format)와 같은 디지털 인쇄물로 제작되고 있다. PDF에는 음성 파일을 삽입하여 재생할 수 있을 뿐 아니라 PDF를 음성지원이 되는 형식으로 만들어주면 애플리케이션을 활용하여 PDF 내 글자를 음성으로 재생할 수 있어 시각 장애가 있는 대상자들이 활용할 수 있다.

(1) 팸플릿

팸플릿의 크기는 보통 13×20cm 정도로 제작하지만 요즘은 다양한 크기로 만들어진다. 팸플릿(pamphlet)의 제목은 대상자의 관심을 모으고 친밀감을 주도록 정한다(그림 7-5). 팸플릿은 책이 아니므로 주요 사항만을 전달하는 형식으로 제작한다. 분량은 20쪽을 넘기지 않는 것이 좋다. 분량이 너무 많으면 내용을 세분화해서 교육내용별로 소구분하여 단계적으로 배포하여 교육한다. 예를 들어, 당뇨병 환자를 위한 팸플릿 시리즈로 당뇨병 판정 시의 초기 팸플릿, 당뇨병 환자의 식생활 팸플릿, 외식 가이드 팸플릿 등으로 만들어 제공하면 당뇨병 환자를 위한 가이드북이 만들어진다.

(2) 리플릿

리플릿(leaflet)은 보통 A4나 B4 크기의 종이 한 장을 한두 번 접어서 만든 것으로 펼쳤을 때 한 장이 되는 형태의 유인물이다(그림 7-6). 리플릿에는 긴 설명이나 많은 사진보다는 내용을 요약해서 꼭 알아야 할 5~6가지 주안점을 간단히 설명하여 요점을 전달한다. 대상자들은 분명하고 단순한 내용만을 기억하며 배열이 산뜻하지 않은 리플릿은 읽지 않고 버리는 경우가 많으므로 유의한다.

그림 **7-5**
팸플릿의 예

(3) 통신문

통신문은 가정통신문, 지역통신문, 병원신문, 학교신문 등 집단에서 내부용으로 제작되어 활용된다. 대개 고정된 독자를 대상으로 하여 정기발행되므로 전달내용에 연결성과 지속성이 있어야 한다. 예를 들어 암 전문병원의 병원신문이라면 암 환자들을 위한 영양정보를 지속적으로 제공할 수 있어야 한다. 지역통신문이라면 지역 단체들의 현재 활동상황, 앞으로의 활동계획 또는 그동안 조사한 내용의 결과를 지역주민에게 알리거나 지역에서 생산되는 식품들을 이용한 계절식단이나 이와 관련된 영양지식 등을 기재한다. 그림 7-7은 가정통신문의 예이다.

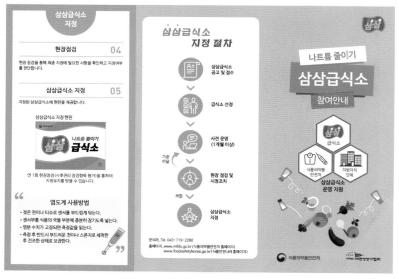

그림 7-6
리플릿의 예

(4) 포스터

포스터(poster)는 간단한 영양정보를 명료하게 전달해 주는 매체이다. 포스터의 내용은 팸플릿, 유인물, 광고지 등보다 함축적이므로 영양교육 매체로서의 효과는 크게 기대할 수 없으나 제작이 쉽고 장기간 부착할 수 있어 내용 및 장소에 따라서는 그 효과를 무시할 수 없다.

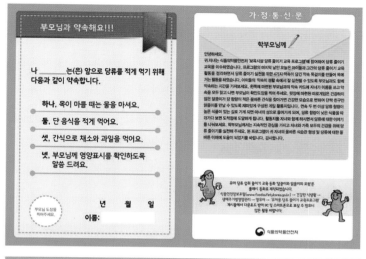

그림 **7-7**
가정통신문의 예

포스터의 크기는 38×50cm~50×70cm 정도로 하고 전달내용을 함축한 그림과 표어는 단순하고 창의적이면서 강력하게 한다. 구도와 배색은 포스터에서 가장 중요한 요소이므로 강조하고자 하는 내용이나 표어의 색상 표현을 강하게 한다(그림 7-8).

(5) 만화

만화(strip cartoon)는 다루는 인물의 성격을 과장 또는 생략하여 재미있고 익살스럽게 풍자·비판하는 그림의 한 형식이다. 만화책이나 웹툰같이 완결된 형식을 이

(A) 5 A Day(NASCO)

(B) 어린이 식품안전 포스터(서울시)

(C) 비만 예방 포스터(식품의약안전처)

그림 7-8
포스터의 예

(D) 단짠 줄이Go 건강 올리Go
(대한영양사협회)

(E) Fast Food지만 느립니다. Slow Food지만 빠릅니다.
(식품의약안전처)

용하여 인쇄물 전체를 만화로 제작하거나, 인쇄물 일부를 만화로 제작할 수도 있다. 실물 사진 등을 예시로 사용할 때 거부감이 들 만한 내용도 만화로 제작하면 거부감을 줄일 수 있다. 인슐린 주사를 놓는 과정을 사진으로 제시하면 어려울 수 있지만, 만화로 재미있게 제시하면 수용도를 높일 수 있다.

(6) 슬로건

슬로건(slogan)은 간단명료하여 읽는 즉시 이해되고, 머릿속에 강한 인상으로 남아 쉽게 실천할 수 있는 것이어야 한다. 좋은 예로는 식품의약품안전처의 2017년 나트륨 줄이기 아이디어 공모전에서 수상을 한 '나를 낮추면 인격이 쌓이고, Na

(A) 비만교육(국민보험공단)　　　　　　　　(B) 자가혈당관리 교육(국민보험공단)

그림 **7-9** 만화의 예

를 낮추면 건강이 쌓인다', '나트륨 낮추렴!'이 있으며 보건복지부 한국건강증진개발원에서 나온 '건강한 습관으로 가벼워지세요', 2018년 보건의 날 슬로건인 '함께 건강하자'가 있다(그림 7-10).

(7) 스티커

스티커(sticker)는 슬로건을 전파하기에 유용한 매체이다. 간단한 슬로건을 한두 줄 정도 적은 것으로 다양한 크기로 활용할 수 있다. 크게 제작하여 식당, 병원 대기실 또는 학교 복도 등 사람들이 많이 다니는 곳에 붙일 수 있고 작게 제작하여 영양교육이나 상담에 활용할 수도 있다. 어린이들에게 각종 식품 스티커를 나누어 주고 식품군별로 스티커를 붙이도록 하면 식품의 종류를 익히게 하는 데 도움이 된다.

그림 **7-10**
슬로건의 예
(보건복지부
한국건강증진개발원)

(8) 기타 인쇄매체

기타 인쇄매체로는 전단지, 벽식문 및 간단한 영양 및 식품 정보를 담은 컵, 연필, 풍선, 식탁 매트, 달력, 앞치마 등과 가계부, 우표, 자석, 단추나 브로치, 핀, 지퍼나 열쇠고리 등 여러 용도의 매체가 있다(그림 7-11).

3) 전시 · 게시매체 제작

전시·게시매체로는 게시판, 탈부착 자료, 괘도, 패널 등이 있다.

(A) 풍선

(B) 연필과 배지

(C) 컵

(E) 달력

(D) 식탁 매트

(F) 앞치마

(G) 부채

그림 **7-11**
기타 인쇄매체의 예

(1) 게시판

게시판(bulletin board materials)은 대상자 개개인이 충분한 시간을 가지고 자료의 내용을 이해할 수 있어서 자발적이고 창의적인 교육활동이 가능하다. 일정한 장소에 비치하는 고정식 게시판도 있지만 게시판을 이동식으로 제작하면 강의실이나 당뇨 조식회 등 여러 장소에서 사용할 수 있다.

게시판의 크기는 보통 150×120cm 정도로 다른 매체에 비해 제작이 쉽고 제작비가 저렴하다. 대상자들 스스로 계획하고 자료를 수집하는 등 직접 제작할 경우 교육효과는 커진다. 게시판 전체를 새로 구성하여 제작할 수도 있고 리플릿, 포스터, 스티커, 그림, 도표, 사진 등을 활용하여 게시판을 꾸밀 수도 있는데, 이때 자료의 배열은 통일성이 있고 균형을 이루게 만든다.

게시판은 교육이나 상담을 하면서 보조매체로 활용할 수 있지만 그 자체가 독립적인 정보 전달의 수단이 될 수도 있다. 독립적인 정보 전달매체로 사용될 경우, 대상자가 자신에게 맞는 속도로 정보를 습득할 수 있다는 장점이 있다. 게시판의 예는 그림 7-12와 같다.

(A) 이달의 식단(성남시 어린이급식관리지원센터)

그림 7-12
게시판의 예

(B) 삼삼한 밥상! 건강한 밥상!(인천시 부평구 어린이급식관리지원센터)

(2) 탈부착 자료

탈부착 자료는 융판이나 자석판에 사진, 그림, 모형 등의 자료를 붙였다 떼었다 하거나 이동시키면서 영양교육 내용에 맞추어 설명하고 토의하는 데 활용되는 자료이다. 탈부착 자료는 제시순서나 시간이 정해져 있지 않으므로 대상자의 반응을 살펴가면서 교육속도를 임의로 조절할 수 있고 자료를 떼어내고 계속해서 새 자료를 제시하므로 대상자의 주의를 집중시키는 데 효과적이다. 휴대가 가능하므로 대상자 개인을 방문하여 사용할 수도 있고 한 번 만들어 보관하면 언제든지 다시 쓸 수 있다는 장점이 있다. 한 장면에 너무 많은 자료를 제시하면 대상자들이 혼란을 일으키게 되므로 한 번에 한 주제에 관한 내용을 보여 주면서 단계적으로 교육하는 것이 효과적이다.

판의 크기는 교육장소의 넓이와 교육대상자의 수에 따라 결정되지만 보통 유아교육기관에서 20~40명을 대상으로 교육하는 경우에는 90×60cm 정도, 일반 교실에서는 90×120cm 정도의 크기가 좋다. 교육장소나 대상자의 연령 및 교육수준에 맞추어서 판의 크기나 자료의 종류를 선택하는 것이 중요하다. 그림 7-13은 탈부착 자료의 예이다.

(3) 괘도

괘도(flipbook, flipchart)는 차트나 그래프 또는 그림이나 사진 등을 이용하여 여러 장에 담긴 정보를 넘겨 가며 전달하는 형식이다(그림 7-14). 전달할 정보를 체계적

(A) 손 씻기 교육
(인천시 부평구 어린이급식관리지원센터)

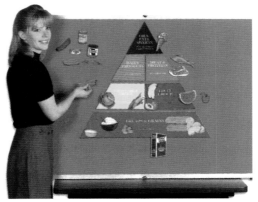

(B) 식품 피라미드(NASCO)

그림 **7-13**
탈부착 자료의 예

 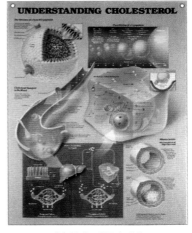

그림 **7-14**
괘도의 예
(NASCO)

(A) 지방 섭취 줄이기   (B) 콜레스테롤의 이해

으로 구성하여 각 단계의 단일 정보를 한 장에 담는 것이 대상자들의 주의집중
에 효과적이며 이해도와 흥미도를 높이는 방법이다. 너무 많은 정보와 내용을 한
꺼번에 넣으면 혼란을 일으키므로 중요한 점만 골라 정리하여 묘사하도록 한다.

(4) 패널

패널(panel)은 그래프, 사진, 그림, 문장 등을 넣은 한 장의 종이를 판에 붙여 만
든 것이다. 전시효과가 크며 식단전시회, 캠페인 및 보건소의 대기실 등에서 많이
이용된다. 그림 7-15는 패널의 예이다.

4) 입체매체 제작

실물이나 표본, 모형, 인형 등의 입체적 시각자료는 교육내용의 추상적인 개념을
대상자들에게 실제적이고 구체적인 경험으로 제공함으로써 이해도를 높여 주는
효과적인 매체들이다. 특히, 어린이는 성인에 비해 생활경험과 이해력이 부족하므
로 그림이나 사진, 게시자료 등과 같은 평면적 자료보다는 실물이나 표본, 모형
등과같은 입체매체를 경험하게 해 주는 것이 좋다.

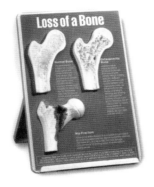

(A) 골 손실(NASCO)

(C) 소금 섭취 줄이기(대한영양사협회)

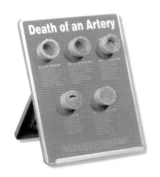

(B) 동맥경화(NASCO)

(D) 칼슘 210mg 제공 식품량(대한영양사협회)

그림 7-15
패널의 예

(1) 실물

실물은 가장 직접적이고 입체적인 교육이 가능하므로 가장 효과적인 시각교육
자료이다. 그러나 실물식품은 계절적으로 구입에 제한이 있고 오래 보존하기 어려
워 경제성이 떨어진다. 대상자 수가 15~20명 이상인 경우 실물을 활용한 교육이
적합하지 않을 수 있다. 다양한 식품이나 음식에 함유된 지방이나 소금은 비가시
적이어서 실물로 볼 수 없으므로 그 함량을 실제 지방이나 소금을 넣은 튜브를
이용하여 가시적으로 제시해 주는 매체도 있다(그림 7-16). 휴대가 불편하고 보존
하기 어려워 실용성이 부족한 단점을 보완한 모형을 많이 활용한다.

그림 **7-16**
실물의 응용 예
(NASCO)

(A) 음식 속에 숨은 지방 함량   (B) 음식 속에 숨은 소금 함량

(2) 모형

실물이 너무 작거나 클 때, 계절적으로 구하기 어려울 때, 또는 다루기 불편할 때 실물의 직접적인 경험을 대신해 줄 수 있는 대용물을 사용하게 되는데 이것을 모형(model)이라고 한다. 모형은 실물을 원형 그대로 또는 알맞은 크기로 만들어 놓은 것이다. 실물과 마찬가지로 대상자 수가 15~20명 이상인 경우 모형이 모든 대상자에게 잘 보이지 않을 수 있다. 그림 7-17의 (A)는 실물식품을 플라스틱으로 만든 식품모형(replica-food)이고, (B)는 과잉 체지방을 경험할 수 있도록 만들어진 9kg짜리 복부 체지방 조끼 모형이다.

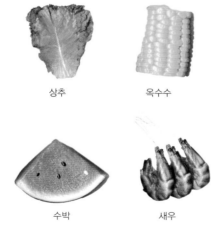

상추   옥수수

수박   새우

그림 **7-17**
모형의 예

(A) 식품 1교환당 모형   (B) 복부 체지방 조끼 모형

⊕ **모형의 특성**

- 시간과 공간의 제약 없이 언제, 어디서나 교육의 보조자료가 될 수 있다.
- 견고하므로 편리하게 이용할 수 있다. 실물은 잘못 다루면 쉽게 부서지고 파손된다.
- 생략과 편집이 가능하다. 실물의 복잡하고 불필요한 부분은 생략하고 특징만 강조한 모형을 이용하면 교육내용을 쉽게 이해할 수 있다.
- 내부 구조를 관찰할 수 있다. 식품이나 음식의 단면 모형을 이용하면 단순한 외관의 관찰뿐 아니라 내부의 모양, 색깔 등을 볼 수 있다. 예로는 달걀이나 수박, 파이 등의 단면 모형이 있다.
- 장기간 보관할 수 있다. 모형은 대상자가 익숙해질 때까지 반복하여 이용할 수 있다.

(3) 인형

인형(puppet)은 어린이들에게 동화적인 세계를 다양하게 경험시켜 주고 상상력을 자극하며 부드럽고 친밀한 정서를 키우는 등 교육적 가치가 큰 매체이다. 이는 어린이들의 교육내용에 대한 흥미를 더해 주고 활용이 용이하며 다양한 주제로 다룰 수 있다.

인형의 종류는 조작방법에 따라 그림자 인형(shadow puppet), 손가락 인형 (glove-and-finger puppet), 막대 인형(rod puppet), 손 인형(hand puppet), 줄 인형 (marionette), 탈 인형(mask puppet) 등으로 나누어진다(그림 7-18). 그림 7-19의 (A)는 여러 가지 채소들을 인형으로 만든 것이고, (B)는 평면적인 인형으로 탈부착 자료에 이용할 수 있다. (C)는 편식하는 청개구리 인형이다.

5) 영상 · 전자매체 제작

영상·전자매체에는 녹음자료나 CD-ROM과 같은 고전적인 것부터 PPT(프리젠테이션 자료) 자료, 동영상 자료, 영화나 다큐멘터리, 웹사이트 등 다양한 자료가 있다. 이들 자료를 담은 전자파일은 여러 환경에서 활용할 수 있다. 앞으로는 모바일을 기반으로 하는 다양한 교육이 더욱 보편화될 전망이며 컴퓨터를 이용한 가상현실도 영양교육의 주요 매체가 될 것이다.

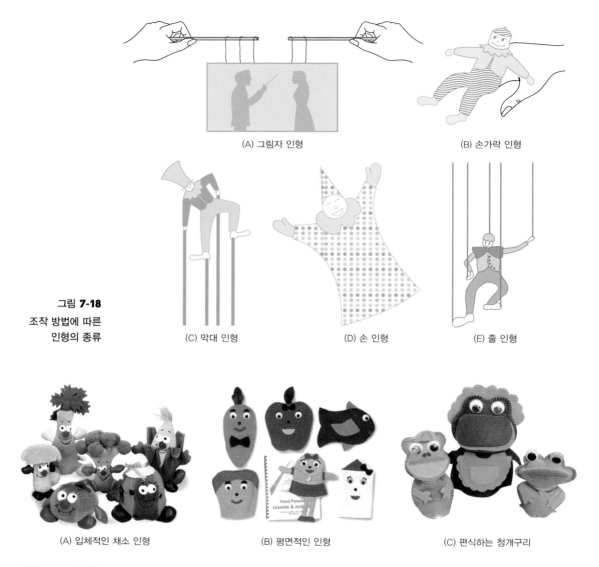

그림 **7-18**
조작 방법에 따른
인형의 종류

(A) 그림자 인형

(B) 손가락 인형

(C) 막대 인형

(D) 손 인형

(E) 줄 인형

(A) 입체적인 채소 인형

(B) 평면적인 인형

(C) 편식하는 청개구리

그림 **7-19** 인형의 예

(1) PPT 자료

강연, 세미나 연구발표 등에서 대상자들에게 더 효과적으로 의사전달을 하고자 할 때 사용하는 프레젠테이션용 자료가 PPT 자료이다. PPT 자료를 제시할 때는 교육자와 대상자들이 대면하여 교육이 진행되므로 대상자들의 반응을 관찰하면서 교육의 진행속도를 조절할 수 있으며 유아부터 성인까지 대상에 구애받지 않고 누구에게든, 어떠한 주제라도 다양하게 제시할 수 있다. PPT 자료는 충분한 시간적 여유를 가지고 제시하여 대상자 각자가 내용을 충분히 이해하거나 기록할 수 있도록 한다.

(2) 동영상 자료

짧은 분량으로 만들어지는 영상을 말하며, 제작에 비용이 많이 소요되고 어느 정도의 전문성이 필요하다. 앞으로의 교육은 현재 강의식 집단교육에서 인터넷과 동영상을 이용한 온라인 교육으로 이동하고 있으므로, 동영상 자료 활용도는 지금보다 높을 것으로 예상된다.

동영상의 일종인 영화나 다큐멘터리 자료도 교육에 사용할 수 있다. 교육자는 영화내용을 사전에 충분히 숙지하여 교육내용에 맞추어서 진행하도록 한다. 영화나 다큐멘터리가 아무리 좋아도 교육자를 완전히 대신할 수는 없으므로 단지 한 편의 영화를 보여 주는 것만으로 교육을 끝내는 경우는 없어야 한다. 영화나 다큐멘터리가 끝난 후에는 내용에 대한 토의를 하고 적절한 사후지도를 하여 효과적인 활용이 되도록 한다. 또한 영화나 다큐멘터리가 교육에 어느 정도 효과적이었는지 평가한다.

(3) 가상현실

가상현실(virtual reality)이란 컴퓨터에 의해 만들어진 환경으로, 인터페이스(interface)를 이용하여 그 환경으로 들어가 현실세계처럼 움직이며 활동하게 된다. 영양교육이나 상담에서는 동맥경화가 진행된 혈관 속에 들어가 본다든지, 채소가 자라나는 것을 빠른 속도로 경험해 본다든지 등 다양한 가상현실 활용방법을 생각해 볼 수 있다.

6) 각종 게임

앞에서 제시한 각종 매체를 이용하여 다양한 게임이나 이벤트를 개발하면 대상자들이 지루해 하지 않고 영양정보를 쉽게 받아들일 수 있다. 어린이를 대상으로 하는 교육에서 주로 사용되지만 게임의 종류에 따라 성인을 대상으로 개발할 수도 있다.

(1) 주사위 놀이

언제 어디서나 다양한 연령층을 대상으로 적용할 수 있다. 건전한 식행동에는 전진을, 올바르지 못한 식행동에는 후퇴를 명령하여 영양정보를 즐겁게 받아들이게 한다. 말은 다양한 식품이나 모형으로 하고 말의 뒷면에 자석을 부착하여 놀이판을 자석판으로 하면 앞에 걸어 두고 놀이에 참여하지 않은 사람도 함께 즐길 수 있다. 그림 7-20은 주사위 놀이판(B)과 그 활용(A) 예이다.

(A) 어린이들의 주사위 놀이

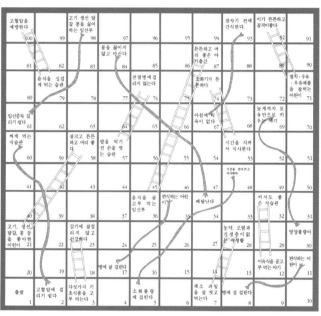

(B) 주사위 놀이판

그림 **7-20** 주사위 놀이

(2) 영양 게임

주로 초등학생을 대상으로 팀을 이루어 다양한 식품의 특성을 설명하게 한 후 맞히게 하는 게임으로 실물사진이나 모형 또는 실물을 제시하면서 진행하면 식품지식을 늘리고 경험도 할 수 있다. 이길 때마다 점수가 가산되도록 하면 어린이들이 놀이를 즐기며 영양교육을 받을 수 있다(그림 7-21).

(A) 뚱뚱이 탈출 게임

(B) 식품군 카펫 게임

(C) 룰렛 게임(부평구 어린이급식 관리지원센터)

그림 **7-21** 영양 게임의 예

(3) 노래 가사 바꿔 부르기

어린이나 일반인들에게 익숙한 노래를 영양과 관련된 가사로 바꾸어 부르게 하면 서 올바른 식생활을 익히도록 한다. 다음은 어린이와 노인을 대상으로 한 영양교 육 가사이다.

유치원 어린이 대상: '신데렐라'노래 인용	신데렐라는 어려서 우유도 잘 먹고요 당근과 시금치도 맛있게 먹었답니다 뭐든지 골고루 잘 먹는 예쁜 신데렐라 뭐든지 맛있게 잘 먹은 건강한 신데렐라	
노인 대상: '뽀뽀뽀' 노래를 인용한 '건강한 식생활'	골고루 먹는 식사 균형식 즐겁게 적당한 양 건강식 우리는 건강한 노인정 친구	천천히 꼭꼭 씹어 건강해 규칙적인 식사시간 즐겁게 건강한 식생활 즐거운 생활

(4) 퍼즐 게임

주로 유아원이나 유치원 아동을 대 상으로 다양한 식품들이 한데 어우 러진 모습을 그린 후, 다양한 모양 으로 오려내고 오려낸 모양을 모여 서 다시 원래의 그림이 되도록 하 는 게임으로 식품을 익히게 하는 데 도움이 된다. 그림 7-22는 나무 판을 이용한 퍼즐 게임용 매체이다.

그림 **7-22**
퍼즐 게임의 예
(NASCO)

(5) 숨은 그림 찾기

여러 식품이 들어 있는 그림을 놓고 그림 속에서 식품을 하나하나 찾아내는 방법이다. 식품을 익히고 친숙해질 수 있는 놀이다(그림 7-23).

(A) 내 방에 숨어 있는 곡류 · 전분류(식품의약품안전처)

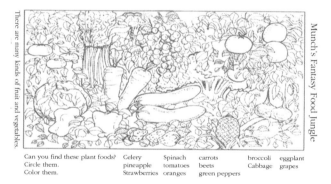

(B) 과일과 채소 찾기

그림 7-23
숨은 그림찾기의 예

그림 7-24
식품가면 놀이
(대한영양사협회)

(6) 식품가면 놀이

다양한 식품을 그리거나 사진으로 가면으로 만들어서 식품이나 영양과 관련된 주제의 가면극에 이용할 수 있다. 초등학교 이하의 어린이를 대상으로 건강한 식생활이나 다양한 영양정보를 흥미로운 이야기로 엮어 진행하면 효과가 크다(그림 7-24).

(7) 색칠하기

유치원 아동이나 초등학교 저학년 대상으로 다양한 식품이 그려져 있는 종이에 색칠을 하면서 식품을 익히고 친숙해질 수 있는 방법으로 식품신호등에서는 건강에 해로운 식품 이름에 붉은색(stop)을 칠하여 섭취를 절제하거나 금하는 의미를 전하고, 건강에 좋은 식품 이름에는 초록색(go)을 칠하여 섭취를 권장하는 의

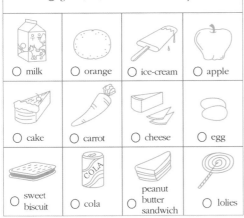

(A) 식품신호등

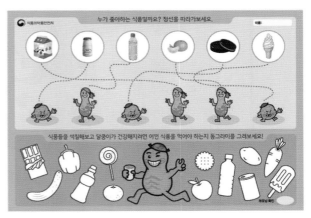

(B) 올바른 식품 선택(식품의약품안전처)

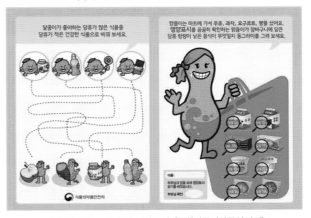

(C) 저당식품 선택 및 영양표시 확인(식품의약품안전처)

그림 **7-25** 색칠하기

미를 전할 수 있다(그림 7-25의 (A)). 또는 식품을 색칠한 후 건강한 식품에 동그라미를 하거나 점선을 따라 그리는 게임을 통하여 올바른 식품 선택을 권장하거나 영양표시 확인의 중요성을 강조할 수도 있다(그림 7-25의 (B), (C)).

(8) 길 찾기

건강에 해로운 식행동과 관련된 그림 속에서는 도착지에 갈 수 없도록 고안하여 바람직한 식생활과 관련된 길만 따라가도록 유도하는 그림을 이용한 방법이다(그림 7-26).

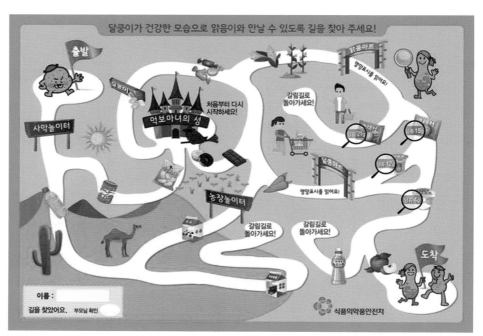

그림 **7-26**
건강한 길 찾기
(식품의약품안전처)

(9) 전자게임

전자 게임은 컴퓨터, 타블릿, 스마트 폰 및 비디오 게임기를 이용하여 할 수 있는 게임을 말한다. 영양교육용으로 개발된 비디오 게임으로는 비만 예방을 위해 10~12세 이상의 청소년에게 채소와 과일, 물의 섭취 및 활동량을 증가시키는 것을 목적으로 만들어진 어드벤처형 게임인 'Escape from Diab'와 'Nanoswarm' 및 다른 행성에 사는 아바타를 만들어 이 아바타들이 건강한 식생활을 통해 행

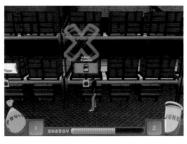

(A) Escape from Diab

(B) Nanoswarm

(C) Creature 101

그림 **7-27** 영양교육용 비디오게임 예

성에 사는 생명체들을 건강하게 만드는 임무를 수행하는 게임인 'Creature 101'
이 있다(그림 7-27).

4. 영양교육과 상담 매체로서의 미디어의 활용

미디어(media)란 사실이나 정보를 수용자들에게 보내는 역할을 하는 매개체로서
전통적으로는 텔레비전, 라디오, 신문, 인터넷 등 매스미디어(mass media : 대중매
체)를 가리킨다. 최근에는 인터넷을 통해 전 세계 사람들이 실시간으로 정보를 접
하고 그에 대한 각자의 의견을 공유할 수 있게 됨에 따라 개인 간의 미디어, 소셜
네트워킹 서비스(SNS : Social Networking Service)가 가능해지며 정보 전달의 양상
이 완전히 달라졌다. 이러한 흐름은 개인을 정보의 소극적 수용자 입장에서 정보
를 적극적으로 찾아서 가공하고 나누는 수용자이자 제공자로 변화시켰다. 건강
에 대한 관심이 날로 높아지는 현대사회에서 다양해진 영양정보를 전달하는 방
법을 잘 이해하고 활용할 수 있는 능력을 키우는 것은 영양교육과 상담의 효과적
수행에서 중요한 일이다. 미디어를 이용한 영양교육에는 다음과 같은 이점이 있다.
　미디어를 이용한 영양교육의 궁극적인 목적은 국민의 영양 개선과 건강증진이
다. **미디어는 종류에 따라 수용자의 범위와 태도, 정보 내용과 전달과정, 효과 등이 다
르므로 영양교육과 상담의 구체적 목표에 따라 가장 효율적인 것을 활용**하도록 한다.

⊕ **미디어를 이용한 영양교육의 이점**

- 많은 사람에게 다량의 정보를 신속하게 전달할 수 있다.
- 주의집중이 용이하여 동기부여가 강하게 유발된다.
- 시간과 공간적인 문제를 초월하여 구체적인 사실까지 전달할 수 있다.
- 지속적인 정보의 제공으로 행동변화를 쉽게 유도할 수 있다.
- 광범위한 파급효과에 비해 경제성이 높다.
- 개인 미디어를 통해 개인 맞춤형 정보를 전달할 수 있다.

1) 라디오

라디오는 청취자가 다른 일을 하면서 들을 수 있다는 큰 장점이 있다. 지역 방송이나 학교, 기업체 등에서 운영하는 소규모 라디오 방송을 반복해서 이용하면 학생이나 직장인을 대상으로 해당 영양문제에 대해 효과적인 영양교육을 수행할수 있다.

과거와는 달리 라디오 프로그램도 음원파일로 인터넷에서 상시 재생이 가능하고 인기 프로그램의 경우 코너별로 음원파일을 홈페이지에 올려놓기도 한다. 그

⊕ **라디오를 이용한 영양정보 전달의 예**

라디오를 통한 영양교육 예로는 1970년에 미국 민간원조단체인 CARE에서 주관하여 KBS 라디오의 스폿 방송(spot announcement)으로 전국의 대중을 위한 영양교육이 연속기획으로 실시된 것이 있다. 1년간 매일 30초 동안 쌀에 지나치게 편중된 식사를 균형 잡힌 식사로 유도하기 위한 프로그램으로, 그 내용을 살펴보면 아래와 같다.

할머니 : (불평하며) 이런! 밥이 왜 이 모양이냐?
며느리 : 잡곡을 좀 섞었어요. 건강에 더 좋대요.
할머니 : 무슨 말이냐? 흰 쌀밥이 최고지.
아나운서 : 오랫동안 우리는 쌀밥이 가장 좋은 것으로 믿었습니다. 그런데 쌀밥은 잡곡밥보다 영양
 가치가 적다고 합니다. 우리는 콩, 보리, 조, 옥수수를 섞은 잡곡밥을 먹어야 합니다.

10개월간 방송 후 면접으로 효과를 평가한 결과 기초조사 자료가 없었으나 면접대상자의 83%(도시), 68%(농촌)가 특히 '균형된 식사를 합시다'와 '잡곡밥을 먹읍시다'에 관한 메시지를 잘 기억하고 있었다고 한다.

러므로 잘 구상된 라디오 프로그램은 여러 해에 걸쳐 새로운 대중에게 노출될
수 있다.

2) 텔레비전

텔레비전이 제공하는 허구의 세계가 현실 세계와 공존하는 느낌을 갖게 하여 만
들어내는 친근감의 환상은 정보 전달의 최대 효과를 거두게 하는 주요한 기반이
된다. 2020년 기준 우리나라 19세 이상 국민의 85.0%가 텔레비전에서 정보와 뉴
스를 얻고 있을 정도로 가장 이용률이 높은 미디어이다.

　근래 텔레비전의 건강·영양 관련 프로그램에 대한 관심은 가히 폭발적이다.
KBS의 전문 교양기획 프로그램인 '생로병사의 비밀'은 건강에 대한 다양한 정보
를 이해하기 쉽게 가공하여 보여 주며, 같은 방송사에서 방영했던 '비타민'은 영
양과 건강의 중요성을 인식시키고 관련 정보를 이해하기 쉽고 흥미롭게 전달해
주는 성공적인 영양교육 프로그램이다. 건강과 영양 관련 정보뿐만 아니라 한국
인들의 음식문화를 다양한 각도에서 접근하는 '한국인의 밥상'도 음식과 요리에
대한 관심이 높아지는 꾸준한 인기를 끌고 있다. 또한 식품안전이 대중의 주된 관
심사로 떠오르면서 채널A의 '이영돈 PD의 먹거리 X파일'은 먹거리의 생산, 제조,
유통과정에서의 현장 고발과 사실 보도뿐만 아니라 검증된 사례를 '착한 식당'이
라는 이름으로 조명하여 큰 반향을 불러일으켰다가 보도의 정확성이 문제가 되
어 폐지되기도 하였다.

3) 인터넷

인터넷은 시간과 공간을 뛰어넘어 영양정보에 관해 전달자와 수용자 또는 수용
자와 수용자 사이에 쌍방향 의사소통을 가능하게 하므로 영양교육과 함께 영양
상담의 효과를 최대화할 수 있다는 큰 장점이 있다. 우리나라의 인터넷 이용률이
60대를 제외한 전 연령대에서 90% 이상이고, 인터넷 이용목적은 '커뮤니케이션',
'자료 및 정보 획득'으로 건강과 영양관련 주제의 다양한 정보 제공원으로써, 인
터넷은 매우 유용한 영양교육과 상담 매체이다.

(1) 웹사이트

웹사이트는 공통 도메인 하에 게시되는 웹 페이지와 멀티미디어 콘텐츠와 같은 웹자원의 집합이다. 현재 웹사이트를 통해 정부기관, 학교, 영양 관련 학회, 의료기관 또는 영양학자, 의사 등의 개인 전문가가 다양하게 영양·건강정보를 대중을 상대로 제공하는 웹사이트가 있다. 식품의약품안전처 식품안전나라 사이트에서 제공하는 건강영양정보에는 생애주기별 정보, 각종 계산기(BMI, 칼로리, 운동칼로리), 영양성분정보, 어린이·청소년 식생활 안전관리, 나트륨/당류 줄이기, 영양표시 정보 등으로 구성되어 있다. 정부기관이나 영양·건강 전문가가 제공하고 있는 대표적인 웹사이트는 매체 선정 시 활용할 수 있는 웹사이트(156쪽 참고)를 참고한다.

웹사이트에 올려지는 영양정보나 자료의 형태는 뉴스레터, 블로그, 팟캐스트, 캘린더, 동영상, 웹기사, 다운로드 가능한 교육자료(예 파워포인트, 리플릿 등), 포스터 등을 활용할 수 있다. 웹사이트에서 과학적 근거를 기반으로 한 영양교육 자료를 제공한다면 웹사이트를 통해 대중에게 효과적인 영양교육을 제공할 수 있다. 웹사이트에 게시되는 교육자료는 행동변화 이론에 중심을 둔 교육안을 바탕으로 해야 하며, 다운로드받을 수 있는 자료나 기타 도구를 배치하여 웹사이트를 방문한 대상자의 관심을 끌 수 있어야 한다. 또한 게시된 정보는 지속적으로 업데이트하고 관리해야 한다.

⊕ 영양정보 웹사이트를 제작 및 운영할 때 주의사항

- 수용자 또는 교육대상자가 요구하는 영양정보가 무엇인지 파악한다.
- 정보의 내용을 교육대상자의 수준에 맞게 가공한다.
- 잡다한 정보의 나열보다는 특정 분야의 전문화된 정보를 명료하고 쉽게 설명한다.
- 우수한 영양 관련 사이트를 링크하여 영양 정보를 확대시킨다.
- 게시판이나 상담실을 운영하여 영양교육자와 교육대상자 상호간 영양 관련 토론이나 상담을 가능하게 한다.
- 정보 제공자는 웹사이트에 자신의 프로필을 밝히고 정보에 대한 전문적·윤리적 책임감을 가져야 한다.
- 교육대상자에게 질 좋은 정보를 취사 선택하는 방법을 교육한다.
- 검색 엔진에 웹사이트를 등록하여 홍보하고 많은 사람이 이용할 수 있게 한다.
- 웹사이트 영양정보를 정기적으로 모니터하며 최신 정보를 업데이트한다.

최근에는 웹사이트를 통해 교육대상자가 참여할 수 있는 영양교육이나 상담이 시도되고 있다. 소아비만을 예방하기 위해 웹기반으로 제공한 가족참여 프로그램은 가족들의 식사시간과 식행동을 개선하고 소아비만 예방에 대한 자기 효능감을 증가시키는 효과가 있는 것으로 나타났다. 미국에 있는 체중 감량을 도와주는 회사인 'Weight Watchers'는 대면상담과 함께 온라인 프로그램을 운영하고 있다. 'eDiets'는 최초의 회원제 유료온라인 체중관리 프로그램으로 식사 배달도 서비스에 포함되어 있다. 또한 'nutriinfo'는 인터넷을 기반으로 체중 및 건강관리를 도와 주는 유료서비스를 개인과 회사에게 제공하여 성공을 거두고 있다. 국내에도 눔(noom) 코리아 등 인터넷 기반의 영양상담 제공 서비스가 시작되었다

(2) 전자메일

전자메일(email)을 활용하면 개별 혹은 그룹으로 대상자에게 정보를 전달할 수 있다. 전자메일을 통해 영양교육 프로그램에 참여하도록 안내하거나 참여 후 추후 관리를 위한 메시지를 제공하고 개인에게 식생활 및 신체활동 목표를 상기시키는 등 다양한 목적으로 전자메일을 활용할 수 있다. 전자메일을 통해 전달되는 영양정보를 담은 뉴스레터는 개인이 웹사이트에서 검색하는 영양정보보다 더 신뢰성 있는 정보를 제공할 수 있으며, 건강한 식생활을 위한 조언 등을 전달할 수 있다.

(3) 인스턴트 메신저/문자 메시지

2020년 언론수용자 조사 보고서에 의하면 메신저 서비스를 사용하는 비율은 83.8%이다. 스마트폰을 통한 문자 메시지는 개인의 식생활과 관련된 행동을 자가 모니터링 하는데 매우 유용하다. 영양교육 및 상담 후 교육 내용과 관련한 메시지, 알림, 팁 등을 제공하면 체중을 줄이거나 혈당을 관리하는데 도움이 된다. 개인의 식품 섭취 측정을 위해 식사 전과 후에 일정 조건에서 사진을 찍어 상담자에게 전송하면 열량 및 영양소 섭취량을 계산하여 평가 결과를 문자 메시지를 이용하여 제공할 수 있다.

(4) 개인 미디어 플랫폼

2020년 언론수용자 조사보고서에 의하면 우리나라의 페이스북, 트위터, 인스타그

램, 밴드, 카카오스토리 등의 개인 미디어 플랫폼(social media platform) 이용률은
48.8%로 전통적 대중매체인 종이신문 이용율 6.9%%, 라디오 이용률 16.5%을
훨씬 웃돌고 있다. 유튜브 이용률은 66.2%로 최근 2년간 2배 가까이 상승했다(그
림 7-28).

개인 미디어 플랫폼은 영양교육 자원에 쉽게 접근할 수 없는 대상자들에게 효
율적인 영양교육 통로가 될 수 있다. 특히 40대 이하의 전 연령층에서 동영상 플
랫폼 이용율이 75% 이상임을 고려하면(그림 7-29, 표 7-4) 개인 미디어가 영양교
육의 주요한 경로가 될 수 있음을 알 수 있다. 어떤 종류의 개인 미디어를 활용할
것인가 하는 것에는 정답이 없다. 연령, 성별, 교육 수준에 따라 활용하고 있는 개
인 미디어가 다르므로 미디어 활용과 관련한 조사 보고서를 참조하여 교육 대상
자에 적절한 미디어를 선택한다. 각 개인 미디어 플랫폼에서 제공하는 사용자 분
석 자료를 활용하면 제공한 교육자료의 이용행태를 교육자료를 개정하는 데 반영
할 수 있다.

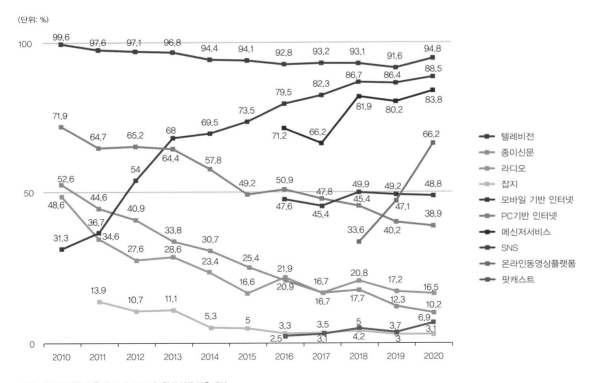

자료 : 2020 언론수용자 조사 보고서. 한국언론진흥재단

그림 7-28 미디어 이용률 추이(2010~2020)

그림 7-29

10세 미만 어린이의 미디어 서비스 및 플랫폼 이용률

자료 : 2020 어린이 미디어 이용 조사 보고서. 한국언론진흥재단

표 **7-4** 연령대별 미디어 이용률

(A) 성인 연령대별 미디어 이용률(2020)

(단위: %)

	텔레비전	종이신문	라디오	잡지	인터넷(모바일+PC)			인터넷 포털(모바일+PC)			메신저서비스	SNS	온라인동영상플랫폼	팟캐스트
						모바일	PC		모바일	PC				
전체	94.8	10.2	16.5	3.1	89.1	88.5	38.9	85.9	85.1	35.9	83.8	48.8	66.2	6.9
20대	82.9	1.1	5.2	7.2	99.9	99.7	73.1	99.1	98.9	68.3	97.3	84.5	87.0	20.0
30대	93.4	5.8	19.7	3.7	99.7	99.7	60.0	99.3	99.1	56.7	95.6	70.5	82.7	12.1
40대	97.2	10.5	25.9	3.1	99.3	99.2	44.8	97.3	96.5	40.6	95.3	53.5	75.7	5.2
50대	97.7	12.4	18.9	1.9	94.1	93.3	27.1	91.5	90.6	24.2	87.2	40.3	62.5	1.8
60대 이상	99.4	16.9	13.7	1.1	65.1	63.8	9.0	57.3	56.0	7.8	57.7	16.0	39.3	0.4

(B) 10대 청소년 미디어 이용률 변화(2016 vs 2019)

(단위: %)

	매체							서비스/플랫폼							
	인터넷(모바일+PC)			텔레비전	라디오	잡지	종이신문	포털(모바일+PC)			온라인동영상플랫폼	메신저서비스	SNS	1인방송	팟캐스트
		모바일	PC						모바일	PC					
2019년(2,363)	98.9	97.2	68.7	81.8	16.5	8.8	7.8	98.8	97.2	68.7	87.4	86.6	64.7	36.7	4.9
2016년(2,291)	97.6	91.7	72.5	82.6	19.8	10.5	11.0	94.9	–	–	–	82.5	66.0	26.7	5.6
16년 대비 증감	1.3	5.5	−3.8	−0.8	−3.3	−1.7	−3.2	3.9	–	–	–	4.1	−1.3	10	−0.7

자료 : (A) 2020 언론수용자 조사 보고서. 한국언론진흥재단
(B) 2019 10대 청소년 미디어 이용 조사 보고서. 한국언론진흥재단

사진 및 동영상 공유를 주로 하는 인스타그램에 붙은 '#' 해시태그를 활용하면 건강식이나 건강하지 않은 식사에 대한 대중의 인식을 이해할 수 있고, 영양교육 시 대상자가 먹은 음식의 사진을 공유하여 활용하는 것은 전통적인 식사일기를 대체할 수도 있다. 동영상이나 오디오 서비스를 주로하는 유튜브는 다른 미디어 플랫폼과 마찬가지로 좋아요, 싫어요, 공유, 구독, 댓글 등을 통해 사용자의 반응을 즉각적으로 알 수 있다. 특히 실시간 스트리밍을 활용하면 공간적 제약을 받지 않고 영양교육을 실시할 수 있다.

⊕ **영양정보 개인 미디어 운영 시 주의사항**

- 시작하기 전에 다른 사람들이 미디어 플랫폼을 어떻게 사용하는지 관찰한다.
- 자료를 게시하기 전에 해당 미디어 플랫폼의 사용방법을 숙지한다(예: 자료 수정, 삭제. 댓글 관리, 개인정보 설정, 차단 방법 등)
- 처음 몇 개 자료는 간단한 것으로부터 시작한다.
- 영양정보를 공유할 때 신뢰할 수 있는 출처의 최선 정보를 사용한다[도메인 주소에 .gov(정부), .edu(교육), .org(전문기관)이 포함된 곳의 자료를 사용].
- 지나치게 개인적인 정보나 확인되지 않은 정보는 게시하지 않는다.

---

4) 애플리케이션

스마트폰의 애플리케이션을 활용한 영양교육 프로그램들도 개발되고 있다. 식품의약품안전처에서 제작한 '고열량, 저영양 알림-e'는 바코드나 제품명 검색 등을 통하여 고열량·저영양 식품 여부를 알려 주는 애플리케이션으로, 무료로 다운받아 사용할 수 있다. 농촌진흥청에서 제작한 '어린이푸드 아바타'는 어린이가 본인의 나이, 신장, 체중, 성별 등의 정보를 입력한 후 한 끼 식사를 구성하면 균형잡힌 바른 식사인지 여부를 알려 주면서 진행되는 영양교육 프로그램이다(그림 7-30). 인터넷 접근 플랫폼이 PC에서 스마트폰으로 이동하면서 위에서 언급한 인터넷 기반 회사들도 웹사이트뿐만 아니라 애플리케이션을 함께 개발하여 운영하고 있다.

휴대용 전자기기는 건강 측정 기기와 접목이 가능하여 앞으로 영양교육과 상

그림 **7-30**
영양교육 스마트폰
애플리케이션의 예

담에 활용도가 높으므로 주목할 점이다. 2020년도 인터넷이용실태 조사보고서에 의하면 웨어러블기기 활용 기능 중 '심박수, 칼로리 소모량 측정 등 건강관리 기능(57.6%)'이 '스마트폰과 연결하여 문자, 전화 등 송수신(87.7%)'에 이어 두 번째로 많이 사용되고 있는 것을 보면 만보기와 같은 신체활동이나 혈당을 측정하는 기기 등 웨어러블기기를 활용한 교육이나 상담이 가능하다.

5. 영양정보 선별에 대한 소비자 교육

무차별적인 정보의 홍수 속에서 정확한 식생활 정보의 선별능력 함양을 위해 바른 선택방법이나 요령을 일반인에게 교육시키는 것은 영양교육의 중요한 부분이다. 영양정보가 바르고 정확한지 알아보기 위해 다음과 같이 교육시킨다.

- **정보 제공자 확인** 정보 제공자가 영양전문가이거나 공인된 기관이나 단체로서 신뢰성이 있어야 하고, 비상업적이어야 타당도가 높은 정보라고 할 수 있다.
- **정보 출처 확인** 정보 내용의 출처나 의견을 제공한 전문가 이름이 밝혀져

있고, 출처나 전문가의 전문성이 적합해야 하며, 각 주제에 대해 풍부한 최신 정보를 제공했는지 확인한다.

건강기능식품 판매를 위한 광고나 웹사이트의 경우 제품의 신뢰를 주기 위해 전문가의 의견인 것처럼 문구를 사용하면 오히려 허위·과대광고에 이용될 수 있으므로 유의해야 한다.

• **사용의 편리성**　특히 인터넷의 경우 필요한 정보를 쉽게 찾을 수 있어야 하고, 정보제공자와 상호 의견 교환이 가능해야 한다. 최근 신문의 영양·건강정보를 제공할 때 기자 실명제와 이메일 주소를 밝혀 독자에게 의견 교환의 기회를 주고 있다.

• **정보 내용의 평가**　영양정보가 타당하고 믿을 만한지 다음 사항을 평가해 본다.

⊕ **미디어 영양정보를 볼 때 확인해야 할 사항**

• 실생활에 활용할 수 있는 구체적인 대안을 주고 있는가?
　→ 하루 섭취량에 대한 정보가 있는지 확인한다.
• 식품이 마치 약효를 가진 듯 표현하고 있지 않은가?
　→ 식품효능의 장점과 단점, 섭취의 과잉과 유의점에 대한 정보가 있는지 확인한다.
• 주제의 과학적인 근거가 충분한가?
　→ 한 사람의 체험에 근거한 이야기를 보편화하지 않았는지, 공익성이 있는 기관의 연구 자료인
　　지 확인한다.
• 동물실험 결과를 인간에게 적용하여 발표하지 않았는가?
　→ 사람에 대한 임상실험을 거치지 않은 연구 결과를 과장되게 보도하지 않았는지 확인한다.
• 기사형식으로 특정 회사 제품을 광고하지 않았는가?
　→ 특히 광고에서 기사인지 광고인지 구별이 어려운 경우나 방송에서 협찬사의 제품을 효능 비
　　교하여 여과 없이 방송하지 않는지 확인한다.
• 영양가를 비교할 때 비교 기준을 제대로 설정하여 비교하였는가?
　→ 100g당 비교했는지, 한 그릇으로 비교했는지, 한번에 보통 섭취하는 음식 분량으로 비교했
　　는지 확인한다.

자료 : 보건복지부, 대한영양사회(2004)

ACTIVITY

활동 1

1-1. 조별 분임토의를 통해 아래에 제시된 주제 중 한 가지를 선택하여 교육 방법을 정해 보세요.

(1) 교육대상자: 중년 여성들
  교육내용: 골다공증 예방을 위한 식생활
  교육자: 보건소 영양소

(2) 교육대상자: 중학교 비만 학생
  교육내용: 체중관리를 위한 올바른 식생활
  교육자: 영양교사

(3) 교육대상자: 항암화학요법치료 중인 암환자
  교육내용: 항암치료 중의 식사요법
  교육자: 병원 임상영양사

(4) 교육대상자: 직장인
  교육내용: 대사증후군 예방을 위한 식사요법
  교육자: 직장건강증진 프로그램 운영 영양사

(5) 교육대상자: 4~5세 어린이집 원아
  교육내용: 채소와 과일 먹기
  교육자: 어린이급식관리지원센터 영양사

1-2. 1번에서 정한 영양교육에 맞는 매체를 제작해 보세요.

1-3. 제작한 매체를 활용하여 모의교육을 실시하고 다른 팀의 매체를 평가해 보세요.

CHAPTER 8

영양교육의 과정 Ⅳ – 평가

학습목표

- 영양교육 평가의 3가지 종류를 설명할 수 있다.
- 영양교육의 과정평가 방법을 설계할 수 있다.
- 영양교육의 효과평가 계획을 수립할 수 있다.

대상의 진단(assessment), 계획(plan), 실행(do), 평가(see)에 이르는 **영양교육의 과 정 중 마지막 단계이자 동시에 다음 계획을 위한 출발점이** 되는 것이 바로 영양교 육의 평가이다. 영양교육이 궁극적으로 대상자의 행동 변화를 이끌어내기 위한 것임을 고려할 때, 영양교육의 평가를 다양한 관점에서 실시하고, 이를 다음 계획 에 반영하는 것은 매우 중요한 의미를 갖는다. 평가가 단순한 결과산출에 그치지 않고 **다음 계획에 반영**되어 영양교육의 효과를 높이는 데에 활용될 수 있도록 하 려면 **평가의 내용과 방법을 사전에 세밀하게 계획**하는 것이 필요하다.

1. 평가의 의의

영양교육을 평가하는 것은 영양교육의 단계에서 필수적인 과정으로, 영양교육자 와 대상자 모두에게 유용한 정보를 제공해준다. 영양교육 평가단계가 왜 필요한 가라는 질문에 대한 답은 몇 가지 관점으로 나누어 생각해볼 수 있다. 우선, 대 상자의 행동변화를 유도하고자 하는 것이 영양교육의 궁극적인 목표라는 점에서 평가의 첫 번째 의미를 생각해볼 수 있다. 즉, 체계적인 평가는 **영양교육의 목표로 설정했던 건강상태의 변화나 식행동의 변화, 또는 그 원인의 변화가 있었는지에 대한 정보를 제공**해준다. 이러한 변화에 대해 근거에 기반한 효과평가가 이루어지려면 사전에 평가 계획을 세워 체계적으로 평가가 이루어지도록 하여야 한다. 두 번째로, 영양교육 평가는 **영양교육의 내용이나 방법이 대상자에게 적절했으며, 계획대로 진행되었는지에 대한 정보를 제공**해준다. 이러한 측면에서 평가는 계획단계에서부터 실행단계에 이르는 모든 과정에 걸쳐 이루어진다고 볼 수 있으며, 이러한 평가를 통해 프로그램의 강점과 약점이 무엇인가, 프로그램의 어떤 부분에 보완·수정이 필요한가에 대한 정보를 얻을 수 있다. 또한 목표로 했던 효과가 있었다면 그 요인이 무엇인지, 효과가 미미했다면 그 원인이 무엇인지에 대한 정보를 제공해준다.

이상의 두 가지 의미에서 살펴본 바와 같이 평가는 교육제공자에게 다음 계획을 위한 중요한 정보를 제공해주는데, 그 외에도 평가는 영양교육 대상자에게도 유용한 정보를 제공해줄 수 있다. 대상자들에게 평가 결과를 바탕으로 교육의 효과에 대한 정보를 제공해주면, 교육자들이 적극적으로 교육에 참여할 수 있도록 동기유발의 효과를 가져올 수 있으며, 더 나아가서는 영양교육 프로그램에 대한 홍보의 효과를 가져올 수 있다.

2. 평가의 종류와 내용

영양교육 평가에는 **사용된 자원에 대한 평가, 교육과정에 대한 평가, 교육효과에 대한 평가**가 있다. 자원평가와 과정평가는 영양교육 실행 중, 실행 후에 수시로 이루어지고 효과평가는 전반적인 평가와 함께 교육이 실행된 후에 이루어진다.

1) 자원평가

교육에 사용된 인적·물적 자원이 적절하였는지를 분석하여 평가하는 것이 자원

자원평가	과정평가	효과평가
교육에 투입된 인력, 비용 등 자원에 대한 평가	교육과정이 계획에 따라 적절하게 이루어졌는지에 대한 평가	계획 시에 수립한 목표 달성여부에 대한 평가
• 계획대비 실제투입 자원 비교 • 투입된 자원 대비 교육효과 (효율성) 평가	• 교육내용 적절성 • 교육방법 적절성 • 대상자 참여도 • 기타 교육운영 전반	• 지식, 태도 개선여부 • 식행동변화 관련 요인의 개선여부 • 식행동 개선여부 • 영양문제 개선여부
평가방법 • 계획과 실제 사용된 예산/ 인력/자원 비교 • 투입자원 대비 교육 효과 산출	**평가방법** • 사업과정 관찰 평가 • 대상자 만족도 조사 • 참여율 데이터 분석	**평가방법** • 교육 전, 후 동일하게 측정하여 비교 • 목표치와 달성치 비교

그림 **8-1**
영양교육
평가의 종류

자료 : 아이콘 출처는 www.flaticon.com

평가이다. 자원평가에서는 교육에 사용된 인력, 비용, 기타 자원을 분석하여 이러한 자원의 활용이 계획에서 예상한 내용과 일치하는지 평가한다. 계획대로 집행되지 않았다면 어떤 부분에서 어떠한 이유로 계획과 달라졌는지를 파악하고 다음 계획에 반영한다. 이외에도 자원평가에서는 **인적·물적 자원의 효율성**을 파악할 수 있는데, **효율성이란 영양교육의 효과가 어느 정도의 자원을 사용해서 나타났느냐**를 뜻하는 것으로 영양교육의 효과 정도를 교육에 사용된 시간, 노력, 비용 등의 자원으로 나눈 것이다. 만약 교육에 많은 인력이나 비용이 투입되었는데, 교육의 효과는 미미하다면 효율성이 낮다고 평가될 수 있으며, 이 경우 다음 계획에서 자원을 효율적으로 사용하는 방안 및 영양교육의 효과를 높이는 방안을 모색하는 것이 필요하다.

2) 과정평가

영양교육이 실행되는 과정에 대한 평가로 영양교육이 실행되는 동안에 계획대로 순조롭게 잘 진행되고 있는지 그리고 대상에 맞게 진행되고 있는지 등에 대한 정보를 수집하여 평가한다.

과정 평가는 다음 계획을 위한 피드백을 제공하는 데 있어서 중요한 역할을 한다. 즉, 프로그램의 장단점을 파악하고 다음 계획시 영양교육 프로그램에 보완·수정이 필요한 부분이 있는지에 대한 중요한 정보를 제공해준다. 특히, 목표로 했던 효과가 있었다면 그 요인이 무엇인지, 효과가 미미했다면 그 원인이 무엇인지에 대한 분석을 할 수 있도록 정보를 제공해준다는 점에서 중요한 의미를 갖는다. 일반적으로 과정평가에서 주로 살펴보는 내용은 **교육내용이나 교육방법이 적절한지의 측면과 교육 참여에 대한 평가** 등이 있다. 주요 내용은 다음과 같다.

⊕ 과정평가의 주요 내용

■ **교육내용에 대한 평가**
- 목적과 목표 달성에 적합한가
- 대상자들의 특성에 적합한가
- 대상자들의 가치관에 맞고 실천가능한 것인가
- 대상자들이 이해 또는 수용하지 못하는 부분이 있는가
- 교육내용과 교육과정이 효율적으로 체계화되었는가
- 교육자료의 적절성, 이해도, 흥미도, 기술적인 질은 어떠한가

■ **교육방법에 대한 평가**
- 교육방법이 적절하였는가
- 충분한 설득력이 있었는가
- 교육자의 역할이 적절하였는가
- 교육자는 교육에 열의를 가지고 임했는가
- 교육자와 대상자 간 의사소통이 원활하게 이루어졌는가

■ **교육 참여에 대한 평가**
- 교육자의 참여태도는 어떠한가
- 교육시기와 방법에 따른 참여도는 어느 정도인가
- 교육에 참여하지 않았거나 중도에 포기한 이유는 무엇인가
- 교육에 참여하지 않았거나 중도에 포기한 대상자 비율은 어느 정도인가

■ **기타**
- 홍보가 적절하였는가
- 인력의 배치는 적절하였는가
- 다른 조직이나 단체들과 협동이 잘되었는가
- 교육진행팀의 수행능력 및 그들의 의견은 어떠한가
- 교육시기와 시간이 대상자에게 적합하고 편하였는가
- 교육장소, 시설과 설비, 지리적 위치 등 물리적인 여건이 어떠하였는가

3) 효과평가

효과평가란 **영양교육 계획단계에서 설정했던 목표와 목적이 달성되었는가에 대한 평가**로서 영양문제의 원인과 관련된 요인의 개선 여부, 이를 통한 식행동과 식습관의 개선 여부, 그리고 영양문제의 해결 내지는 영양상태 개선 여부를 평가하는 것이다. 효과평가는 주로 **교육 전과 교육 후에 동일한 방법으로 측정하여 변화가 있었는지를 분석하는 방식**으로 이루어진다. 따라서 계획단계에서 어떻게 효과평가를 할 것인지 평가 계획을 체계적으로 수립하지 않으면 제대로 효과평가를 할 수 없으므로 사전에 평가 계획을 수립하여 체계화하는 것이 중요하다.

효과평가의 내용을 분류해보면 다음과 같다.

⊕ 효과평가의 내용 분류

- 동기부여요인 개선: 영양문제와 관련된 건강·영양 관련 지식·인식, 식태도 등의 동기부여요인의 개선 여부
- 행동관련요인 개선: 대상자의 식행동 변화가 가능하고 지속·유지되는 데 영향을 주는 행동수행능력, 환경요인 등 관련 요인들의 개선 여부
- 행동 변화: 식행동 변화와 식습관 개선 여부
- 영양문제 변화: 대상자의 영양문제의 해결 여부, 영양상태 개선 여부

효과평가의 항목은 영양교육의 첫 단계인 대상의 진단과정에서 영양문제를 찾아내고자 이루어졌던 조사항목과 같다. 이와 같이 영양교육 실행 후 또는 일정한 기간이 지난 후에 대상을 재진단하여 영양교육 실행 전후의 변화 정도를 파악함으로써 영양교육의 효과를 평가한다. 이러한 방법은 효과평가에 흔히 사용되지만, 영양문제는 여러 요인이 관련되어 복합적으로 나타나고 또한 영양교육을 받은 대상 집단과 비교할 수 있는 대조군이 없는 경우에는 교육 전후의 변화를 오로지 영양교육의 효과라고 단정하기에는 어려운 면이 있다. 따라서 영양교육 대상 집단과 같은 특성(개인적 요인, 환경적 요인 등)을 가진 대조군이 있을 때, 영양교육 실행 후 두 집단 간의 관련 요인의 차이를 교육효과로 평가할 수 있다.

효과평가의 각 시기별 평가 내용의 예는 표 8-1과 같다.

표 8-1 효과평가 시기별 평가 내용

효과평가 시기	효과평가 내용
영양교육이 시작되기 전	• 대상자의 영양문제의 원인과 관련된 요인의 출발점 상태, 예를 들어 대상자의 영양지식·식태도 등에 대한 사전검사 • 대상자의 식행동과 건강상태 사전검사
영양교육이 끝난 후	• 영양문제와 관련된 지식·태도의 수준을 재검사하여 사전검사 수준과 비교함으로써 교육 실행에 의한 변화 정도 파악
영양교육이 끝나고 교육내용을 실천에 옮길 수 있는 일정한 기간이 지난 후	• 대상자의 식행동과 건강상태를 조사하여 사전검사 수준과 비교함으로써 영양지식과 태도가 실생활에 실천되어 식행동에 변화를 일으켰는가를 파악 • 식습관화되어서 영양문제가 해결되었는가, 즉 영양교육의 효과를 최종적으로 평가

만약 영양교육을 통하여 영양문제가 해결되지 않았거나 영양교육의 목적이나 목표가 달성되지 않았다면 영양교육 활동과정의 문제점을 파악하고 목적이나 목표의 적절성에 대해서도 평가해야 한다.

3. 평가방법과 도구

의미있는 평가가 이루어지도록 하기 위해서는, 사전에 평가의 설계가 명확하게 이루어져야 한다.

1) 자원평가

자원평가를 위해서는 교육에 투입되는 예산, 인력, 기타 자원에 대해 상세한 계획을 수립하고, **이렇게 수립한 계획과 실제 집행된 자원을 비교**하여 평가한다. 또한 과정평가와 결합하여, 이러한 계획 자체가 적절했는지를 평가할 수 있으며, **투입 자원 대비 효과**도 산출하여 평가에 활용할 수 있다.

2) 과정평가

과정평가를 위해 다음과 같은 방법을 사용할 수 있다(그림 8-1).

- 교육 제공기관에서 **교육의 각 과정에 대해 관찰하고 기록**하여 평가하는 방법
- 교육대상자의 **만족도 조사** 등을 통해 교육대상자가 어떻게 평가하는가를 조사하는 방법
- **참여율 데이터**를 분석하는 방법

대상자 참여도 분석 방법으로는 출석부를 통해 참여율을 평가하거나, 중도탈락자, 미참여자에 대한 분석 등이 있으며, 교육 중의 관찰을 통해 참여태도를 분석하는 방법이 활용될 수 있다.

교육에서는 교육대상자에 대한 만족도 조사를 많이 실시하는데, 전반적인 만족도 뿐 아니라 교육환경, 교육내용, 이해도, 강의태도 등 주로 평가하고자 하는 내용에 따라 세부적인 항목을 함께 평가한다. 이때 고객만족도 평가의 모델에 따라 사전 기대는 어떠하였으며, 실제 참여 후의 평가는 어떤지로 나누어 묻기도 하며, 불평을 제기한 횟수와 그에 대한 처리에 대한 만족도를 함께 묻기도 한다. 그림 8-2는 보건복지부에서 시행하는 영양플러스 사업의 만족도 조사 설문지의 예이다.

3) 효과평가

효과평가는 목표를 달성했는지 여부와 교육 전, 후 변화가 있었는지를 평가하는 것으로, 효과평가를 위해서 **대상집단에 대한 설문지 조사나 개인면접, 관찰, 식사조사와 신체계측 등의 방법**을 통하여 평가할 수 있다. 효과평가에서 분석하고자 하는 내용에 따라 표 8-2의 평가내용 및 도구 중 선택하여 활용할 수 있다.

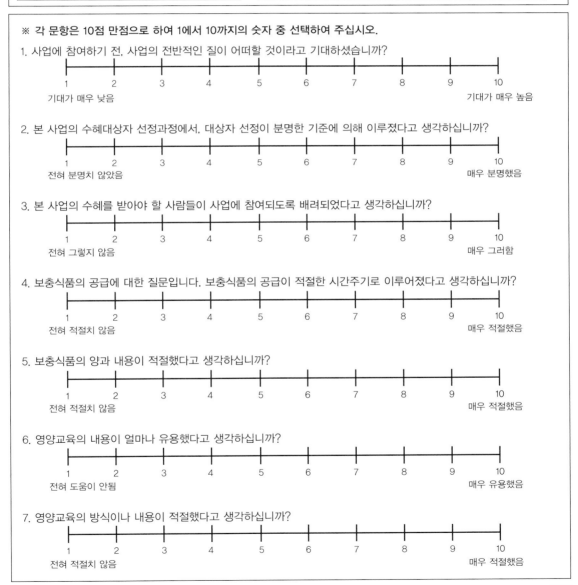

영양플러스사업
– 만족도 조사 –

시·도명	보건소명

대상자 성명 :　　　　　　　　　　　(연령　　　세)
응답자 성명 :　　　　　　　　　　(대상자와의 관계　　　)
조　사　일 :　　　년　　월　　일 (사업참여 중, 종료)
조　사　원 :　　　　　　　　　　　　　　서명

※ 각 문항은 10점 만점으로 하여 1에서 10까지의 숫자 중 선택하여 주십시오.

1. 사업에 참여하기 전, 사업의 전반적인 질이 어떠할 것이라고 기대하셨습니까?

　1　　2　　3　　4　　5　　6　　7　　8　　9　　10
기대가 매우 낮음　　　　　　　　　　　　　　기대가 매우 높음

2. 본 사업의 수혜대상자 선정과정에서, 대상자 선정이 분명한 기준에 의해 이루어졌다고 생각하십니까?

　1　　2　　3　　4　　5　　6　　7　　8　　9　　10
전혀 분명치 않았음　　　　　　　　　　　　　매우 분명했음

3. 본 사업의 수혜를 받아야 할 사람들이 사업에 참여되도록 배려되었다고 생각하십니까?

　1　　2　　3　　4　　5　　6　　7　　8　　9　　10
전혀 그렇지 않음　　　　　　　　　　　　　　매우 그러함

4. 보충식품의 공급에 대한 질문입니다. 보충식품의 공급이 적절한 시간주기로 이루어졌다고 생각하십니까?

　1　　2　　3　　4　　5　　6　　7　　8　　9　　10
전혀 적절치 않음　　　　　　　　　　　　　　매우 적절했음

5. 보충식품의 양과 내용이 적절했다고 생각하십니까?

　1　　2　　3　　4　　5　　6　　7　　8　　9　　10
전혀 적절치 않음　　　　　　　　　　　　　　매우 적절했음

6. 영양교육의 내용이 얼마나 유용했다고 생각하십니까?

　1　　2　　3　　4　　5　　6　　7　　8　　9　　10
전혀 도움이 안됨　　　　　　　　　　　　　　매우 유용했음

7. 영양교육의 방식이나 내용이 적절했다고 생각하십니까?

　1　　2　　3　　4　　5　　6　　7　　8　　9　　10
전혀 적절치 않음　　　　　　　　　　　　　　매우 적절했음

(계속)

그림 **8-2** 영양플러스 사업 만족도 조사지의 예

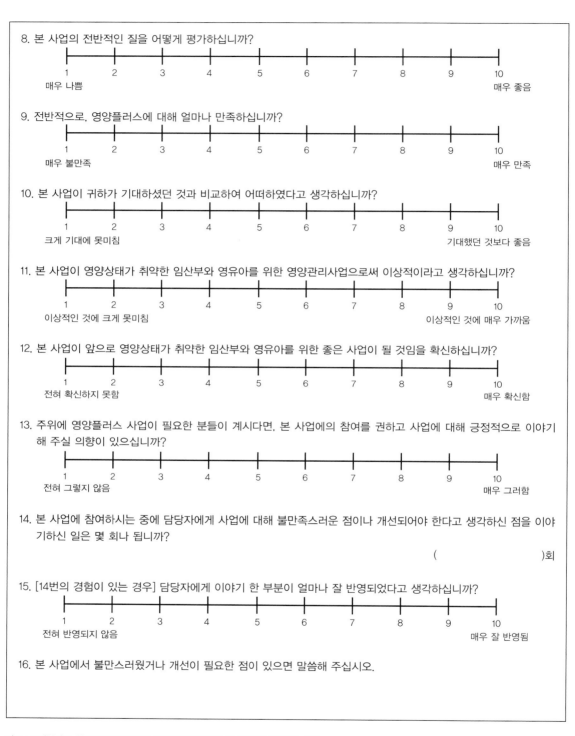

8. 본 사업의 전반적인 질을 어떻게 평가하십니까?

```
1     2     3     4     5     6     7     8     9     10
매우 나쁨                                          매우 좋음
```

9. 전반적으로, 영양플러스에 대해 얼마나 만족하십니까?

```
1     2     3     4     5     6     7     8     9     10
매우 불만족                                        매우 만족
```

10. 본 사업이 귀하가 기대하셨던 것과 비교하여 어떠하였다고 생각하십니까?

```
1     2     3     4     5     6     7     8     9     10
크게 기대에 못미침                            기대했던 것보다 좋음
```

11. 본 사업이 영양상태가 취약한 임산부와 영유아를 위한 영양관리사업으로써 이상적이라고 생각하십니까?

```
1     2     3     4     5     6     7     8     9     10
이상적인 것에 크게 못미침                    이상적인 것에 매우 가까움
```

12. 본 사업이 앞으로 영양상태가 취약한 임산부와 영유아를 위한 좋은 사업이 될 것임을 확신하십니까?

```
1     2     3     4     5     6     7     8     9     10
전혀 확신하지 못함                                  매우 확신함
```

13. 주위에 영양플러스 사업이 필요한 분들이 계시다면, 본 사업에의 참여를 권하고 사업에 대해 긍정적으로 이야기해 주실 의향이 있으십니까?

```
1     2     3     4     5     6     7     8     9     10
전혀 그렇지 않음                                    매우 그러함
```

14. 본 사업에 참여하시는 중에 담당자에게 사업에 대해 불만족스러운 점이나 개선되어야 한다고 생각하신 점을 이야기하신 일은 몇 회나 됩니까?

　　　　　　　　　　　　　　　　　　　　　　　　　　　(　　　　　　　)회

15. [14번의 경험이 있는 경우] 담당자에게 이야기 한 부분이 얼마나 잘 반영되었다고 생각하십니까?

```
1     2     3     4     5     6     7     8     9     10
전혀 반영되지 않음                                  매우 잘 반영됨
```

16. 본 사업에서 불만스러웠거나 개선이 필요한 점이 있으면 말씀해 주십시오.

자료 : 보건복지부, 한국건강증진개발원. 2020년 지역사회통합건강증진사업안내−영양

그림 8-2 영양플러스 사업 만족도 조사지의 예

표 **8-2** 영양교육 효과평가 내용 및 도구의 예

시점	변화의 유형	효과평가 도구의 예
단기	식행동 변화의 동기부여요인	**[지식]** 건강과 영양에 관련된 지식 증가 여부 측정 예: • 다음 중 칼슘의 가장 좋은 급원 식품을 고르세요. 　　① 우유 ② 쌀밥 ③ 사과 ④ 달걀 　• 아침식사를 거르지 않고 하는 것은 비만 예방에 도움이 된다. (예, 아니오)
		[태도] 건강과 영양에 관련된 태도 개선 여부 측정 예: • 우유는 매일 1컵 이상 마시려고 생각한다. (예, 아니오) 　• 아침식사를 매일 하려고 생각한다. (예, 아니오)
		[자아효능감] 건강 및 영양 개선을 위한 행동을 할 수 있다는 자신감 측정 예: • 나는 매일 우유 마시기를 실천할 수 있다. (1~5점) 　• 나는 매일 아침을 먹을 수 있다. (1~5점)
	식행동 변화의 행동가능요인	**[행동기술]** 건강 및 영양개선을 위한 행동을 할 수 있는 기술 보유 여부 예: • (관찰, 면담 혹은 설문) 칼슘 섭취를 늘릴 수 있는 식단을 구성할 수 있다. 　　(예, 아니오 혹은 1~5점) 　• (관찰, 면담, 혹은 설문) 간단한 아침식사 준비를 할 수 있다.
		[환경] 건강한 식행동을 가능하게 하는 식품환경 개선 여부 측정 예: • 우리 집의 냉장고에는 항상 우유가 있다. (예, 아니오) 　• 학교에서는 급식 시간에 우유를 제공한다. (예, 아니오) 　• 학교 자판기에서 우유를 살 수 있다. (예, 아니오)
	식행동 변화의 행동강화요인	**[주관적 규범, 지원]** 건강한 식행동에 대한 가족, 친구 등 의 지원이나 칭찬 여부 측정 예: • 부모님은 ooo가 우유를 잘 마시는 것에 대해 키가 크겠다고 칭찬한다. (예, 아니오) 　• 친구들은 매일 우유를 마시는 것이 좋다고 생각한다. (예, 아니오)
중기	식행동 변화	**[행동]** 건강한 식생활 실천여부 측정 예: • 24시간 회상법에 의해 칼슘 섭취량 변화 분석 　• 1일 우유 섭취량 변화 　• 1주당 아침식사 횟수
장기	건강 · 영양상태 개선	**[건강상태, 영양문제]** 신체계측, 생화학적 조사, 임상진단 등을 통해 건강 및 영양문제 개선여부 측정 예: • 비만도(BMI)의 변화 　• 혈중 콜레스테롤 수준의 변화

　정확한 효과평가를 위해서는 조사 전, 후에 동일한 방식으로 조사되어야 하기 때문에 사전에 평가방법이 확정되어야 하며, 측정 도구나 측정 방법이 바뀌지 않도록 유의해야 한다. 효과평가는 **측정 시점도 사전에 계획**되어야 한다. 교육 후의

변화측정을 교육 직후에 할 것과, 교육 후 일정기간이 지난 다음에 할 것으로 나누는 등 변화내용에 따라 측정시기는 달라질 수 있다. **지식의 변화나 태도의 변화는 교육 직후 측정**할 수 있지만, **식행동의 변화나 건강·영양상태 개선은 일정한 시간이 지나서 측정**하는 것이 적합하므로 이러한 기간에 대한 설계가 필요하다.

 어린이, 임신부 등과 같이 시간이 지남에 따라 성장하거나 임신주수가 늘어나 자연적인 변화가 있는 경우나 노인과 같이 시간이 지남에 따라 자연적인 노화에 의한 변화가 있는 경우에는 교육 전, 후 비교만으로 교육의 효과를 판단하기 어려운 경우가 있다. 이러한 경우에는 **교육군과 대조군으로 나누어 교육 전, 후의 효과를 비교**하는 것이 권장된다. 이 경우 교육군과 대조군은 같은 시기에 같은 방법으로 평가가 이루어져야 하며, 두 그룹이 유사한 집단으로 구성되도록 계획되어야 하고, 대조군은 교육을 받지 않는다는 것 외에는 동일하게 평가되도록 고려되어야 한다.

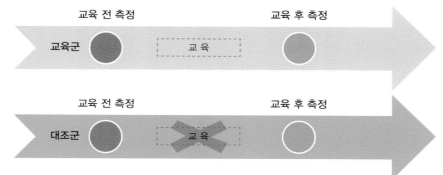

□ **교육 전, 후 변화 비교를 위한 조사시점**

□ **교육에 참여한 군과 대조군의 비교**

그림 **8-3** 효과평가 시점 및 대조군을 활용한 평가 설계

보건복지부에서 실시하고 있는 영양플러스 사업에서 사용하는 영양지식 및 식생활태도 조사지의 예는 그림 8-4, 그림 8-5와 같다. 어린이, 성인의 식생동 평가를 위한 식생활 평가도구의 예는 그림 8-6, 그림 8-7과 같으며, 보건복지부 영양플러스 사업에서의 사업 평가 결과의 예는 그림 8-8과 같다.

영양플러스사업
- 임산부용 설문지 1 -

시·도명	보건소명

대상자 성명 :   (연령   세)

응답자 성명 :   (대상자와의 관계   )

조 사 일 :   년   월   일 (사업참여 중, 종료)

조 사 원 :   서명

◇ 이 설문을 작성하기 전까지 교육에 참여한 횟수는? _____ 회

※ 사업 중과 사업 후의 응답자는 사업 전의 응답자와 동일인이어야 함.

※ 설문지 1을 수거한 후에 설문지 2로 진행합니다.

A. 다음의 사항들이 옳다고 생각하면 ○, 옳지 않다고 생각하면 ×로 대답해 주십시오.

1. 임신부에게 권장되는 칼슘의 양을 채우기 위해서는 하루에 우유 1컵을 마시면 된다. ············· (   )

2. 임신·수유부의 빈혈예방을 위해 권장되는 식품은 살코기와 달걀 등이다. ············· (   )

3. 채소와 과일은 모두 같은 영양소를 가지고 있으므로 한 두가지만 섭취하면 된다. ············· (   )

4. 임신 중 1~2잔의 술은 오히려 도움이 되지만 많이 마실 경우 유산이나 기형아 출산 등을 가져올 수 있다. ······ (   )

5. 엄마와 아기의 튼튼한 뼈와 치아를 위해서는 칼슘의 섭취가 중요하다. ············· (   )

6. 임신 중 적절한 체중 증가는 10~14kg 정도이다. ············· (   )

7. 임신 중 운동을 할 경우 유산의 위험이 있으므로 절대로 피하여야 한다. ············· (   )

8. 모유 수유는 엄마의 체중 및 체형관리에는 방해가 되지만 아기의 건강에는 도움이 된다. ············· (   )

9. 조제분유에는 모유보다 면역물질이 더 많이 들어있다. ············· (   )

10. 임신 중 적절한 양의 식사와 운동으로 적절한 체중증가가 이루어지도록 하는 것은
     임신중독증을 예방하는 데에 도움이 된다. ············· (   )

자료 : 보건복지부, 한국건강증진개발원. 2020년 지역사회통합건강증진사업안내-영양

그림 8-4 영양플러스 사업 영양지식 조사지의 예

영양플러스사업
– 임산부용 설문지 2 –

B. 다음의 사항에 대해 당신은 어디에 해당된다고 생각하십니까?

문 항	1 전혀 아니다	2 아니다	3 약간 아닌 편이다	4 약간 그런 편이다	5 그렇다	6 매우 그렇다	0 해당 없음
1 모유수유를 하는 것이 자신과 아기의 건강을 위해 매우 중요한 일이라고 생각한다.							
2 자신과 아기의 건강을 위해 다양한 음식을 섭취하려고 노력한다.							
3 하루에 우유를 3컵 이상 마시려고 노력한다.							
4 매끼 식사에 곡류, 채소류 및 단백질 식품(고기, 생선, 달걀, 콩제품)을 함께 섭취하여 균형 있는 식사가 되도록 노력한다.							
5 가능한 한 짠 음식을 피하고 싱겁게 먹으려고 노력한다.							
6 술을 절대로 마시지 않으려고 노력한다.							
7 카페인이 들어있는 커피, 홍차, 콜라 등을 적게 마시려고 노력한다.							
8 적당한 활동량을 유지하고, 적당한 운동을 하려고 노력한다.							
9 가곡식품이나 인스턴트식품을 가능한 한 적게 먹으려고 노력한다.							
10 나는 끼니를 거르지 않고 규칙적인 식사를 하도록 노력한다.							

자료 : 보건복지부, 한국건강증진개발원. 2020년 지역사회통합건강증진사업안내–영양

그림 8-5 영양플러스 사업 식생활 태도 조사지의 예

학령기 어린이용 영양지수 조사지

▶ 본 조사는 어린이 여러분의 영양상태와 식행동을 간단하게 평가하기 위한 영양지수 계산에 사용될 것입니다. 가정에서는물론, 학교급식에서 먹고 있는 것도 포함해서 답해 주기 바랍니다.

1. 한 번 식사할 때 채소류 반찬(김치포함)을 몇 가지나 먹나요?
※ 채소류 반찬에는 오이, 당근, 시금치나물, 콩나물 무침, 배추김치 등이 포함됩니다.

① 1가지 이하
② 2가지
③ 3가지
④ 4가지
⑤ 5가지 이상

2. 과일을 얼마나 자주 먹나요?
※ 한 번에 해당하는 양은 다음을 참고해주세요.
　- 귤 1개, 사과 1/2개, 포도 1/3송이, 참외 1/2개, 단감 1/2개

① 먹지 않는다(일주일에 1번도 먹지 않음)
② 일주일에 1번
③ 일주일에 3~4번
④ 하루에 1번
⑤ 하루에 2번 이상

3. 흰 우유를 얼마나 자주 먹나요?
※ 한 번에 해당하는 양은 1컵(200ml)

① 먹지 않는다(일주일에 1번도 먹지 않음)
② 일주일에 1번
③ 일주일에 3~4번
④ 하루에 1번
⑤ 하루에 2번 이상

4. 콩이나 두부(두유 포함)를 얼마나 자주 먹나요?
※ 밥에 들어있는 콩도 해당됩니다.
※ 한 번에 해당하는 양은 다음을 참고해주세요.
　- 두유 1컵, 두부부침 2조각

① 먹지 않는다
② 한 달에 1번
③ 2주일에 1번
④ 일주일에 1번
⑤ 일주일에 3~4번
⑥ 하루에 1번 이상

5. 육류(쇠고기, 돼지고기, 닭고기, 오리고기 등)를 얼마나 자주 먹나요?
※ 한 번에 해당하는 양은 다음을 참고해주세요.
　- 쇠고기 1접시(60g), 돼지고기 1접시(60g), 닭고기 1조각 (60g)

① 먹지 않는다
② 한 달에 1번
③ 2주일에 1번
④ 일주일에 1번
⑤ 일주일에 3~4번
⑥ 하루에 1번 이상

6. 생선을 얼마나 자주 먹나요?
※ 각종 생선 및 새우, 오징어, 조개 등의 해물류가 해당됩니다.
※ 한 번 섭취할 때 분량(1인 1회 분량)
　- 생선 1토막(60g), 오징어 8조각

① 먹지 않는다
② 한 달에 1번
③ 2주일에 1번
④ 일주일에 1번
⑤ 일주일에 3~4번
⑥ 하루에 1번 이상

자료 : 한국영양학회 홈페이지

그림 8-6 학령기 어린이용 영양지수(NQ)의 예

DHRA 문항 중 식생활 항목

1. 평소 과일을 얼마나 자주 드십니까?

① 거의 먹지 않는다   ② 주 1~6회   ③ 하루 1회   ④ 하루 2회 초과

2. 하루에 평균적으로 김치를 제외한 채소반찬을 몇 번 드십니까? (한 끼니당 채소반찬 1가지는 1회로 간주함)

① 하루 2회 이하   ② 하루 3~5회   ③ 하루 6회 이상

3. 평소 우유 및 유제품을 얼마나 자주 드십니까?

① 거의 먹지 않는다   ② 주 1~3회   ③ 주 4~6회   ④ 하루 1회 이상

4. 평소 라면과 같은 인스턴트 면류를 얼마나 자주 드십니까?

① 거의 먹지 않는다   ② 주 1~2회   ③ 주 3회 이상

5. 매일 잡곡밥을 드십니까?

① 먹지 않는 편이다   ② 먹는다

6. 생선을 얼마나 드십니까?

① 거의 먹지 않는다   ② 이틀에 한 토막   ③ 하루 1토막 이상

7. 삼겹살을 즐겨 드십니까?

① 거의 먹지 않는다   ② 가끔 먹는다   ③ 즐겨 먹는다

8. 평소 햄, 소시지 등 가공육류를 얼마나 자주 드십니까?

① 거의 먹지 않는다   ② 주 1~2회   ③ 주 3회 이상

9. 평소 탄산음료 한 잔 정도를 얼마나 자주 드십니까?

① 거의 먹지 않는다   ② 가끔 마신다   ③ 주 1회   ④ 주 2회 이상

10. 평소 콩 및 두부를 드십니까?

① 거의 먹지 않는다   ② 주 1회 이하   ③ 주 2~4회   ④ 거의 매일(주 5일 이상)

11. 평소 아침식사를 드십니까?

① 거의 먹지 않는다   ② 주 3~4회 먹는다   ③ 거의 매일 먹는다

12. 평소 외식은 얼마나 자주 하십니까?

① 거의 안함   ② 하루 1회   ③ 하루 2회 이상

13. 매 끼니 김치를 드십니까?

① 예   ② 아니요

14. 평소 식사시 반찬을 평균적으로 몇 가지나 드십니까? (양념장 제외)

① 3가지 미만   ② 3가지   ③ 4가지   ④ 5가지 이상

15. 평소 패스트푸드를 얼마나 자주 드십니까?

① 주 1회 미만   ② 주 1회 이상

자료 : 한국보건산업진흥원 DHRA 홈페이지 www.khidi.or.kr/dhra

그림 **8-7** 한국인을 위한 식생활중심 건강위험도 평가도구(D-HRA)

* 평균영양섭취적정도: 사업 전·후 식품섭취조사를 통해 판정. 단백질, 칼슘, 철, 비타민A, 티아민, 리보플라빈, 나이아신, 비타민C 섭취량을 대상별 권장섭취량과 비교한 영양섭취 적정도를 판정한 결과. 총괄적인 평균 적정도, 1점 만점
자료 : 보건복지부, 한국건강증진개발원. 2019 영양플러스 사업 추진성과, 2020

그림 **8-8** 영양플러스 사업 효과평가 및 사업만족도 평가의 예

4. 평가 결과의 활용

평가 결과는 여러 용도로 이용할 수 있다.

- 영양교육 활동의 담당자에 의하여 영양교육 진행에 즉각적으로 반영할 수 있다.

- 영양문제가 발생한 지역사회나 관련 부처 담당자는 평가 결과를 토대로 영양정책을 수립할 수 있고 이러한 영양교육 활동의 지속, 확대 또는 중단 등의 결정과 재정 계획 수립에 이용할 수 있다.
- 다른 지역에서 이와 비슷한 영양교육활동을 계획할 때 성공이나 실패의 요인을 미리 파악하여 시간과 경비를 절감할 수 있다.

따라서 평가 결과는 여러 매체를 통해 유사한 교육을 담당하는 관련자들이 서로 공유할 수 있도록 하는 것이 바람직하다. 평가 결과를 세밀하게 검토하여 시사점을 분석하지 않고 평가를 위한 평가로 끝나거나 혹은 평가결과를 공유하지 않고 보관만 한다면 영양교육 활동의 실패가 거듭되고 이로 인한 노력과 경비의 손실은 계속된다. 평가는 평가 자체가 목적이 되어서는 안 되며 더 좋은 교육을 위한 피드백의 목적으로 활용하고자 하는 것이라는 점을 잊지 말아야 한다.

ACTIVITY

활동 1 대학생의 비만 예방을 위한 영양교육 프로그램의 일환으로 절주 관련 교육을 실시하기 위한 평가 계획을 수립하고자 한다. 교육 전, 교육 직후, 일정 기간 지난 후 측정할 항목을 계획해보자.

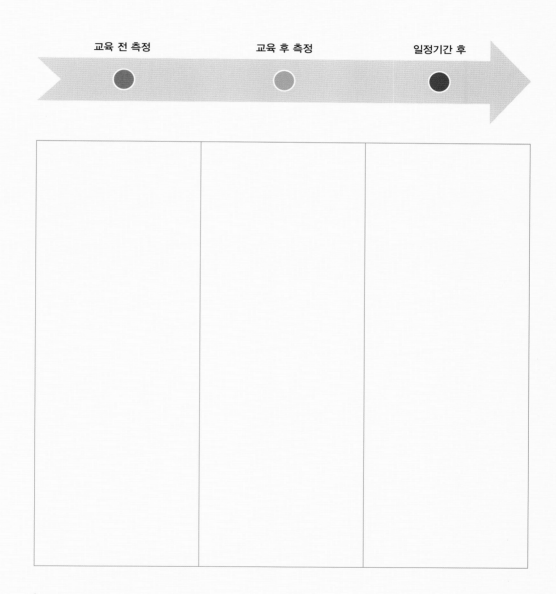

교육 전 측정	교육 후 측정	일정기간 후

영양상담

CHAPTER 9

영양상담 I – 개요

학습목표

- 영양상담방법과 그 특징을 학습한다.
- 의사소통기술, 상담기술, 면접기술을 효과적으로 사용할 수 있다.

1. 영양상담의 개념과 접근법

1) 영양상담의 개념

상담이란 상담자(상담을 하는 사람)와 내담자(상담을 받는 사람)가 서로 내담자의 문제에 대해 이야기하며 문제 해결을 해 나가는 과정으로 영양상담은 영양, 식사 등의 식생활 관련 문제 해결에 상담기법을 활용하는 것이다. 즉, **영양상담이란 현재 영양문제를 가지고 있거나 잠재적 문제를 가질 가능성이 있는 사람 그리고 건강한 사람 등에게 영양정보를 제공하고 내담자가 올바른 식생활을 실천할 수 있는 논리적 구조를 제공하며 본인 스스로 자신의 영양관리를 할 수 있는 자기관리 능력을 갖도록 개별화된 지도를 하는 과정이다.** 식행동 변화를 지속하기 위해서는 내담자가 의욕을 가지고 스스로 행동 변화를 유지해야 하는데 이를 자기관리라 하며 내담자 스스로 자신의 문제점을 개선하기 위해 적절한 식행동 전략을 세우고 지속적으로 실천하는 것을 의미한다. 효과적인 영양상담을 위해서는 장기적으로 상담이 진행되어야 하고 내담자에게 정보 제공만이 아니라 영양상담 종료 후에도 스스로 자기관리를 습관화하여 바람직한 식생활을 실천하도록 해야 한다.

현재 우리나라에서 체계적이고 장기적인 영양상담이 이루어지는 사례는 많지 않은데 이는 식행동의 변화는 본인의 의지가 중요하다는 단순한 인식에 기인하기도 하고 행동변화의 중요성을 인지하지 못하며 건강이나 만성질환관리를 약물, 건강기능식품 또는 몇가지 좋다고 알려져 있는 식품 등에 의존하는 등 장기적 영양상담의 필요성에 대한 인식 부재에 기인하고 있다. 우리나라 현행 의료급여체계에서는 일부 영양상담을 제외하고는 수가가 책정되어 있지 않아 시스템적으로 영양사에게 장기적인 영양상담을 의뢰하기 위한 제도가 마련되어 있지 않다. 특히 비만이나 만성질환은 지속적인 의학·영양·운동상담을 통해 행동 변화를 유도하며 모니터링(추적관찰)을 해야 하는데 이것이 제대로 이루어지기 어려운 상황이다. 실제 행동변화를 유도하여 영양상담을 통해 효과를 보기 위해서는 영양문제에 대한 제대로 된 진단을 거쳐 내담자와 상호의사소통을 통해 맞춤식 전략으로 실행되는 영양상담 시스템이 필요하고 일회성이 아닌 지속적인 상담시스템의 개발이 필요하다.

영양상담은 상담의 일환이므로 상담자와 영양전문가로서의 역할을 모두 이해할 필요가 있다. 상담은 상호적 인간관계에 의해 이루어지나 일상적 활동이 아닌 전문가에 의해 이루어지는 전문적 활동이다. 상담은 기본적으로 의사소통과 상호작용에 의해 이루어지고 유지되는 관계이고 상담자는 다른 사람의 생각, 제언, 조처에 대해 수용적이어야 하고 항상성과 일관성을 유지하여야 하며 사적 비밀을 보장해야 한다. 상담과정에서는 무엇이 다루어질지, 상담결과로 무엇을 얻을 수 있는지가 명료하게 규정되어야 하고 상담을 통해 긍정적인 방향으로 변화를 촉진하는 것을 목표로 하며 상담자와 내담자는 공동의 목표를 향하여 공동의 노력을 해야 한다. 상담자와 내담자는 개인적인 관계 속에서 심리적으로 심층적이고 과학적이게 접근해야 하며 영양상담자는 여기에 영양과 식행동, 원인·관련요인 등을 제대로 파악하여 내담자와 의미 있고 가치 있는 관계를 형성해 전문가로서 내담자에게 정보, 교육, 충고, 이해, 치료 등을 이용하여 도움을 줄 수 있어야 한다.

2) 영양상담방법의 종류

상담은 어떤 원칙으로 접근하는가에 따라 여러 가지 방법이 있고 상담방법은 상담 이론에 따라 매우 다양하기 때문에 내담자의 특징과 환경에 따라 다양한 방법을 이용할 수 있다. 영양상담에 많이 이용되는 방법은 내담자 중심치료, 현실치료, 행동치료, 합리적 정서 행동치료, 인지적 행동치료 등이 있고 그 밖에도 내담자 가족 모든 구성원이 치료에 참여하여 개인보다는 가족체계에 초점을 맞춰 상담이나 치료를 하는 가족요법, 내담자들이 자신의 행동을 바람직하게 관리하고, 통제할 수 있도록 또한 자신의 행동에 책임질 수 있도록 하는 자기관리 접근법 등이 있다.

(1) 내담자 중심치료

과거에 상담은 상담자가 내담자에게 지시하는 방식으로 이루어져 왔는데 미국의 심리학자 칼 로저스(Carl Rogers)가 주장한 방법인 **내담자 중심치료**(client-centered therapy)는 이와는 달리 인간은 스스로 자신의 문제해결방안을 발견하고 문제를 극복해 나갈 수 있는 잠재력이 있다고 전제하여 내담자 중심으로 상담을 진행하며 상담과정에서 상담자의 분석이나 해석과 같은 지시적인 요소를 배제하고 무조건적인 수용과 공감적 이해를 바탕으로 내담자가 스스로 긍정적인 변화를 끌어내도록 돕는 상담기법을 뜻한다. 내담자 중심의 상담에서는 내담자가 상담자의 지시를 단순히 따르기만 하면 되는 수동적인 모습을 갖는 것이 아니라 자신의 인식능력과 결단능력을 능동적으로 사용해 스스로의 문제를 해결해 나가도록 유도하여 상담의 과정과 진행의 세부사항에 관해서는 내담자가 주체적 역할을 한다. 그러나 이 경우 단지 내담자에게 귀를 기울여 잘 들어주기만 하면 된다고 생각한다면, 이것은 상담관계 형성의 전제조건과 상담 자체를 혼동하며 상담자로서의 역할을 제대로 수행하지 못하는 것이므로 상담자는 내담자가 스스로 문제를 해결하기 위한 자신의 능력을 발견하도록 정보를 제공하고 심리적으로 도와주는 적극적인 역할을 해야 한다.

(2) 현실치료

현실치료(reality therapy)는 과거의 일이나 환경조건에 상관없이 자신의 행동을 주도적으로 선택하여 책임지고 효율적으로 소속감, 권력, 자유, 즐거움, 생존 등에 대한 본인의 욕구를 충족시켜 행복하게 살아갈 수 있도록 한다는 것을 강조하는 이론이다. 모든 행동은 외부 자극이 동기가 되어 하게 된다는 자극-반응 행동이론과는 달리 행동은 내적으로 동기화되어 나타난다는 선택이론을 기본으로 한다. 인간은 누구나 자기 삶의 주인이며 자신의 삶을 통제할 수 있을 때 행복감을 느끼며 내면의 욕구를 충족하기 위해 특정 행동을 선택한다고 본다. 그러므로 상담자는 내담자의 특성과 문제를 파악하여 좋은 해결방법을 알려주거나 직접 보여주어 교사 또는 모델로서의 기능을 할 수 있지만 궁극적으로는 내담자가 스스로 현실에 직면하며 기본적인 목표 달성 및 문제를 해결하고 그 행동 결과를 수용하는 책임감을 가져야 함을 강조한다.

(3) 행동치료

학습이론을 신경증적 행동이나 부적응 행동 등의 이상행동에 적용하고 행동변화를 일으키기 위한 임상 심리학적 치료법의 총칭을 **행동치료**(behavior therapy)라한다. 행동요법은 일반적으로 부적절한 행동을 줄이고 바람직한 행동을 증가·유지시키는 것을 목적으로 변화시키고자 하는 행동목표를 정확히 설정하여 시행하고 상담의 목표를 명확하게 설정하고 객관적으로 측정 가능한 행동을 대상으로삼기 때문에 상담의 성과를 객관적으로 평가할 수 있다.

행동요법은 파블로프(Pavlov)의 고전적 조건화(classical conditioning), 스키너(Skinner)의 조작적 조건화(operant conditioning), 반두라(Bandura)의 관찰학습이론(observational learning) 등에 기초한 방법으로 **고전적 조건화**에서 조건화란 종소리 같은 평소 반응을 이끌어 내지 못하던 자극(neutral stimulus: 중성 자극)이 음식을 주는 무조건적 자극(unconditioned stimulus)과 결합하여 개로 하여금 침을

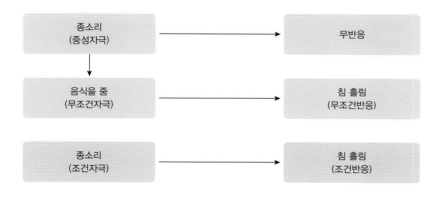

그림 **9-1**
고전적 조건화

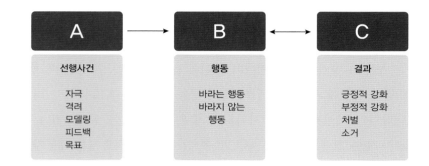

그림 **9-2**
조작적 조건화

흘리게 하는 무조건적 반응(unconditioned response)을 이끌어내는 과정을 의미한다. 이 경우 나중에는 음식을 주지 않아도 종소리만에 의해 침을 흘리게 된다(그림 9-1).

　조작적 조건화에 의하면 행동은 그림 9-2와 같이 행동 이전의 자극 등의 선행사건(antecedent)에 의해서 행동(behavior)을 하게 되고 행동한 후에 나타나는 결과(consequence)에 의해 또한 행동 지속여부가 달라지는데 이 행동의 결과가 매우 큰 영향을 미치고 특히 보상이나 강화(reinforcement)를 통해 행동의 빈도가 증가됨을 보여준다.

　실제로 결과(consequence)의 제공이나 제거에 따라 행동이 증가 또는 감소되는 4가지 경우인 긍정적 강화, 부정적 강화, 처벌, 소거로 나뉘어질 수 있다(표 9-1). **긍정적 강화**는 칭찬이나 보상을 통해 바람직한 행동이 증가하게 하는 것이고 긍정적 행동강화 요인에는 여러 개가 있다.

⊕ 긍정적 행동강화 요인

- 칭찬
- 긍정적 피드백
- 인정
- 추가된 책임감
- 특별 임무

- 결과에 대한 지식
- 감사 편지
- 월급 인상
- 보너스
- 승진

　부정적 강화는 혐오스러운 결과(또는 자극) 제거함으로써 행동을 증가하게 하는 것으로 예를 들면 안전벨트를 매지 않으면 계속 시끄러운 신호음이 들리는데 안

표 **9-1** 강화와 처벌

	행동증가	행동감소
결과 제공	긍정적 강화	처벌
결과 제거	부정적 강화	소거

전벨트를 매면 이 소음이 사라지기 때문에 안전벨트를 계속 매게 된다는 것 등이 있다. **처벌**은 벌을 가함으로써 바람직하지 않은 행동을 감소시키는 것이고, **소거**는 과도한 결과를 제거함으로써 바람직하지 않은 행동을 감소시키는 것이다. 예를 들어 어리광이 많은 아이는 부모의 관심을 유도하기 위해 그런 행동을 하기 때문에 오히려 부모가 관심을 보이지 않으면 어리광을 부리지 않게 된다. 이중 긍정적 강화가 가장 효과가 좋다고 알려져 있으나 상황에 따라 여러 방법을 사용하기도 한다.

행동치료에서는 행동을 변화시키기 위해 선행사건, 행동자체, 결과를 모두 공략하여 행동을 변화시키고자 하며, 예를 들어 체중을 줄이기 위해 식사량을 감소시키기 위해 밥공기 크기를 줄여 밥을 적게 담거나(선행사건), 식사를 천천히 적게 먹고(행동) 식사를 적게 먹은 후 가족들의 칭찬을 듣는 것(결과)으로 행동 변화를 시도할 수 있다. 이를 사용한 행동수정기법 예시는 다음과 같다.

⊕ 행동수정을 위한 기법

1. 계속 잘 실천하고 있는 내담자를 도와주기 위해 인센티브를 준다.
   - 성공적인 경험을 강조할 수 있는 방법을 결정한다. 상담자에 의한 긍정적인 조언이 도움이 된다.
   - 식사목표에 대해 다른 사람들에게 이야기하도록 격려한다. 이 공식적인 실천행동은 실천과정을 유지하는 데 도움이 될 것이다.
   - 발생할 문제를 예측하고 문제가 발생하기 전에 가능한 한 해결책을 강구한다. 준비된 계획을 세우면 목적에 집중하는 것이 더 쉬워진다.
   - 허용되지 않는 것보다 허용된 식품과 분량을 강조한다. 즉, 긍정적이 되어야 한다.
   - 식습관을 변화시킨다는 것은 점진적인 과정이라는 것을 기억한다. 식습관은 단기간에 크게 개선되지는 않는다. 단기 변화와 장기 변화를 위한 실질적인 목표를 수립한다.

2. 기록을 통해서 식습관과 운동습관을 학습한다.
   - 식행동 통제를 위해서는 섭취한 식품에 대한 정확한 기록을 통한 자기감시가 필요하다.

- 기록 시에 먹은 식품, 먹은 식품의 양, 먹기 바로 전에 한 행동, 먹은 장소, 함께 먹은 사람, 먹을 때 기분, 먹은 시간 등을 포함시킨다.
- 이러한 기록연습은 음식 섭취 패턴을 알게 해주고 식품 섭취와 관련된 단서를 제공해 준다. 그러면 식행동과 관련된 환경적 자극을 더 잘 알게 될 것이다.

3. 자극을 조절하고 환경을 재구성한다.
- 바람직한 식습관에 영향을 줄 수 있는 물리적·사회적 환경, 인지적 또는 정신적 환경을 분석하고 재구성한다.

4. 실제 식행동을 변화시킨다.
- 천천히 먹기, 접시에 음식 남기기, 스낵류 섭취 줄이기 등

5. 신체적 행동을 변화시킨다.
- 일상 활동과 운동습관을 바람직하게 변화시킨다.

6. 보상과 강화 체계를 세운다.
- 가족이나 친구가 칭찬이나 물질적 보상을 하도록 한다.
- 강화해야 할 행동을 명확하게 정한다.
- 보상의 기준으로 자기관찰 기록을 이용한다.
- 행동계약서를 이용하여 특정 행동에 대한 특별한 보상을 계획한다.
- 다양하고 창조적인 강화방법을 사용한다.

(4) 인지 행동 치료

벡(Beck)은 1960년대 인지치료(cognitive theory)를 고안하여 왜곡된 인지와 신념을 파악하고 이의수정을 통한 치료를 강조하였다. 인지치료가 행동치료와 결합하면서 인지행동치료로 많이 활용되어 왔는데 **합리적 정서 행동 치료**(rational emotive behavioral therapy; REBT)는 인지행동치료의 한 형태로 인간을 단순히 외부의 자극에 반응하는 기계적인 존재로 보는 행동치료에서의 견해와 달리 **외부자극에 대한 개인의 반응을 매개하는 신념체계인 해석방식을 중요시**하고 있다. 즉, 사건 자체보다는 사건에 대한 신념 또는 생각이 결과를 가져온다는 원리로 인간의 3가지 심리영역인 인지, 정서, 행동이 상호작용하는 과정에서 인지가 핵심이 되어 정서와 행동에 영향을 미친다는 것을 전제한다.

엘리스(Ellis)는 REBT를 제시하며 인간은 부적절하고 자기패배적 정서를 야기하는 비합리적 신념을 가지고 있고 그 예로 '가치 있는 사람은 무조건 유능하고 성공을 해야 한다', '모든 사람으로부터 사랑받고 인정받아야 한다', '나쁜 사람들

은 반드시 비난받고 처벌받아야 한다', 등의 절대적 신념과 '일이 바라는 대로 되지 않는다면 그것은 끔찍한 일이다', '모든 문제에는 완벽한 해결책이 있고 그 해결책을 찾지 못하면 끝장이다' 등의 자기비하적 신념이 있다고 제시하였다. 이에 이 이론에서는 **내담자의 이러한 부정적이고 비합리적 신념을 탐지하여 합리적 신념으로 바꾸고 합리적 결과를 갖게 함으로써 내담자의 정서적 행동적 변화를 일으키고자 한다.** 즉 내담자의 문제를 일으키는 부정적인 신념과 가치체계를 새로 학습시켜 긍정적이고 논리적이며 합리적인 사고를 하도록 유도하여 내담자의 정서와 행동을 합리적으로 적응시키고 삶의 전반을 변화시키고자 하는 것이다. 이러한 인지단계를 식사행동과 관련된 반응을 예시로 하여 ABCDE로 도식화해 그림 9-3으로 나타내었다.

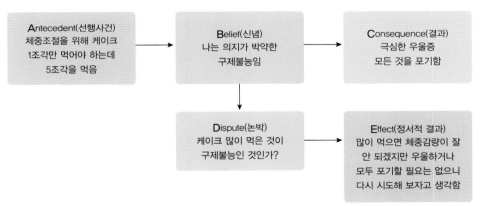

그림 **9-3**
합리적 정서 행동 치료

자료 : 권석만(2012). 현대심리치료와 상담이론. 학지사에서 변형

비만 등의 식사 관련 행동으로 인한 문제를 해결하기 위해서 초기에는 주로 '강화'방법을 이용한 행동치료요법을 사용해 바람직한 행동을 증가시키고 영양소섭취, 식습관, 신체활동 등의 행동 변화를 유도해 왔으나 체중감량 후 요요현상이 많이 나타나고 또한 비만 치료 약물이나 수술 방법이 발달하면서 비만을 치료하기 위한 행동치료에 대한 관심이 줄었다가 감량 후 체중유지를 위해서는 여전히 여러 가지 행동수정이 필수적이라는 것을 인식하게 되었다. 효과적인 행동치료를 위해 행동수정방법에 사고과정, 태도, 감정 등 행동 변화를 유도하는 심리적이고 인지적인 접근이 결합되면서 '인지행동치료'(cognitive behavior therapy)란 통합된

표 **9-2** 행동변화를 위한 전략

전략	설명
모델링	다른 사람을 관찰하고 모방함
자극조절	적절한 자극하에서만 적절한 행동이 일어날 수 있도록 조절
대체 행동	문제행동을 대체할 수 있는 바람직한 행동
역행 방지	문제행동으로 다시 돌아가는 것을 방지
인지 재구성	비합리적이거나 부적응적인 생각을 식별하고 이의를 제기하는 학습과정
행동고리분석	하나의 행동을 하기까지 여러 구성요소가 같이 연결되어 '행동고리'의 연속된 과정이 존재하므로 그 중 어떤 구성요소를 제거하여 행동을 변화시킬 수 있음
행동계약	둘이상의 개인이나 집단간에 어떤 구체적 행위에 관한 쌍방의 의무를 규정하여 동의한 것
목표설정	개인이 의식적으로 달성하고자 하는 목표 자체가 동기와 행동에 영향을 미침
자아효능감 증가	특정 행동에 대한 자신감 증가
사회적 지지	중요한 타인에게서 얻는 여러 가지 형태의 원조

기법이 발달·적용되었고 이는 현재 비만치료를 포함한 여러 가지 행동치료에 많이 사용되고 있다.

인지행동치료에서는 부정적인 생각을 수정하고 생각과 감정을 구분하며 인지치료와 행동치료 기법들인 관찰, 모델링, 자극조절, 대체행동, 인지 재구성, 행동고리분석, 행동계약, 목표 설정, 자아효능감 증가, 강화, 사회적 지지 등을 치료에 적용하고 있다(표 9-2). 내담자 중심 전략이 인지행동치료에도 도입이 되어 목표설정이나 상담과정에서 내담자의 적극적 참여로 내담자 중심 목표를 설정 후 행동계약서를 써 실천을 유도하기도 한다.

(5) 동기면담

동기면담(Motivational Interviewing)이란 동기강화상담이라고도 하며 내담자 마음속에 있는 양가감정을 해결하고 탐색할 수 있도록 전문가가 도와주어 내담자의 행동변화를 이끌어내기 위한 치료 및 상담 스타일이다. 동기면담은 내담자 중심의 비지시적 상담과 상담자가 방향을 제시하는 지시적 상담의 중간적 성격을 가지는 '안내하기' 스타일의 상담이론으로 기본원리는 문제를 바로 잡아주기 위해 문제 해결 방법을 조언하려는 상담자의 교정반사보다는 내담자의 동기를 이해하고 경청하며 내담자의 선택과 자율권을 존중하는 것이다.

동기면담은 다음과 같이 OARS 기술, 즉 **개방형 질문을 사용하고 생각을 재구성하여 인정해야 하며 특히 내담자의 양가감정을 반영하고 요약하는 기술을 사용**해야 한다.

⊕ **OARS 기술**

Open-ended question-열린질문
Affirmation-인정하기
Reflecting- 반영하기
Summaries-요약하기

내담자는 '내가 체중조절을 할 수 있을지는 모른다. 그러나 난 그것을 해야 한다' 등의 양가감정을 종종 표현하며 이와 함께 내담자가 스스로 DARN(desires, abilities, reasons, needs)에 입각하여 변화에 대한 욕구(운동을 하고 싶어요), 변화능력(운동할 수 있어요), 변화로 인한 이익(운동을 하면 체형이 달라져요), 변화하려는 필요성(운동을 하지 않으면 계속 체력이 떨어져요)을 가진 **변화대화**(change talk)를 할 수 있도록 상담자는 격려해야 한다. 이러한 변화대화를 통해 상담자는 내담자가 CAT(commitment, activation, taking steps)를 통해 변화를 선언하고(운동할 것이다) 변화할 준비(운동할 준비가 돼 있다)와 이미 행동하고 있음(이미 운동을 시작했다)을 표현하게 하여 내담자가 실제로 행동변화를 실천(일주일에 3번 30분씩 빠르게 걷기 운동을 하고자 한다)하도록 지도한다. 예전의 상담기법은 내담자의 정보나 지식이 부족하다고 생각하여 상담자가 현재 행동의 위험과 행동변화의 이익에 대한 정보를 내담자에게 주었지만 동기면담은 내담자가 스스로 변화와 변화의 영향에 대해 이야기하도록 지도한다. 동기면담은 행동변화는 정보에 대한 조언보다는 동기부여에 의해 이루어진다는 원리에 기인하며, 상담자는 변화를 위한 여러 가지 기술을 알고 있는 전문적인 안내자로서 변화에 대한 내담자의 자율성과 책임성을

존중하도록 한다. 상담자는 조언이나 질문으로 반응하기보다는 내담자의 변화에 대한 긍정적 말을 강화하고 반영하고 공감적 이해를 보여주어 내담자가 편안하게 변화를 탐색하고 논의할 수 있도록 한다.

2. 영양상담기술

1) 의사소통기술

상담을 진행하기 위해서는 상담자와 내담자 사이에 서로 진심으로 터놓고 이야기할 수 있는 환경과 상황이 조성되도록 의사소통기술이 필요하다. 상담자와 내담자가 대화를 나눌 때 시끄럽거나 멀리 떨어져 있는 등의 물리적 방해가 존재하기도 하지만 이외에 여러 가지 심리적 방해도 존재한다. 이러한 심리적 방해를 줄이기 위해서는 언어적, 비언어적 의사소통, 청취기술 등이 제대로 시행되어야 한다.

(1) 언어적 의사소통

언어적 의사소통을 행할 때 다음과 같은 요인을 고려하여 진행하면 심리적 방해가 줄어들고 친밀감과 신뢰감이 증가한다.

① 사실을 있는 그대로 서술

상담자와 내담자는 서로의 행동이나 말에 대해 평가하지 말고 사실을 있는 그대로 서술하여 접근해야 한다. 예를 들어 "제대로 시도를 하고 있지 않네요" 대신에 "목표와 달리 행동하셔서 상담자로서 우려가 된다" 등으로 이야기한다.

② 문제자체에 집중

대화할 때 내담자를 상담자의 뜻대로 행동하게 하려고 조정하지 말고 문제자체에 집중한다. 예를 들어 "지난번에 아이스크림은 그만 먹고 과일을 먹기로 당신이 동의했었는데 전혀 그렇게 안했네요" 대신에 "우리 목표가 과일을 간식으로 먹는 것이었습니다. 식사 기록을 보니 그렇지 않아서 무슨 일이 있었는지 얘기해 봅시다"로 진행한다.

③ 내담자가 선택할 수 있는 방법을 제시

독단적인 방법을 제시하기보다는 내담자가 선택할 수 있는 방법을 제시한다. 예를 들어 "문제를 해결하려면 이 방법으로 해야 한다"보다는 어디서부터 시작하고 싶은지 내담자의 의견을 묻고 몇 가지 방법 중 실천할 수 있는 것부터 선택할 수 있도록 돕는다.

④ 동등한 관계로 대화

우월적 지위가 아닌 동등한 관계로 대화한다. 예를 들어 "내가 이 일을 해온지 오래되었기에 잘 압니다. 내가 권하는 대로 하는 것이 답입니다"보다는 "나는 비슷한 상황을 여러 고객과 경험했습니다. 그러나 당신의 해결책도 매우 흥미롭네요. 같이 얘기해 보고 해결책을 찾아봅시다"로 이야기한다.

⑤ 감정을 이입하여 대화

중립적으로 얘기하기보다는 감정을 이입하여 대화를 이끌어 간다. 예를 들어 "덜 짜게 먹는 것은 혈압을 낮추기 위해 식사지침에서 중요하게 권유되고 생각보다 어려운 일이 아니므로 실천하시기 바랍니다" 대신에 "덜 짜게 먹으라는 식사지침을 따르기 위해서는 좋아하는 음식들을 먹지 못하게 되어 먹는 즐거움이 없어질까 봐 걱정이 되는 것으로 보입니다"라고 말할 수 있다.

⑥ 재진술은 매우 중요한 기술

의사소통을 잘 하기 위해서 재진술은 매우 중요한 기술이다. 내담자가 말한 중요한 메시지에 대해 상담자는 "내가 당신이 하는 말을 잘 이해하고 있는지를 알고 싶어요. 당신은 그 행동이 모순적이라고 생각하네요"라고 내담자의 말을 그대로 말하거나(restatement) 또는 다른 단어로 바꾸어 말함(paraphrasing)으로써 상담자가 내담자가 하는 말을 잘 이해하고 있고 또한 이해하고자 한다는 것을 보여준다. 이 경우 내담자는 이로 인해 상담자가 내담자를 잘 이해하고자 한다는 것을

표 **9-3** 의사소통에 방해되는 언어적 반응 예시

방해되는 반응	예시
지시, 명령	당장 ~ 하세요
경고, 협박	이렇게 드시면 큰일납니다. 혈압을 낮추셔야 해요
충고, 훈계, 설교	당신이 하셔야 하는 일은 ~, 정말 ~ 하셔야 해요
조언, 해결책 제공	~ 하는 것이 당신에게는 최선이예요
논쟁, 논리적 설득	~이 옳은 일이라 생각하나요? ~은 도움 안돼요
분석, 진단	당신이 해야 할 일은 ~, 당신 문제는 ~예요
판단, 비판, 비난	~는 당신 잘못이예요
욕설, 조롱	~ 참 바보 같네요. 당신이 다 망치셨네요.
칭찬, 찬성	당신은 정말 좋은 엄마네요.
동정, 위로	걱정 마세요. 다 잘될 거예요. ~가 좋아질 것입니다
캐묻기, 심문	왜 ~라고 생각하나요?
화제바꾸기, 회피	우리 ~는 다 잊고 나중에 얘기하시죠.

인지하고 더 많은 정보를 주고자 할 것이다.

토마스 골든(Tomas Gordon)의 12가지 의사소통에 방해가 되는 언어적 반응들을 표 9-3에 제시하였다. 이와 같은 반응은 대화단절을 야기하므로 사용하지 말아야 하며 만약 이러한 반응을 어쩔 수 없이 사용해야 하는 상황이라면 충분한 신뢰관계 형성 후 주의하며 표현을 달리하여 사용하여야 한다.

(2) 비언어적 의사소통

사람들은 대화할 때 언어적인 메시지와 **비언어적인 메시지**를 모두 받아들이게 된다. 내담자가 언어적으로는 맞다고 동의를 하면서도 비언어적으로는 난감한 표정이나 고개를 갸우뚱 하는 등 눈 맞춤, 자세, 목소리, 얼굴 표정이 언어적으로 전달하는 내용과 맞지 않는 경우, 말과는 다른 메시지를 보여주는 것이므로 상담자는 내담자의 메시지에 대한 이해가 필요하고 상담자도 의도하지 않은 비언어적 메시지를 주지 않도록 주의하여야 한다. 상담을 진행하는 과정에서 비언어적인

표현으로 긍정적인 감정을 보여주는 것 또한 원활한 상담진행을 위해 중요하다. 비언어적 행동의 의미 예시를 표 9-4에 제시하였다.

표 **9-4** 비언어적 행동의 예

구분	행동	상담자와 내담자의 상호작용	가능한 의미
눈	눈을 직시함	• 내담자는 상담자와 자신의 문제를 공유함 • 상담자는 이에 반응을 하고, 내담자는 계속해서 눈을 직시함	즉시 또는 기꺼이 개인적인 의사소통을 함. 세심한 주의
	지속적인 눈 접촉을 피함	• 매번 상담자가 내담자의 가족을 주제로 삼으면 내담자는 눈을 다른 곳으로 피함	상호 의사교환의 회피, 경외심
입	아랫입술을 떨거나 물어뜯음	• 내담자가 새로운 식행동을 실천하는 과정에서 직장의 동료들에게 비웃음을 샀던 경험을 이야기하기 시작함	스트레스 · 결의, 분노
머리	머리를 위 아래로 끄덕임	• 내담자가 자신의 건강상태에 대해 이야기하고, 새로운 식행동이 자신의 건강을 증진시킬 것이라는 것을 이야기함 • 상담자는 내담자의 의견을 반영함 • 내담자는 고개를 끄덕이며 맞다고 말함	확신, 동의
어깨	앞으로 기대기	• 내담자는 의자의 뒤쪽으로 앉아 있고, 상담자는 사적인 무엇인가를 털어놓음 • 내담자는 앞으로 기대어 있고, 상담자는 경험에 관해 질문을 함	열망, 세심, 의사소통에 개방적임
팔과 손	손을 떨면서 불안해 함	• 내담자가 체중 증가에 대한 두려움을 말하는 동안 손이 떨림	불안 또는 분노
다리와 발	반복해서 다리를 꼬았다 풀었다 함	• 내담자가 문제점들에 대해 격분해서 빠르게 이야기하는 동안 다리를 풀었다 꼬았다 하는 행동을 계속함	불안, 우울
몸체	의자의 모서리에 똑바로 경직된 상태로 앉아 있음	• 내담자는 면접의 방향에 대해 불안감을 나타냄 • 꼿꼿하게 앉아 있거나 자세가 경직되어 있음	흥분, 긴장, 불안
근접정도	더 가까이 이동함	• 면접 도중에 내담자가 상담자 쪽으로 의자를 가까이 옮김	상호작용을 통해 더욱 친밀해지길 원함

자료 : Sneteslaar, L. G.(1989)

2) 상담기술

상담은 인간관계를 통하여 심리적으로 조력하는 과정으로 인간의 성장을 촉진하고 격려하고자 하고자 한다. 성공적인 상담을 위해서는 상대방의 이야기에 귀를 기울이고 반응하며 이해하는 것이 매우 중요하며 이를 위해 상담자가 주로 내담자 중심 대화 흐름을 따라가며 경청하면서 사용하는 기법과 주로 상담자 의견을 적극적으로 말하며 사용하는 기법들이 있다.

(1) 경청시 사용기법

① 적극적 경청

상담자가 내담자의 말에 적극적으로 주목하는 것을 의미하며 언어적인 내용뿐만 아니라 비언어적인 몸짓, 표정 등 그 이면에 있는 감정까지 파악하는 것을 말한다. **적극적 경청**(active listening)은 조용히 상대방의 말을 청취하면서도 객관적이고 개방적인 자세를 유지하며 상담에 적극적으로 참여함을 의미한다. 내담자의 말의 흐름을 잘 따라가며 듣는 경청은 상담의 기본으로 시선, 자세, 몸짓, '음음' 등의 소리를 통해 표현되며 더 중요한 내용의 대화가 진행될 때 더 눈을 반짝인다던가 몸을 기울이는 등 관심을 보여 선택적 경청을 보여주기도 한다.

② 수용

수용(reception)은 내담자의 이야기에 주의를 집중하고 있고 이해하고 받아들이고 있다는 것을 보여주는 기법이다. 내담자를 있는 그대로 받아들이고 내담자가 인격적으로 대우를 받고 있음을 느낄 수 있도록 따뜻하고 친밀한 태도로 이야기를 전개해 나가며 생각이나 대화를 연결해 준다. 상담자는 내담자에게서 정보뿐만 아니라 대화를 하며 그 안에 있는 감정까지도 끌어내야 하는데 이러한 내담자의 감정표현을 돕기 위해서는 내담자의 생각, 이야기, 감성, 정서를 수용함을 보여주어야 한다. 이를 위해 우선 내담자에게 지속적으로 시선을 주면서 주목하여 상담자가 내담자를 수용하며 주의를 기울이고 있다는 사실을 암시적으로 전달할 수 있고 얼굴 표정과 고개를 끄덕이는 행동, 어조와 억양으로 수용을 보여줄 수 있다. 고개를 끄덕이거나 '예', '그렇군요', '계속 말씀하세요' 등의 문구를 통해 내담자는 상담자가 자기를 이해하고 받아들이고 있다는 것을 느끼고 상담을 지속하게 된다. 상대방의 말에 대한 피드백을 주면서 대화를 하는 것은 상담에서 매우 중요하며 이는 연습을 통해 향상이 가능한 기술이다.

③ 공감

상담자가 내담자의 입장이 되어 그가 가진 감정, 의견, 가치, 이상, 고민 갈등 등을 같이 느끼고 내담자의 관점에서 내담자가 처해있는 여러 상황을 바라보는 것이다. 상담자가 직접 경험한 것은 아니지만 내담자의 상황을 마치 자신의 상황인 것처럼 생각하고 인식하는 것을 공감이라고 하며 상담자가 **공감**(empathy)을 잘할수록 내담자를 잘 이해할 수 있다.

④ 격려

잘 하도록 용기나 의욕을 북돋아 주는 기법이며 상담자는 내담자의 변화를 **격려**(encouragement)해 줄 수 있고 또한 내담자 자신이 스스로를 격려하도록 할 수 있다. 칭찬과 격려의 차이는 칭찬은 보통 잘했을 때 주어지며 격려는 실패했을 때 더 중요한 역할을 한다. 격려 받은 사람은 자신을 존중하고 자신의 가치를 인정하게 되어 타인의 인정에 크게 구애 받지 않고 자기자신의 평가를 믿을 수 있게 된다.

⑤ 침묵

침묵(silence)은 특별히 아무것도 하지 않고 이야기를 듣기만 하는 것이다. 침묵은 더 이상 말할 것이 없거나, 두렵거나 부끄럽거나, 생각과 감정을 처리할 시간이 필요하거나, 저항을 느끼거나, 말로 표현하기 어렵거나 상대방의 반응을 기다리는 등의 신호이다. 상담자는 이러한 침묵의 의미를 잘 이해해야 하며 또한 상담자는 침묵을 상담기법으로 사용하여 내담자에게 생각을 정리할 시간을 주고 내담자의 추가적 언어반응을 유도하며 통찰할 기회를 제공한다.

⑥ 명료화

내담자의 말 속에 있는 불분명한 측면을 상담자가 분명하게 밝히는 반응을 **명료화**(clearness)라고 하며 내담자의 말 속에 내포되어 있는 애매한 부분을 명확하게 하고 내담자가 표현하는 바를 정확하게 지각하였는지를 확인하는 기법이다. 즉, 내담자가 전달하는 메시지를 잘 이해하지 못했을 때, 내담자의 표현을 좀더 정교히 이해하고자 할 때, 상담자가 들은 내용의 정확성 여부를 확인하고 싶을 때 사용한다. 실제 언어적, 비언어적 메시지를 확인하고 그 중 애매하고 혼란스러운 부분을 찾아 일반적으로 의문형으로 명료화 문장을 만들어 표현하고 내담자의 반응을 관찰하여 이를 확인한다.

⑦ 재진술

재진술(paraphrasing)은 내담자의 진술 중 상황, 사건, 대상, 생각에 대한 핵심 내용을 동일한 의미를 가지고 있으나 다른 참신한 상담자의 말로 바꾸어 말하는 기법이다. 재진술의 목적은 내담자가 좀더 설명을 추가하도록 유도하거나 상담자가 내담자를 이해하고 있다는 메시지를 주기 위함이다. 이는 내담자 이야기의 인지적 부분을 함축적으로 정리하여 다시 말하는 명료화 역할이 포함된 기법이며 내담자의 자기 개방을 격려하고 자기 이해를 도우며 상담자가 내담자의 이야기를 잘 경청하고 있음을 나타낸다.

⑧ 반영

반영(reflection)은 내담자의 말과 행동에서 표현된 기본적인 감정, 생각 및 태도를 다른 참신한 말로 덧붙여 상담자가 부연해 주는 기법으로 재진술과 달리 반영은 감정에 초점을 맞추고 상담자가 공감적으로 이해한 내담자의 감정을 다른 동일한 말로 전달해 준다. 반영을 사용할 때는 내담자가 한 말을 그대로 되풀이 해서 반복하는 것이 아니라 가능한 한 다른 말을 사용하여 동일한 의미를 표현해야 하며 이를 통해 상담자가 내담자를 이해하고자 하고 있으며 관심을 가지고 있음을 보여준다. 상담자는 내담자의 말뿐 아니라 눈빛, 얼굴 표정, 자세, 몸짓, 어조 등에 의해 표현하고 있는 비언어적인 표현도 반영해 주어야 한다. 특히, 내담자의 언어적 표현과 비언어적 표현이 다를 때에도 이를 반영해 주는 것이 필요하다.

⑨ 요약

요약(summarizing)은 매회 상담이 끝날 무렵 내담자 말의 내용을 간략하게 정리하는 것으로 내담자가 표현했던 주제를 상담자가 정리하여 말로 표현한다. 내담자의 말의 내용을 요약하기 위해서는 말의 내용, 말할 때의 감정, 그가 한 말의 목적, 시기, 효과에 주의를 기울여야 한다. 요약은 상담동안 다루어진 생각과 감정, 말을 하나로 묶어 정리하는 것으로 내담자의 진술 내용을 요약하면 상담이 어디로 진행되고 있는지, 현재 어디에 위치하고 있느냐를 파악할 수 있게 된다. 요약은 내담자의 메시지에 들어있는 다양한 요소를 한데 묶고 내담자가 표현하고자 하는 핵심 주제를 드러내며 핵심주제와 관련 없는 내담자의 다른 이야기 전개를 중지시킬 수 있고 대화의 속도를 조절하고 지금까지의 내용을 정리하여 확인할 수 있게 한다. 요약은 상담자에게도 유용한 것으로 내담자가 한 말의 전체적인 면을 올바르게 지각하고 있는가를 검토하게 한다.

(2) 말할 때 사용기법

① 질문

상담을 진행하며 내담자에게 필요한 정보를 얻거나 내담자가 말하고자 하는 바를 좀더 자세히 다루기 위해 **질문**(questioning)을 하게 된다. 질문의 형태는 가능한 한 개방적이어야 하며 질문은 되도록 간결하고 명확해서 알아듣기 쉬워야 한다. 또한 한꺼번에 여러 가지를 묻는 질문 형태보다는 단일 질문이어야 하며 '어떻게 그 행동을 했나?' 등의 직접적보다는 '당신이 그 행동을 한 이유가 궁금하다' 등의 간접적 질문이 더 좋다. 질문은 상담자가 내담자의 말을 들을 수 없었거나 잘못 들었거나 이해할 수 없을 때, 내담자가 상담자의 말을 이해했는지 알아볼 때, 내담자가 지금까지 표현해 온 생각이나 감정을 명확하게 탐색할 때, 충분하게 내담자를 이해하기 위하여 상담자가 자세한 정보를 원할 때 그리고 더 하고 싶은 말이 있는데도 말을 계속하기 어려워하는 내담자를 격려할 때 필요하다.

② 탐색

탐색(probing)은 상담자가 내담자에 관한 정보를 획득하여 그에 대한 이해를 증대하기 위해서라기보다는 내담자가 본인의 문제를 자유로이 탐색하여 자신에 대한 이해를 증가시키기 위함이다. 정보를 얻고자 하는 질문보다는 감정을 이끌어 내는 질문이어야 하고 내담자가 스스로를 더 잘 파악하게 할 수 있는 질문이어야 한다. 보다 깊은 이해를 위한 질문으로 내담자가 구체적인 대상이나 내용을 생략한채 이야기를 한다면 상담자는 그것에 대한 질문을 한다. 예를 들어 "저는 힘들어요"라고 내담자가 말했다면 언제, 무엇이, 어떻게 하는 것이 힘들게 하는지 등을 탐색해야 한다.

③ 자기개방

상담자가 내담자의 이야기를 들으면서 그 주제와 관련된 상담자 자신의 개인적인 생각이나 느낌 의견을 내담자에게 드러내는 것이다. 내담자는 상담자의 **자기개방**(self disclosure)을 통해 상담자에게 친밀감을 느끼고 신뢰하며 동질감을 느껴 본인의 문제를 개방하게 되기도 하나 종종 내담자가 아닌 상담자의 이야기에 더 많은 시간이 할애하게 되기도 하므로 주의를 기울여야 한다.

④ 조언

조언(advice)은 내담자에게 상담자의 지식 또는 문제해결을 위한 정보를 알려주는 것이다. 일반적으로 상담은 조언을 주는 것이라는 인식을 많이 가지고 있으나 사실 조언은 상담의 주요 기법은 아니다. 내담자가 선택이나 결정을 할 때 그리고 실행을 할 때 조언은 도움을 줄 수는 있고 특히 상담의 초기 단계에서는 내담자의 막연한 생각을 정리해주고, 초기 불안을 감소시켜 주기 때문에, 내담자가 새로운 행동을 효과적으로 시도하는데 조언과 정보 제공이 중요한 역할을 한다. 그러나 반복적으로 과다한 조언을 한다면 내담자는 상담자에게 의존적으로 되기 쉽고 자칫하면 내담자에게서 반발과 저항을 초래하게 된다는 문제가 있다. 그러므로 상담자는 내담자에게 타당한 정보를 제공하되, 상담자 자신의 주관적인 판단에 따른 조언은 가능한 한 제한하고 조언을 하더라도 암시적으로 해야 한다.

⑤ 직면

직면(confrontation)은 내담자가 스스로 인지하지 못하고 있거나 또는 인정하기를 거부하는 생각, 감정, 태도, 행동에 대해 상담자가 언급하여 주목하게 하여 적극적으로 개입하는 기법이다. 즉, 내담자의 마음속 갈등, 불일치, 양가감정을 인지하게 한다. 내담자는 내면에 지니고 있는 자신에 대한 그릇된 감정, 특히 현실의 경험과 일치되지 않는 감정을 드러내어 스스로 인지함으로써 부적응 행동의 결과를 평가하게 되고 자신의 감정을 받아들이고 행동에 책임을 지게 된다.

⑥ 해석

해석(interpreting)은 내담자의 겉으로 나타나는 문제가 내부적 정신작용과 관련이 있는데도 이를 깨닫지 못할 때 그 관련성을 설명해서 이해시키는 기법이다. 즉, 내담자가 새로운 방식으로 자신의 문제를 볼 수 있도록 사건의 의미를 설정하여 해석한다. 반영과 유사한 면이 있으나 해석은 내담자의 기본적 메시지에 상담자의 의미를 첨가하여 설명한다는 것이 중요한 차이점이다.

⊕ 영양상담기법 적용사례

20대 남자비만성인(내담자)에게 영양상담을 하는 경우

수용
내담자: 맛있는 과자 대신에 과일로 간식을 먹으려니 너무 힘들어요.
상담자: (고개를 끄덕이며) 그렇군요.

명료화
내담자: 전 목표지향적인 사람인데 일이 너무 많아 운동을 할 수가 없어요.
상담자: 목표지향적인 것과 운동을 못하는 것이 어떻게 연결이 되나요?

재진술
내담자: 어머니는 제게 맛있게 먹으면 살이 찌지 않는다고 하세요. 자꾸 맛있는 것을 먹는 것이 인생의 즐거움이라고 하시고요. 저는 그 얘기를 들으면 더이상 아무 말도 하지 않아요.
상담자: 어머니가 당신이 음식을 조절하는 것에 대해 부정적으로 생각하고 있기에 어머니와 그 얘기 하는 것을 피한다는 말이군요.

반영
내담자: 네. 어머니가 제가 음식 섭취를 조절하는 상황을 이해해 주면 좋겠어요.
상담자: 어머니가 이해해 주지 못하셔서 답답하고 실망스럽군요.

직면
상담자: 당신은 지난번에 이제부터 과자 섭취를 줄이겠다고 했는데 이번에 보니 전혀 줄지 않았네요.

탐색
상담자: 기분 나쁘다는 말이 무슨 의미인지 좀더 구체적으로 알려주세요.

자기개방
상담자: 저도 예전에 체중 감량할 때 그런 혼란을 느낀 적이 있어요.

3) 면접기술

면접(interview)은 관리자나 건강전문가가 상대방을 파악하기 위해 많이 사용하는 기술이다. 영양상담에서 면접은 내담자의 영양문제를 확인하기 위하여 정보를 수집하는 단계로 상담에 앞서 이루어진다. 면접의 효과를 높이기 위해서는 면접자는 피면접자에게 면접의 목적을 명확히 설명해야 하며 친밀감을 형성하고 언어적, 비언어적 행동에 주의를 기울여야 한다. 면접에 적당하고 방해받지 않는 환경을 조성해야 하며 기밀을 유지해야 하고 객관성을 가지고 면접에 임해야 한다. 피면접자의 개인적 요인을 고려해야 하며 대화나 친밀감이 방해 받지 않는 한도 내에서 면접 내용을 기록하고 이에 대해 피면접자에게 양해를 구하는 것이 좋다. 면접과정은 표 9-5와 같이 개시, 탐색을 통한 전개, 종결의 과정으로 진행한다.

(1) 면접개시

상담자는 자신을 소개하고 면접에 대한 개괄적 설명과 면접의 목적을 설명하여 내담자의 협력을 얻으며 친밀감을 형성한다.

표 **9-5** 면접의 과정

면접과정	내용
개시	상담자 소개와 개괄적 설명
	친밀감 형성
	면접 목적
탐색	질문으로 정보 수집
	문제 탐색
	생각과 감정 탐색
	지속적 친밀감 형성
종결	감사표시
	목적 리뷰, 질문, 다음 약속 계획

자료 : Holli B, Beto J. Nutrition counseling and education skills. A guide for professionals. 7th edition. Wolters Kluwer; 2018.

(2) 탐색을 통한 면접전개

면접에 적절한 질문을 하여 정보를 수집하고 피면접자의 문제, 생각, 감정을 탐색한다. 탐색하는 동안에도 지속적으로 친밀감을 형성하고 유지한다.

① 면접과정 중 질문

면접동안 질문은 가능한 폐쇄형 질문인 '예', '아니오'로 대답될 수 있는 질문을 피하고 **개방형 질문**을 하여 피면접자가 본인을 더욱 많이 표현하게 하고 더 많은 대답을 하도록 한다. 개방형 질문은 답변에 더 많은 시간을 필요로 하므로 정보를 확인하거나 시간이 제한되어 있을 때는 폐쇄형 질문을 사용하기도 한다.

질문을 할 때는 주제나 논의를 하고자 하는 주질문과 그 주질문에 따른 정보를 얻기 위한 부질문을 할 수 있다. 또한 질문 시 피면접자가 충분히 대답을 하지 않으면 **탐색적 질문**을 더 질문할 수 있으며 유도질문보다는 **중립적인 질문**을 해야 한다. 예를 들어 "아침식사가 중요하지요? 아침에 빵 먹나요?" 대신에 "아침에 일어나면 무엇을 먹는지 대답해 줄 수 있나요?"라고 질문한다. 질문은 지시적으로 "왜 그것에 흥미가 있나요?"라고 하는 것보다는 "당신이 그것을 좋아하는 이유에 관심이 있어요"라고 표현할 수 있다. 질문의 순서는 우선은 가장 넓게 개방형으로 한 후 그에 관련된 폐쇄형 질문으로 하는 것이 좋으며 '왜'라는 질문을 가능한 하지 않는 것이 좋다. 예를 들어 "왜 아침을 먹지 않습니까?"라는 질문을 하면 피면접자는 면접자가 이를 좋아하지 않는다고 생각하고 방어적이 되기 쉽다. 그러므로 대신에 "아침식사 먹는 것에 대해 어떤 생각을 가지고 있는지를 이야기해주세요" 등으로 표현한다.

② 면접과정 중 반응

피면접자가 대답을 하면 면접자는 반응을 보이게 된다. 이때 바람직한 반응이 있고 바람직하지 않은 반응이 있다. 바람직한 반응으로는 피면접자의 대답에 대해 **이해하고 있다는 반응**이다. 다른 말로 바꿔 말하면서 피면접자의 대답을 이해하고 있다는 것을 보여주면 면접이 더 원활하게 진행된다. **탐색적 반응** 또한 피면접자가 더 많은 대답을 하게 만들어 면접을 통해 얻을 수 있는 정보와 확인이 쉬워진다. **직면 반응**은 기술을 매우 요하는 반응으로 피면접자의 모순을 확인시켜주며 잘 사용하면 많은 것을 얻을 수 있고 잘못 사용하면 피면접자가 마음을 닫아버리고 대화가 중단되게 된다.

　바람직하지 않은 반응으로는 평가적 반응, 적대적 반응, 안심 반응이 있는데 평가적 반응은 피면접자의 행동이나 말을 평가하므로 피면접자로부터 정보를 이끌어 내는데 별로 도움이 되지 않고 적대적 반응 또한 피면접자로 하여금 더 이상 이야기를 하고 싶지 않게 만든다. 안심 반응의 경우 피면접자의 행동변화 실패에 대해 걱정할 것이 없다고 무조건적으로 안심시키는 반응으로 문제가 없다고 함으로써 문제의 존재를 부인하여 더 이야기할 것이 없도록 만들 수 있다. 피면접자가 다이어트 실패를 인정하는 것은 어렵지만 어렵다는 것을 인정하면서 그 문제에 대해 논의를 시작할 수 있으므로 무조건적인 안심반응 또한 바람직하지 않다.

(3) 면접종결

면접 답변에 대한 감사를 표시하고 면접의 목적을 정리하고 질문이 있는지를 확인하고 다음 약속이 필요하다면 계획한다.

ACTIVITY

활동 1 식사섭취조사 면접을 실시해 보자.

식사력 조사(면접)

이름_____

날짜 _____

체크리스트

수행 조건	수행 정도			기록
[신뢰관계의 확립] **의뢰인에게 자신의 이름과 직위에 대한 설명 소개** 2 – 이름과 직위 모두 설명 1 – 이름 혹은 직위 중 하나 설명 0 – 모두 설명하지 않음	2	1	0	
초반에 의뢰인의 이름 부르기 그리고 면접 중 적어도 한 번 사용 2 – 면접 동안 적어도 두 번 의뢰인의 이름 사용 1 – 오직 한 번 의뢰인의 이름 사용 0 – 면접 동안 의뢰인의 이름을 사용하지 않음	2	1	0	
중요한 다른 사람을 포함 2 – 매우 적합하게 중요한 다른 사람을 포함 1 – 적합하게 다른 사람을 포함 0 – 다른 사람을 포함시키는 것을 고려하지 않음	2	1	0 NA (2)	
환경 준비(좌석, 조명, 환기, 방해물) 2 – 환경을 성공적으로 잘 준비함 1 – 몇 가지를 성공적으로 준비함 0 – 준비하려는 어떤 시도도 하지 못함	2	1	0	
미소/눈 맞춤 유지/의뢰인을 마주보는 물리적 위치 2 – 비언어적 행동을 효과적으로 보여줌 1 – 효과적인 비언어적 행동 몇 가지 시도 0 – 비효과적인 비언어적 행동을 보여줌	2	1	0	
기분 좋은 목소리로 대화 2 – 적합한 성량과 따뜻한 어조로 말함 1 – 적합한 성량 또는 일부분 따뜻한 어조로 말함 0 – 부적합한 성량과 감정 없는 어조로 말함	2	1	0	
공통의 언어를 사용(전문적 혹은 잘 모르는 용어를 설명하였는가) 4 – 면접을 진행하며 처음에 전문적 용어를 설명함 2 – 의뢰인이 설명을 요구하였을 때 전문적 용어를 설명함 0 – 설명 없이 전문적 용어를 사용함	4	2	0	

① 총 점수 _____ (___)

수행 조건	수행 정도			기록
식사력을 얻는 목적을 설명 4 – 의뢰인의 특정 상황과 관련된 식사력의 목적을 설명함 2 – 얻은 자료와 사용 목적 간 관계에 대한 언급 없이 전반적인 식사력의 목적을 설명함 0 – 의뢰인의 상황과 관련된 식사력의 목적에 대한 어떤 설명도 하지 않음	4	2	0	
[사람간 의사소통 제시(DEMONSTRATES INTERPERSONAL COMMUNICATION)] **논의할 수 있는 응답을 위한 개방형 질문들을 사용** 6 – 개방형 질문들을 적합하게 자주 사용함 3 – 개방형 질문들을 가끔 사용함 0 – 개방형 질문의 사용 시도를 하지 않음	6	3	0	
폐쇄형 질문들을 사용(예 또는 아니오 & 단답형 대답) 4 – 필요한 때 특정 세부 사항/설명을 포함한 폐쇄형 질문을 사용함 2 – 개방형 질문이 적당할 때 5번 이상의 폐쇄형 질문 사용 0 – 폐쇄형 질문을 부적절하게 사용하거나 개방형 질문보다 더 빈번하게 사용함	4	2	0	
질문을 또렷하고 간결하게 하였는가 2 – 이해하기 쉽고 추가 설명 없이도 의뢰인이 응답할 수 있도록 간결한 질문을 함 1 – 질문이 명확하거나 간결하지 않아 의뢰인이 제대로 대답하지 못함 0 – 빈번하게 애매하거나 장황한 또는 설명하기 어려운 질문을 함	2	1	0	
적극적 경청기술을 효과적으로 보여주는가(아래에 체크) ____격려 ____공감 ____탐색 ____자기개방 ____재진술 ____직면 ____해석 ____침묵/정지 4 – 적극적 경청기술을 4가지 이상 사용 2 – 3가지의 적극적 경청기술 사용 0 – 적극적 경청기술 1 또는 2가지만 사용	4	2	0	
다음과 같은 비효과적인 응답을 피하는가 ____말하는 동안 개입 ____대답을 포함한 질문 ____두 가지 질문을 하나로 결합 ____토론의 독점 ____자신의 사고방식, 가치관, 편견을 드러내는 것 ____말하기 전 무의미한 소리들을 내는 것 2 – 위 행동 중 한 가지 이상을 3번 이하로 보임 1 – 위 행동 중 한 가지 이상을 3~8번 사이로 보임 0 – 위 행동 중 한 가지 또는 조합을 8번 이상 보임	2	1	0	

② 총 점수 _____   (___)

수행 조건	수행 정도			기록
[가이드 인터뷰(GUIDES INTERVIEW)] **내담자에게 처음에 중요사항을 말하고 문제를 묘사하는 기회를 주는가** 4 – 초반에 내담자가 중요사항과 문제에 대해 설명을 시작하도록 격려함 2 – 면접동안 내담자가 몇번 중요사항 또는 문제를 설명할 기회를 제공함 0 – 면접동안 중요사항 또는 문제에 대한 내담자의 인식을 끌어내려고 시도하지 않음	4	2	0	
내담자가 충분히 이야기하도록 장려하는가 4 – 상호작용속에서 내담자가 말로 표현하도록 장려함 2 – 내담자과 상담자 사이에 반응이 비슷하게 분배됨 0 – 상담자가 언어적 상호작용을 지배함	4	2	0	
내담자가 무관한 주제를 논의하는 것을 저지하는가 2 – 성공적으로 내담자의 반응을 적합한 쪽으로 돌림 1 – 내담자의 반응을 돌리는데 최소한의 성공을 함 0 – 내담자의 반응을 필요한 쪽으로 돌리지 못함/무관한 질문으로 방해됨	2	1	0	NA (2)
하나의 주제로부터 다른 질문까지 체계적으로 내담자를 이끌 질문을 하는가 2 – 하나의 주제에서 다른 주제로 내담자를 성공적으로 이끎 1 – 하나의 주제에서 다른 주제로 이끌기 약간 어려움 0 – 이전 주제의 완전한 논의 없이 다른 주제로 이끔/관련없는 질문을 함	2	1	0	
내담자의 응답이 맞지 않는 부분을 탐색하는가 4 – 얻은 자료를 명확하게 하기 위해 불일치에 대해 내담자가 직면하게 함 2 – 내담자의 반응의 정확성을 확인하거나 맞지 않는 자료를 명확히 하는데 어려움을 겪음 0 – 맞지 않는 자료를 구별하거나 명확히 하려는 시도 없이 내담자의 모든 반응을 인정	4	2	0	
중요한 지표를 확인하는가 4 – 매우 중요할 수 있는 내담자의 반응을 자주 확인하고 조사함 2 – 중요한 정보를 확인하지만 추가적인 세부사항에 대한 조사하지 않음 0 – 매우 관련될 수 있는 내담자의 반응에 관심을 보이지 않음	4	2	0	
편안한 속도로 면접을 진행하는가 2 – 방해나 과도한 중단 없이 내담자에게 적합한 속도로 면접을 진행함 1 – 면접이 너무 빠르거나 너무 느리게 진행되긴 했으나 내담자에게 적합한 속도에 맞추려는 시도는 있음 0 – 편안한 속도로 면접를 진행하지 못함	2	1	0	

③ 총 점수 _____ (____)

수행 조건	수행 정도			기록
언어적&비언어적 단서들에 적합한 피드백을 보이는가 4 – 내담자의 반응을 확인하고 적합한 정보를 제공 2 – 내담자의 모순된 반응을 가끔 확인/너무 많거나 너무 적게 정보를 제공/가끔 안 맞거나 부정확한 정보를 제공 0 – 내담자의 반응을 드물게 확인하거나 자주 안 맞고 부정확한 정보	4	2	0	
적당한 간격으로 요약하는가 2 – 적절한 간격으로 적어도 두 번 내담자의 응답을 요약 1 – 내담자의 응답을 한번에 요약 0 – 한 번도 내담자의 응답을 요약하지 않음	2	1	0	
식사력의 목적과 관련된 질문을 하는가 4 – 식사력의 목적과 매우 관련된 질문을 지속적으로 물음 2 – 식사력과 덜 관련된 질문을 묻거나 관련된 사항에 대해 알아채지 못함 0 – 전체적으로 식사력의 목적과 관련되지 않은 몇 가지 질문을 하고 관련된 사항에 대해 알아채지 못함	4	2	0	
면접을 종결 2 – 효과적으로 면접을 종결 후 다음 약속을 준비함 1 – 면접 종결 후 애매하게 다음 약속을 위한 준비를 함 0 – 면접 종결 후 다음 약속 준비를 하지 않음	2	1	0	

도구 요소

수행 조건	수행 정도			기록
면접 이전에 의료기록과 건강 관리 스태프(또는 둘 중에 하나)로부터 자료를 수집하는가/의료기록으로부터 면접 전 자료를 사용하는가 8 – 적어도 두 번 의료기록에서 몇몇 내용을 참조 4 – 적어도 한번 의료기록을 참조 0 – 의료기록으로부터 어떤 정보도 알아내지 않음	8	4	0	
내담자로부터 정확하고 완전한 자료를 수집하는가/내담자의 하루 동안의 음식 섭취를 알아내는가 12 – 내담자의 음식섭취를 알아냄(하루의 시작부터 끝까지) 6 – 내담자의 음식 섭취를 알아내지만 세부 사항이나 완성도 확인 않음 0 – 내담자의 음식 섭취에 대해 개략적인 묘사만 있거나 또는 어떤 음식 섭취 자료를 모으지 못함	12	6	0	

④ 총 점수 _____ (___)

수행 조건	수행 정도			기록
내담자가 섭취한 식음료의 양을 알아내는가 8 - 1회 섭취량을 묘사하기 위해 푸드 모델, 손 등을 사용함 4 - 내담자가 섭취한 몇가지 음식 메뉴의 개략적인 1회 섭취량을 알아냄 0 - 극히 드물게 섭취한 식음료의 양을 평가하려는 시도를 함	8	4	0	

교차점검으로 하루 섭취량의 정확성과 완성도를 검증하는가
12 - 교차점검으로 음식 섭취빈도를 적절히 사용하고 자료를 검증함
6 - 적어도 두 번 교차점검으로 음식 섭취빈도를 사용하지만 자료를 검증
    하지 않음
0 - 매일 음식 섭취를 검증하기 위해 음식 섭취 빈도를 사용하려는 시도를
    안함
	12	6	0	

생물학적 요인 장애물 : 육체적, 음식 알러지&과민증, 저작&연하 장애 4 - 각 항목을 완전히 조사함 2 - 주제에 대해 최소한으로 알아냄 0 - 변수에 대한 정보를 알아보지 않거나 알아내지 못함	4	2	0	NA (4)
식욕 : 일상, 변화, 식욕 변화 이력	4	2	0	NA (4)
환경적 요인 글을 읽고 쓰는 기술 : 언어 능력과 장벽	2	1	0	NA (2)
영양 신념과 정보의 근원	2	1	0	NA (2)
재정적 상태/자원: 직장의 특성, 경제적 상황	2	1	0	NA (2)
주거 환경 : 가족의 수, 가족구성원의 음식과 관련한 책임, 지역적 위치	2	1	0	NA (2)
시설 : 음식 조달, 보관, 준비 서비스	4	2	0	NA (4)
식생활 패턴 : 환경 - 집 또는 외식, 혼자 또는 함께, 시간 그리고 음식 섭취 빈도	6	3	0	

⑤ 총 점수 _____ (___)

수행 조건	수행 정도				기록
신체적 활동 : 생활방식특성, 여가활동과 업무와 관련된 활동, 활동의 빈도와 기간	4	2	0		
음식 선택의 민족적, 종교적 관습의 영향	2	1	0	NA (2)	
행동적 요인 믿음과 가치 : 음식 선택과 섭취에 관한 건강과 영양의 영향	4	2	0		
건강 수칙 : 비타민, 무기질, 보충제의 사용, 구성, 사용기간	4	2	0		
처방된 약과 처방되지 않은 물질의 사용: 담배, 알콜, 완화제, 제산제, 다른 약들	4	2	0		
이전의 다이어트 변형: 형태, 기간, 순응 이력, 효과	4	2	0		

⑥ 총 점수 _____ (___)

① 총 점수 _____ (___)
② 총 점수 _____ (___)
③ 총 점수 _____ (___)
④ 총 점수 _____ (___)
⑤ 총 점수 _____ (___)
⑥ 총 점수 _____ (___)
①～⑥의 합계 총 점수 _____ (___)

전체 점수 = 160 – 총 NA 점수(_____) = _____,   총 점수×100/전체 점수 = _____%

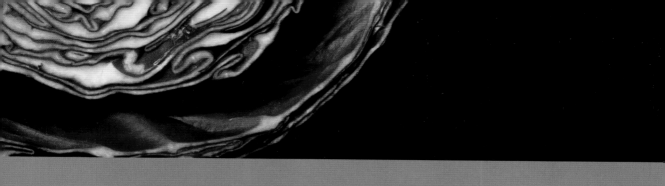

CHAPTER 10

영양상담 II – 과정과 방법

학습목표

- 영양상담의 과정을 설명할 수 있다.
- 영양상담의 각 과정에서 진행하여야 하는 주요 내용을 요약할 수 있다.
- 영양상담 시 목표설정의 원칙을 적용하여 목표를 수립할 수 있다.

1. 영양상담의 기본과정

영양상담의 과정은 친밀관계 형성, 자료 수집, 영양판정, 목표 설정, 실행, 효과평가 및 기록의 단계로 이루어지며, 상담 시작 전 사전준비 단계도 하나의 단계로 인식하는 것이 필요하다(그림 10-1).

1) 영양상담 도입: 친밀관계 형성

상담의 과정은 일반적으로 친밀관계형성으로 시작되지만, 성공적인 상담을 위해서는 상담이 시작되기 전 준비단계도 중요하다. 내담자의 지난 상담 기록 등 정보를 확인하고, 상담에 필요한 자료나 도구를 준비하고, 내담자의 이야기를 경청할 마음의 준비를 하는 준비단계 역시 성공적인 상담을 위해 필수적인 요소이다.

친밀관계 형성은 상담에서 흔히 **라포형성**이라고 표현하는데, 상담자와 내담자가 상담관계를 형성하는 과정으로써 **서로 긴밀한 유대관계를 형성**하는 것을 말한다. 이는 **성공적인 상담을 위해 매우 중요한 요소**이므로 상담의 도입관계에서 강조되고 있는데, 내담자가 긴장을 풀고 상담자를 신뢰하며 협력관계를 형성할

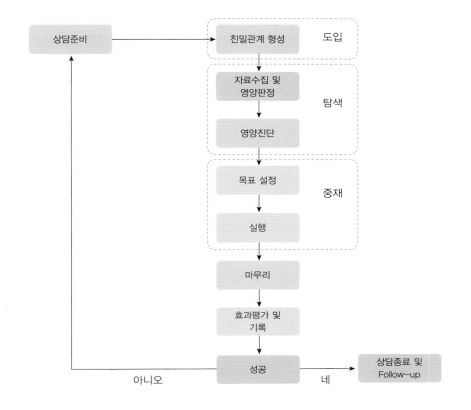

그림 **10-1**
영양상담의
실시과정

수 있도록 충분한 시간을 할애하는 것이 필요하다. 상담에서는 위 7단계로 정리한 상담과정을 두 단계로 나눈다면 친밀관계 형성과 나머지 단계라고 할 정도로 친밀관계 형성단계를 강조하고 있다. 상담자가 내담자를 이해하고 수용하고 있다는 것을 내담자로 하여금 느낄 수 있게 해 주어야 성공적인 영양상담이 이루어질 수 있으므로 인간적인 따뜻함을 보이며 상담 시에 나누었던 대화의 기밀성을 보장하고, 편안한 분위기에서 상담에 집중할 수 있는 환경을 조성하는 것이 중요하다. 상담자의 따뜻한 얼굴 표정, 시선의 초점, 앉은 자세, 어조, 말하는 속도, 적절한 용어 사용 등은 상담을 성공적으로 이끌어 나가는 데 중요한 역할을 한다.

영양상담에서 내담자와의 친밀관계 형성이나 내담자가 무엇을 원하는지에 대한 대화없이 바로 식사섭취조사와 신체계측 등 영양판정으로 들어가고, 그 결과를 보면서 상담자가 일방적으로 내담자에게 어떤 식생활의 교정이 필요한지를 이야기한다면 상담에서 가장 중요한 첫 단계인 친밀관계 형성단계를 뛰어넘고 시작하는 것이고 이 경우 상담자와 내담자 간의 협력적인 관계를 형성하기 어렵다.

표 **10-1** 상담의 준비/도입단계 진행과정 및 목표

단계	이 단계에서 할 수 있는 일	목표
준비과정	• 등록서류, 상담 동의서 작성 • 상담 시간, 장소 확인 연락 • 상담 절차와 가이드라인 검토 • 영양판정 도구 및 양식 준비 • 집중을 방해할 수 있는 요소 최소화	• 준비된 상담이 될 수 있도록
도입과정: 친밀관계 형성	• 인사 및 소개로 시작 • 내담자의 관심사항 파악 및 주요 상담주제 설정 • 이후 상담과정에 대해 설명	• 친밀관계(라포), 신뢰형성, 및 편안한 관계 형성 • 어떻게 도울 수 있는지 의사소통 • 관심을 갖고, 판단하지 않는 태도로 의사소통 • 다음 단계로 이행

대화를 시작할 때 상담자는 내담자에게 관심을 보이고, 적절한 질문으로 대화를 시작할 수 있는 동기를 부여한다. 대화하는 동안에는 약간의 휴지기를 가져 대화의 속도를 조절하고, 상담자가 충분히 생각할 수 있는 시간을 준다. 대화는 부드럽고 서로 간에 신뢰가 생길 수 있도록 진행되어야 한다.

상담 도입과정에서는 우선 서로 인사를 나누고, 가벼운 일상대화를 나누며, 내담자가 어떤 상담을 받고 싶어서 왔는지 내담자가 어떤 상담을 하고 싶어 하는지 관심사항을 먼저 파악한다. 그 이후에 영양판정을 위한 측정 등 상담과정을 간략히 설명하고 상담의 다음 단계로 진행한다(표 10-1). 도입단계에서 할 수 있는 대화의 예는 표 10-2와 같다.

2) 탐색단계: 자료 수집 및 영양판정–영양진단 단계

(1) 자료수집 및 영양판정

상담의 도입 단계에서 내담자가 어떠한 부분에 대해 상담을 받고 싶어 하는지 관심사항을 파악하였다면, 자료수집 단계를 통해 내담자에 대한 구체적인 정보를 수집하고, 영양판정을 통해서 영양문제를 파악하는 단계로 진행한다.

영양상담에 필요한 내담자에 관한 자료는 **내담자와의 면접이나 기초조사**, 의무기록, 상담자에 의한 관찰 등으로 얻어질 수 있다. 또한 **식품섭취조사, 신체계측,**

표 **10-2** 상담 도입단계 대화의 예

| 상담 도입단계의 예 ||
내용	가능한 대화
• 인사 − 환영의 인사를 나눈다. − 악수를 한다. − 자기소개를 나눈다 − 이름을 어떻게 부르면 좋을지 확인	안녕하세요? OOO씨 되시죠? 만나 뵙게 되어 정말 기뻐요. 저는 OOO의 영양사 OOO입니다. 제가 어떻게 부르면 될까요? OOO씨라고 부르면 될까요? (혹은 O 선생님~~)
• 가벼운 대화	오는 길은 불편하지 않으셨나요? 오늘 날씨가 좋지 않은데 와주셔서 기뻐요. 우리 프로그램에 대하여 어떻게 알게 되셨나요? 기타 가벼운 대화
• 내담자의 관심사항 (장기적 목표) 기 대사항, 요구사항 및 관심사에 대한 대화	오늘은 어떤 상담을 받기 위해 오셨는지요? OOO씨의 식생활과 관련하여 걱정되는 것이 있으면 얘기해주세요. OOO씨는 전에 영양상담 전문가의 상담을 받은 적이 있으십니까? 이 상담프로그램을 통해 무엇을 달성했으면 좋겠다고 생각하시나요?
• 요약	네, 그러면 OOO 씨는 _____가 우려되어 상담을 받고 싶으시고, _____를 하면 좋겠다고 생각하고 계시네요. (혹은 여러 문제들 중 한두 가지 주제로 좁혀갈 수 있도록 논의 진행)
• 프로그램과 상담 과정 설명 • 내담자와 상담자가 함께 상의하고 협 력해나갈 것이라는 점에 대해 언급	그러면, 앞으로의 상담 (프로그램) 계획을 말씀드리겠습니다. OOO 씨에게 맞는 상담이 이루어질 수 있도록 _____에 대한 몇 가지 평 가를 하고 그 결과를 보며 다시 이야기를 나누고 구체적인 목표를 정해보 고자 합니다. OOO씨가 원하시는 대로 식습관이 서서히 건강하게 변화될 수 있도록 앞 으로 OOO씨와 제가 함께 상의하면서 진행해 할 수 있기를 바랍니다.
• 주요 상담주제 설정	이제 우리는 OOO씨가 바꾸고 싶다고 말씀하신 _____문제에 대해 함께 노력해 갔으면 합니다.
• 다음 단계로 이행하기 위한 내용	자 그럼 제 OOO씨에게 필요한 것이 무엇인지 좀더 자세히 살펴보기 위해 우선 상담에 필요한 몇가지 평가를 하고 상담을 이어갔으면 합니다. 괜찮 으신지요? (영양평가 안내 및 실행의 탐색단계로 연결)

자료 : Bauer KD, Liou D. Nutrition Counseling and Education Skill Development 참조하여 구성

표 **10-3** 탐색단계: 상담의 자료수집/영양판정 및 영양진단 진행과정 및 목표

단계	이 단계에서 할 수 있는 일	목표
탐색단계: 자료수집/ 영양판정 – 영양진단	• 자료수집/영양판정: 식품섭취조사, 신체계측, 생화학적 조사, 임상조사, 설문조사 등 • 영양진단: 측정결과를 바탕으로 영양문제 진단 • 영양문제, 문제의 원인 파악 • 과거 행동변화 시도 등 파악 • 내담자가 가지고 있는 기술과 자원, 강점 파악 • 변화단계 측정 • 판정 결과를 보며 피드백, 비판하지 않으며 간략한 정보 제공	• 수용적인 태도로 탐색 • 영양문제가 무엇인지 명확히 설정 • 영양문제의 특성과 원인 파악 • 내담자의 강점 파악 • 내담자의 준비정도 파악 • 내담자로 하여금 상황을 스스로 탐색할 수 있도록 돕기

생화학적 조사, 임상조사를 통한 영양판정을 실시함으로써 내담자의 영양상태에 대한 객관적인 정보를 수집할 수 있다. 이러한 영양상태에 관한 정보는 식품의 섭취상황에서 파악된 정보와 식품을 섭취한 후의 신체 반응과 상태에 의해 파악된 정보로 구분된다. 식품 섭취에 대한 정보는 식사섭취 조사를 통하여 수집할 수 있는데, 그 대표적인 방법으로는 24시간 회상법, 식사기록법, 식품섭취빈도 조사법, 식습관 조사법 등이 있다. 어떠한 것이든 각각 제한점이 있으므로 조사의 목표나 상담 여건에 따라 선택할 수 있다. 신체 반응에 대한 정보는 신체계측치, 신체 증상에 대한 임상적 관찰, 혈액 또는 소변에 함유된 특정성분의 분석을 통하여 얻을 수 있다.

이러한 조사방법 외에도 평소의 대략적인 생활패턴과 식생활 패턴을 파악하기 위해 표 10-5와 같은 **전형적인 하루 패턴을 조사**하는 방법도 있다. 전형적인 하루패턴 조사 시에는 24시간 회상법에서와 같은 자세한 식품섭취내용과 분량을 조사하기보다는 전형적인 하루를 어떻게 보내며, 주로 어떨 때 어떤 종류의 음식을 먹는지 패턴을 파악하는 것을 목표로 한다.

면접은 다른 방법으로는 얻기 힘든 영양상담에 필요한 자료들을 내담자와 직접 대화함으로써 수집하는 과정이다. 성공적인 영양상담을 위해 상담자는 **내담자가 어떤 영양문제를 가지고 있는지 영양문제의 종류** 뿐 아니라, **내담자의 식행동에 영향을 미치는 여러 가지 요인들**을 알 수 있도록 진행하여야 하며, 이를 위해 상담자와 내담자 간에 서로 존중하며 신뢰하는 개인적 유대관계가 형성되어야

표 **10-4** 자료수집/영양판정 및 영양진단 단계에서 파악할 정보 및 자료수집 방법

자료수집/영양판정 단계에서 파악할 정보	자료수집 방법
영양문제의 정의	식품섭취조사 신체계측 생화학적 조사 임상조사 기타 병원 진단 자료 및 내담자와의 면담 등
영양문제의 원인	기초조사 및 과거 기록(연령, 가족구성, 직업, 질병 history, 생활패턴, 식사패턴, 관심사항 등) 면담 관찰
변화단계 판정	변화단계 판정도구 준비정도 척도 ※ 고려 전 단계, 고려단계, 준비단계, 실행단계, 유지단계 등 내담자의 　변화단계 파악

표 **10-5** 전형적인 하루 패턴 조사

내담자명 :　　　　　　　　　　상담일자 :

전형적인 하루 생활	식사/간식
오전	
오후	
저녁/밤	
비고	

한다. 상담자가 질문하고 내담자가 답하는 '질문→ 답 → 질문 → 답'의 형식에 매여 내담자가 수동적이 되지 않도록 주의하면서, 상담의 과정에서 내담자가 스스로 자신의 상황과 문제점을 인식하고 이를 표현할 수 있도록 유도하고 도와주어야 한다.

탐색단계에서는 영양문제의 파악 뿐 아니라 행동변화단계모델에 근거한 **내담자의 준비정도**, 즉 변화단계에 대한 정보를 파악하는 것이 좋다. 영양상담은 내담자의 상황에 맞게 맞춤형으로 진행되어야 하므로 변화단계를 파악하는 것은 상담 계획수립에 매우 중요한 정보가 될 수 있다. 변화단계에 대해 파악하는 것은 면담 과정의 내담자의 언어적, 비언어적 표현을 통해 파악할 수도 있지만 변화단계 판정을 위한 도구를 활용하여 판정할 수도 있다. 변화단계 판정을 위해서는 그림 10-2와 같은 간단한 문항을 통해 판정하는 방법을 활용할 수도 있고 더 세밀하게 판정할 수 있는 설문문항도 개발되어 있다. 그림 10-3과 같은 준비정도 척도도 변화정도 판정에 유용하게 이용할 수 있다. 1이 전혀 준비되지 않음, 10이 준비됨으로 보고 본인의 준비도 점수를 판정해보도록 하는 방식으로 이용할 수 있다. 이 도구는 준비도 뿐 아니라, 상담 진행과정에서 식생활 변화에 대해 얼마나 중요하게 생각하는지, 변화할 수 있다는 자신감은 어느 정도인지, 실천정도의 점수는

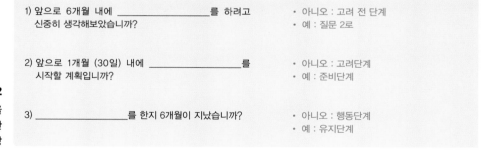

그림 10-2
변화단계 판정을 위한 간단한 설문 문항

1) 앞으로 6개월 내에 _____를 하려고 신중히 생각해보았습니까?
- 아니오 : 고려 전 단계
- 예 : 질문 2로

2) 앞으로 1개월 (30일) 내에 _____를 시작할 계획입니까?
- 아니오 : 고려단계
- 예 : 준비단계

3) _____를 한지 6개월이 지났습니까?
- 아니오 : 행동단계
- 예 : 유지단계

그림 10-3
준비정도 척도

준비 안됨				확실치 않음	확실치 않음				준비됨
1	2	3	4	5	6	7	8	9	10

자료 : Stott et al. Innovation in clinical method: Diabetes care and negotiating skills. Family Practice 1995; 12:413-418. (Adapted with permission from Oxford University Press)

어느 정도인지 등을 생각해보게 하는 도구로도 유용하게 사용될 수 있다.

(2) 영양진단

수집된 자료를 바탕으로 어떠한 유형의 영양문제가 존재하는지, 그 정도는 어떠한지 등에 관한 정확한 진단이 이루어져야 하며, 이를 근거로 해야 구체적이고 효과적인 영양상담 계획을 마련할 수 있다.

자료수집 및 영양판정 단계에서 파악된 식품섭취조사, 신체계측, 생화학적 조사, 임상조사를 통해 수집된 정보를 기준치와 비교하여 영양문제를 진단할 수 있다. 객관적인 정보 뿐 아니라 수집된 정보에 대한 질적인 정보를 세밀하게 파악하고자 하는 노력이 필요하며, 이를 통해 내담자가 가지고 있을 가능성이 있는 영양문제 혹은 영양문제의 원인이 되는 요소를 파악할 수 있다. 뿐만 아니라 내담자가 이미 시도하고 있거나 시도한 적이 있는 식생활 실천내용과 내담자의 기술과 자원 그리고 강점을 파악한다면 이후의 상담과정에 도움이 될 수 있다.

이와 같이 자료조사와 영양판정 단계에서 파악한 내용은 면담 후 명확하게 정리하여 기록해야 연속적 상담이 효과적으로 이루어질 수 있다. 영양문제와 그 원인에 대한 기록은 상담을 제공하는 기관이나 상담의 성격에 따라 적절한 양식을 활용할 수 있는데, 그 한 예로 PES 양식이 활용될 수 있다. P는 영양문제(problem)로 어떤 영양문제를 가지고 있는지를 기록하는 것으로 대상자의 문제유형에 따라 과체중, 비만 등 임상증상이나 신체적 문제를 정의할 수도 있고 에너지 섭취과잉, 알코올 과다섭취, 영양섭취 부족과 같은 영양소 섭취 문제나 식품선택의 문제로 정의될 수도 있다. E는 원인(etiology)으로 위에서 정의한 영양문제를 일으키는 근원적 이유 혹은 문제에 기여하는 위험요인으로 탐색과정에서 파악한 원인을 기록한다. 이러한 원인의 유형에는 신념이나 태도로 인한 요인, 문화적 요인, 지식 관련 요인, 신체기능 요인, 생리적-대사적 요인, 심리적 요인, 사회적-사람 관계관련 요인, 의학적 치료관련 요인, 식품 접근성 관련 요인, 행동적 요인 등 다양한 요인이 포함될 수 있다. S는 징후 및 증상(signs and symptoms)으로 위의 영양문제 진단을 결정하게 된 근거가 되는 내담자의 특성을 말하는 것으로, 영양판정에서 나온 객관적 데이터(예: 콜레스테롤 수치, BMI 수치 등)나 주관적 관찰자료 등 근거가 되는 내용을 기술하면 되지만 가능하면 양적으로 표현

표 **10-6** 영양문제에 대한 PES 기술

영양문제(P : problem) –진단/판정 내용	원인(E : etiology) –관련 요인	징후 및 증상(S : signs and symptoms)–증거
지방 섭취가 높음	삼겹살과 패스트푸드의 잦은 섭취	혈중 콜레스테롤 250mg/dL 지방 에너지섭취비율 35% 주 3회 삼겹살 섭취 주 4회 패스트푸드 섭취

예) 40세 남성 내담자
    (P) 지방섭취량이 높은 영양문제를 가지고 있는데, 이는 (E) 삼겹살과 패스트푸드의 잦은 섭취와 관련되어 있으며,
    (S) 이는 혈중 콜레스테롤 250mg/dL 및 주 3회 삼겹살을 섭취하고 주 4회 프라이드치킨이나 햄버거를 섭취하는 것을
    근거로 판단할 수 있다.

가능한 내용을 근거로 하는 것이 권장된다. 이러한 근거는 이후에 내담자의 목표를 측정가능한 목표로 설정고자 할 때 유용하게 사용될 수 있다. 이와 같은 내용을 표 10-6의 양식에 기록할 수 있으며 영양진단 기술 시에 '내담자 OOO의 영양문제 (P)_____는 (E)_____와 관련되어 있으며, (S)_____를 근거로 판단할 수 있다'와 같이 표현할 수 있다.

3) 중재단계: 목표설정–실행

자료수집과 영양판정의 탐색단계를 통해 내담자의 영양문제와 그 원인을 파악한 후에는 내담자의 영양문제 해결을 돕기 위한 중재단계로 진행한다. 중재단계에서는 목표설정과 목표 실천을 위한 정보제공 등이 이루어지는데, 이 단계에서는 특히 내담자에게 맞추어 진행하는 것이 필요하다.

표 **10-7** 중재단계 진행과정 및 목표

단계	이 단계에서 할 수 있는 일	목표
중재단계: 목표설정– 실행단계	• 탐색단계에서 파악한 내담자 의 변화준비단계에 따라 맞춤 형 접근	• 내담자가 행동변화(목표, 방법)에 대해 결 정할 수 있도록 지원 • 무엇이 효과적인지를 가장 잘 아는 사람은 내담자 본인이라는 점 인식

(1) 목표설정의 원칙

매 상담에서 다음 상담까지 실천하고자 하는 **목표를 적절히 설정하는 것은 성공적인 상담과 행동변화를 위해 매우 중요한 요소**라 할 수 있다. 따라서 영양상담에서의 목표설정의 원칙을 이해할 필요가 있다. 우선, 영양상담의 목표 설정에서 반드시 기억해야 할 것은 상담자가 내담자에게 당신은 무엇을 해야 한다고 지정해주는 방식으로 목표를 설정하는 것은 바람직하지 않다는 점이다. **내담자가 스스로 탐색하며 목표를 설정해갈 수 있도록 도와주는 것**이 상담자의 역할이라는 것을 이해하여야 한다. 즉, 내담자와 상담자가 함께 참여하여 목표를 설정하여야 한다. 둘째, 이 단계에서는 특히 **내담자에게 맞는 맞춤형 접근**이 필요하므로, 내담자의 변화 단계에 따라서도 다소 다른 접근이 필요하다. 내담자가 행동변화단계 중 준비단계나 실행단계, 유지단계에 있다면 중재단계에서 목표설정을 위한 대화가 바로 시작되어도 좋지만, 고려 전 단계나 고려단계라면 식행동을 변화시키는 것에 대해 어떻게 생각하는지, 행동을 변화시키는 경우 어떤 점이 달라질 것이라 생각하는지 등의 대화를 통해 내담자가 변화의 필요성에 대해 인식하고 동기부여가 이루어진 후에 가벼운 목표설정으로 진행하는 것이 좋다. 셋째, 목표설정 시에는 현실적으로 실현 가능한 목표를 단계적으로, 구체적으로 설정하는 것이 중요하므로 SMART 원칙에 따라 목표설정을 할 수 있도록 도와주어야 한다. 목표설정의 SMART 원칙은 다음과 같다. 가능하면 구체적인 행동에 초점을 맞추어 행동변화 목표를 설정하도록 한다.

⊕ **목표설정 SMART 원칙**

- S(specific) : 무엇을, 어떻게 등 구체적으로
- M(measurable): 구체적인 빈도, 횟수 등을 포함하여, 측정이 가능하도록
- A(attainable): 내담자의 통제 하에 실현 가능한 작은 목표
- R(relevant/rewarding): 궁극적 목표와 연관된/긍정적으로 기술된 목표
- T(time bound): 목표달성 시점 설정

표 **10-8** SMART 원칙을 적용한 목표설정의 예

원하는 결과	대략적, 궁극적 목표	구체적 목표의 예(SMART 원칙 적용)
혈압 낮추기	채소 섭취 증가	• 2주 후까지 매끼니 김치 외의 채소 1가지 섭취 • 1달 후까지 1주에 1회 채소 장보기
체중 감소	알콜 섭취 감소	• 1달 후까지 술 섭취 주 2회 이하로 하기 • 2주 후까지 술 한 번에 2잔 이하로 마시기
골 밀도 유지 및 증가	칼슘 섭취 증가	• 2주 후까지 1일 1회 오전에 한번에 200mL 우유 마시기 • 2주 후까지 주 4회 우유(200mL), 주 3회 요구르트(100mL) 마시기

(2) 목표설정의 세부 단계

상담과정 중 목표설정 시에도 몇 단계의 세부단계를 고려하여 진행하면 더 효과적으로 상담을 진행할 수 있다.

- 1단계: 내담자의 **궁극적, 대략적 목표** 설정
- 2단계: **SMART 원칙을 적용한 구체적인 주요 목표** 설정
- 3단계: 필요한 경우 주요 목표를 위한 **부가적 목표/환경변화 목표** 수립(물리적 환경, 주변지지 등)
- 4단계: 목표 **실천정도를 모니터링하는 방법** 설정(습관 기록표, 식사일지 등)
- 5단계: **목표를 글로 적고**(서약서, 목표카드 등), 목표를 **소리내어 말하도록** 하여 재확인

목표설정의 1단계에서는 구체적인 목표설정으로 들어가기 전에 내담자가 어떤 행동변화부터 시작하고 싶은지, 대략적인 혹은 궁극적인 목표를 파악한다. 이를 위해 구두 면담으로 내담자의 대략적인 목표를 이끌어낼 수도 있지만 그림 10-4와 같은 방울시트(bubble sheet)의 원 모양이나 작은 메모지 등을 이용하여, 내담자에게 생각나는대로 적어보도록 하는 것도 좋은 방법이다. 주로 내담자가 적어보도록 하며, 상담자도 영양판정을 바탕으로 몇 가지 제안하고 싶은 목표를 적어볼 수도 있다. 그러나 주로 내담자가 생각할 수 있도록 하는 것이 중요하다.

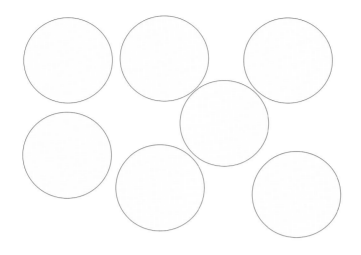

그림 **10-4**
상담의 주제/
목표설정에 활용 할
수 있는 선택도구/
방울시트(bubble
sheet)

자료 : Berg–Smith SM et al. Health Educ Res. 1999 Jun;14(3):399–410.
　　　Bauer KD, Liou D. Nutrition Counseling and Education Skill Development

1단계에서 나온 여러 가지 안을 바탕으로 먼저 시도할 주요 목표 몇 가지를 정하고 이를 SMART 원칙에 따라 구체적으로 정할 수 있도록 돕는다. 너무 도전적인 목표를 정하려고 하는 경우 단계적으로 정하는 방법에 대해서도 안내하며, 달성하기 어려울 수 있는 도전적인 목표를 원하는 경우 달성 가능한 보조목표를 함께 정할 수 있도록 도와주는 것을 고려할 수 있다.

그 이후에 이 주요 목표를 도울 수 있는 보조목표를 함께 논의해보는 것도 좋다. 주위 사람들의 도움이나 자극조절을 위한 목표나 물리적 환경 조성 등이 그 예가 될 수 있다. 예를 들어 2주 후까지 우유 매일 1잔 마시기가 주요 목표라면 우유 매일 배달시키기, 단 음료 집에 사두지 않기 등의 보조목표가 가능하다. 알콜 섭취 줄이기가 목표인 경우 맥주 한 번에 2캔 이상 사지 않기, 가족에게 가정에서의 술 섭취 주 1회 이하로 하도록 협조 구하기 등이 그 예라고 할 수 있다.

목표를 정한 후에는 목표 실천 여부를 스스로 모니터링할 습관기록표, 일지쓰기 등의 방법에 대해 논의하고, 서약서 등의 용지에 목표를 적어보도록 하여 목표를 분명히 알고 갈 수 있도록 하고 평소에 잘 보이는 곳에 붙여두고 잊지 않도록 유도한다. 대상자의 의지를 다지고 목표를 분명히 하기 위해, 끝내기 전에 목표를 다시 한 번 소리내어 이야기하도록 하는 것이 좋다.

내담자 성명: 날짜:

나는 다음의 행동변화를 위해 노력할 것입니다.
  1.
  2.
  3.

이 목표를 (날짜)_____까지 도달하도록 노력할 것입니다.

목표에 도달했을 경우 나는 스스로에게 다음과 같은 보상을 줄 것입니다.
(언제, 어디서, 무엇을 줄 것인지 명시)
  1.
  2.

내담자 서명: _____ 날짜: _____

상담자 서명: _____ 날짜: _____

그림 10-5
서약서 예시

내담자 이름: _____													
달성 시 보상 :													
목표 ＼ 날짜, 요일													

그림 10-6
습관 바꾸기
기록용지 예시

(3) 내담자의 변화단계에 따른 접근

중재단계에서는 내담자에 맞게 맞춤형으로 접근하는 것이 필요하다. 따라서 탐색단계에서 파악한 내담자의 변화단계에 따라 진행하는 것이 바람직하다. 그림 10-3과 같은 준비정도 척도에서 1~3점인 경우 Level 1, 즉 고려 전 단계로, 4~7

중재단계

맞춤형 접근		
Level 1 동기부여 안됨 준비 안됨	**Level 2** 확신 없음 자신감 낮음	**Level 3** 동기부여되어 있음 자신있고 준비됨
목표 의문 제기(의식 형성)	**목표** 자신감 형성	**목표** 실천계획 수립
− 의식형성 − 변화 시 내담자의 　이득(개인에 맞게) − 내담자결정 존중 − 요약 − 전문가적 조언	− 양면성 살피기 − 걸림돌 탐색 − 미래에 대한 상상 − 주위 지지 독려 − 요약 − 다음 단계 질문	− 긍정적 행동 칭찬 − 가능한 선택 탐색 − 현실적인 단기목표 　협의 − 실천계획 수립

그림 **10-7**
내담자의 변화단계에
따른 해결단계 접근

자료 : Berg−Smith SM et al. Health Education Research. 1999: 14(3): 399−410
　　　 Bauer KD, Liou D. Nutrition Counseling and Education Skill Development

점인 경우 Level 2, 즉 고려단계로, 그리고 8점 이상인 경우 Level 3, 준비단계 이상으로 보고 그림 10-7에 따라 진행한다.

① 고려 전 단계

식생활을 변화시켜야 할 필요성에 대한 인식이 낮고 동기부여가 되어 있지 않은 고려 전 단계의 대상이라면 **식습관을 변화시키는 것에 대한 의식을 형성하기 위한 접근**이 먼저 이루어져야 하며, 내담자의 상황을 존중하면서 내담자에게 맞게 필요한 정보를 제공한다.

　이 단계에서는 목표설정을 위한 대화로 바로 들어가기보다는 **내담자가 식생활 변화에 대해 어떻게 생각하는지, 식생활을 바꾸었을 때 어떤 장점이 있을지** 등에 대한 내담자가 생각해 볼 수 있도록 개방형 질문을 사용하며 동기 요인을 찾도록 진행한다. 이 단계의 내담자에게는 변화의 필요성에 대한 정보를 제공하는 것이 필요하나 일방적인 설명과 제공보다는 내담자의 이야기를 이끌어내고 내담자에게 맞게 진행하는 것이 좋다. 이 단계의 대상자에게 가능한 대화의 예는 표 10-9와 같다.

표 **10-9** 내담자의 변화단계별 중재단계(목표설정−실행) 접근: 고려 전 단계

중재단계 − 고려 전 단계(준비되지 않은 상태, 준비정도 척도 : 1~3점)	
과제	가능한 대화의 예
• 변화 의식을 높인다.	몇가지 측정해 본 결과 ~~~~한 결과가 나왔는데, 그 결과에 대해 어떻게 생각하시는지요? (혹은 어떤 기분이 드시는지?)
• 변화 시의 내담자의 이득을 개인에 맞게 제시한다.	OOO씨가 갖고 계신 (가족력, 염려, 현재의 의학적 문제 등)를 생각했을 때, ~~~~을 바꾸어나간다면 건강상태 향상에 도움이 되실 것이라 생각됩니다.
• 변화 가능성에 대하여 함께 의견을 나눌 의향이 있는지 묻고 이야기를 나눈다.	그럼 어떠한 변화가 가능할지, 그리고 도움이 될 수 있을지에 대해 저와 잠시 이야기 나누실 수 있으신지요?

• 개방형 질문을 한다.
  − 변화의 중요성에 대해 논의
  − 동기 요인 찾기
	만약 OOO씨가 식생활을 바꾸어나간다면 어떤 장점이 있을 것이라고 생각되십니까?
	만약 OOO씨가 변하지 않고 현재의 식습관을 유지한다면 앞으로 어떤 일이 일어날 것이라고 생각됩니까?
	준비정도 척도 그래픽에서 (1)이 아닌 (3)을 선택하신 이유는 무엇입니까?
	(3)이 아닌 (8)이 되려면 OOO씨에게 필요한 일이 무엇일까요?

• 요약한다.	OOO씨는 ~~~~ 에 대해 염려하고 계시고 ~~~한 점에서 어려워하시지만, ~~~~를 해야 한다는 생각을 하고 계시네요.
• 필요한 경우 정보를 제공하여도 좋을지 의사를 묻고 정보를 제공한다. • 지지/지원하고 있음을 표현한다.	혹시 ~~와 관련된 자료가 있는데, 보여드리고 설명을 드려도 괜찮을까요? OOO씨가 결정해나가실 일입니다만, 그러나(가장 잘 아시겠지만) 작은 변화가 큰 변화를 가져올 수 있습니다. 질문이 있다면 주저하지 마시고 제게 연락해 주세요. * 성급하게 행동목표를 설정하려고 하지 않는 것이 좋으나, 작은 목표를 설정할 의향이 있는 것으로 보인다면 목표를 설정하도록 돕는다.

자료 : Bauer KD, Liou D. Nutrition Counseling and Education Skill Development 참조하여 구성

② **고려단계**

내담자가 변화해야 한다는 생각은 있으나 확신이 없는 고려단계의 대상자의 경우

에도 성급하게 목표설정으로 넘어가기보다는 **내담자의 양면성을 스스로 탐색하도록 돕고** 변화하는 경우 **미래를 상상**해 볼 수 있도록 하거나 변화의 장애물에 대해 논의하면서 **자신감을 가질 수 있도록** 돕는다. 그 이후 작은 실천목표를 설정하고자 하는 대상자에게는 목표설정을 할 수 있도록 돕는다. 동기부여가 되어 있고, 준비가 되어 있는 준비단계 이상의 대상자의 경우 앞서 기술한 목표설정의 단계에 따라 목표를 설정할 수 있도록 돕는다.

이 단계에 적용하면 좋을 대화의 예는 표 10-10과 같다.

표 10-10 내담자의 변화단계별 중재단계(목표설정–실행) 접근 : 고려단계

중재단계 – 고려단계(확신하지 못하는 상태, 준비정도 척도 : 4~7점)	
과제	가능한 대화의 예

• 변화 의식을 높인다.
 	
• 개방형 질문을 한다.
  – 자신감을 가질 수 있는 요인 찾기
 	
  – 변화의 장애물 찾기
 	
• 장단점을 검토한다.
• 미래를 상상한다.
 	
• 과거의 성공경험을 파악한다.
  – 과거 성공경험이 있다면 이것을 장점으로 활용
• 주변에 지지/지원해줄 수 있는 사람이 있는지 살펴본다.
• 요약한다.
• 필요한 경우 정보를 제공하여도 좋을지 의사를 묻고 정보를 제공한다.
 	
• 목표설정이 가능한 내담자라면 Level 3 목표설정으로 이동한다.
	(영양판정결과에 따라 변화하면 좋을 식습관과 그 필요성에 대해 기본적인 정보를 제공)
	몇가지 측정해 본 결과 ~~~~한 결과가 나왔는데, 그 결과에 대해 어떻게 생각하시는지요? (혹은 어떤 기분이 드시는지요?)
	(준비정도 척도 그래픽으로 자심감을 측정했다면) 자신감 그래픽에서 (1)점이 아닌 (6)점으로 표시하신 이유가 무엇입니까?
	자신감 그래픽에서 OOO씨가 (10)점으로 표시할 수 있으려면 무엇이 필요하다고 생각하십니까?
	당신의 변화를 방해하는 것은 무엇입니까?
	당신의 현재 식사에서 OOO씨가 좋아하는 점은 무엇입니까? 싫어하는 점은 무엇입니까?
	~~을 변화시키는 경우 장점과 단점이 무엇이 있을까요?
	OOO씨가 식습관을 변화시킨다면, 삶에서 달라지는 점이 무엇일까요? 가장 첫 번째로 나타나는 변화가 무엇일까요?
	과거에 ~~~를 시도한 적이 있으신지요? 잠시나마 성공적으로 ~~~를 한 일이 있으신지요? 그때에 어떻게 하셨는지요?
	주위에 당신의 변화를 도와줄 수 있는 사람이 있습니까?
	
	* 쉽게 실천할 수 있는 작은 목표를 설정할 의향이 있다면 Level 3의 방법으로 목표설정

자료 : Bauer KD, Liou D. Nutrition Counseling and Education Skill Development 참조하여 구성

③ 준비단계 이상

준비단계나 실행단계 및 유지단계 대상에게는 앞의 영양판정 결과를 바탕으로 **목표설정을 위한 대화**로 진행할 수 있다. 이 단계의 대상은 이미 실천하고 있는 내

표 **10-11** 내담자의 변화단계별 중재단계(목표설정–실행) 접근: 준비단계 이상

중재단계 – 준비단계 이상(준비된 상태, 준비정도 척도 : 8~10점)	
과제	가능한 대화의 예
• 긍정적인 행동을 칭찬한다. • 먼저 대략적인 넓은 의미의 목표를 설정한다. 　– 내담자의 생각을 끌어낸다. 　– 필요한 경우, 방울시트나 점착메모지 등을 　　활용한다. 　– 선택한 목표에 대해 논의하여 염려하는 점 　　등을 알아본다 • 목표설정의 기본사항을 설명한다. • 구체적인 목표를 설정한다. 　– 명시된 목표는 SMART원칙에 따라 　　달성가능하고 구체적이며, 　　달성 정도를 측정할 수 있으며, 　　전적으로 내담자가 통제 가능한 것으로, 　　달성 기간을 넣어 기술한다. • 목표를 정하기 어려워하는 경우 과거에 성공 　적으로 시도한 사례에 대해 생각해볼 수 있 　도록 한다. • 실행계획을 수립한다. 　– 물리적 환경을 살펴본다. 　– 주변에 지원해줄 수 있는 사람이 있는지 　　살펴본다. 　– 인지 환경을 검토한다. 　　(필요한 경우 긍정적 대처 방안을 설명) • 일지, 스마트폰 등 추적 기법을 선택한다. • 내담자에게 목표를 구체화하도록 다시 말해 　보거나 기록하도록 요청한다.	OOO씨는 ~~~을 하시고 계시다니 벌써 큰 변화가 시작되었다고 생각되네요. OOO는 원하는 변화를 위해 무엇부터 시작하 고 싶으신가요? 여기 OOO씨의 변화목표 설정을 도울 수 있는 도구가 있습니다. 여러 아이디어를 모아볼까 요? 이 원에 생각하는 것을 적어봅시다. (대부분 내담자가 적고 2~3개는 상담자가 적 어도 좋다) 그러면 적으신 것 중에 먼저 시도해보고 싶은 것 을 고른다면 어떤 것을 선택하고 싶으신가요? ~~~ 목표를 조금 더 구체화한다면 어느 정 도부터 시작하고 싶으신가요? 과거에 ~~~를 시도하였을 때(혹은 ~~를 드셨을 때)가 언제인지요? ~~~를 시도하였 을 때 (~~를 드셨을 때) 어떠셨는지요? OOO씨가 목표를 달성하기 위해(준비해야 하 는), 더 필요한 것이 있을까요? OOO씨가 목표를 달성할 수 있도록 도울 수 있 는 사람이 있으신가요? 이 목표에 대해 OOO씨가 스스로에게 하고 싶 은 말이 있다면 어떤 것이 있을까요? (일지, 서약서, 기록지 등에 대해 설명) 우리 두 사람 모두 OO씨의 목표를 알고 있다 는 것을 확실히 하기 위해, 목표를 다시 한 번 말씀해 주시겠습니까?

자료 : Bauer KD, Liou D, Nutrition Counseling and Education Skill Development 참조하여 구성

용이 있을 수 있는데 **실천하고 있는 점에 대해 격려**하고, **어떤 것부터 시작하고 싶은지에 대해 질문**하며 **내담자가 목표를 구체적으로 설정할 수 있도록** 지원하며 상담을 진행한다. 목표 설정 시에 앞서 기술한 바와 같이 대략적인 목표로 시도하고 싶은 것에 대해 먼저 이야기 나누고, 그 다음에 구체적이고 단계적인 목표를 설정하도록 진행한다. 그 후에 이러한 목표 달성을 위해 필요한 실행계획, 즉 주변의 도움, 환경 조성, 일지 쓰기 등에 대해 이야기 나누고 목표를 재확인한다. 이 단계에 가능한 대화의 예는 표 10-11과 같다.

(4) 실행

실행은 영양목표를 달성하기 위하여 학습경험을 하도록 하는 과정으로 **식행동을 변화시키는 데 필요한 정보를 제공하는 과정**이다. 영양상담의 영역에서는 특정 질병의 치료를 위한 식사요법은 물론 영양상태를 적절하게 유지할 수 있도록 균형식이나 올바른 영양섭취에 관한 지식을 전달하여 내담자가 바람직한 식행동을 통하여 문제를 해결할 수 있도록 도와주는 것이 필요하다. 이러한 과정은 내담자의 연령, 교육 정도, 이해도, 식습관 등을 고려하여 개별화하는 것이 중요하다.

정보 제공은 상담에 있어 목표설정 달성을 도울 수 있는 중요한 단계이다. 그러나 **상담이 상담자의 조언이나 지시 위주로 진행되지 않도록** 하는 것이 중요하므로, 앞의 단계를 통해 경청, 수용, 반영 등의 기법을 활용하여 내담자의 이야기를 이끌어내도록 충분한 상담이 이루어진 후에 정보와 조언을 제공하는 것이 좋다. 또한 정보나 조언을 제공할 때도 제공해도 좋을지 내담자의 의사를 묻고 진행하는 것이 효과적이다.

정보 제공 시 상담자는 쉬운 단어와 간단한 문장을 사용하여 전문분야의 설명을 간단하면서도 논리적으로 천천히 이야기해야 한다. 이 단계에서도 일방적인 설명보다는 적절한 질문을 하며 진행하는 것이 좋다. 특히 **정보나 조언을 제공한 후에는 어떻게 느끼는지 내담자의 반응을 이끌어내는 것**이 중요하다. 내담자에게 강요하거나 비난하는 방식이 되지 않도록 주의하며 필요한 경우 구체적인 예를 들어 설명하는 것도 현실감을 느낄 수 있게 하므로 좋은 방법이다. 또한 중요한 정보는 반복하거나 대화의 끝부분에 다시 강조하는 것이 좋다.

내담자에게 최상의 상담이 이루어져도 시간이 경과하면 내담자의 이해 부족과

⊕ 체중조절을 위한 목표설정– 목표체중 및 에너지 섭취기준산출

1. 체중조절 목표 [대한비만학회 비만진료지침, 2018]

1) 비만치료의 1차목표는 체중의 5~10%를 6개월 기간에 감량하는 것
   – 6개월이 지나면 잘 관리하여도 체중감량률이 둔화되거나 체중이 유지되거나 증가되며, 이때 다시 1~2년 계획으로 목표체중을 재설정 함.
   – 연령이 50세 이상으로 증가하면 체중 유지하는 것 또한 중요한 체중조절전략
2) 혹은 일주일에 0.5kg 감량하는 것을 목표로 함. 이를 위해 하루 섭취 열량을 현재보다(혹은 현재 체중에서의 권장에너지섭취보다) 500kcal 적게 먹는 것을 목표로 함.

2. 표준체중 및 조정체중 산출

1) 표준체중 산출 : [Broca법] 성인의 경우
   160cm 이상 : 표준체중kg = (신장cm − 100) × 0.9
   160~150cm : 표준체중kg = (신장cm − 150) ÷ 2 + 50
   150cm 미만 : 표준체중kg = (신장cm − 100)
2) 조정체중 산출 : 비만도가 높은 경우 표준체중으로 갑자기 목표를 정하면 실천이 어려우므로 조정체중을 산출하여 에너지섭취목표 산출 등에 이용하기도 함.

$$조정체중 = 표준체중 + \frac{(현재체중 − 표준체중)}{4}$$

3. 에너지 섭취 기준 산출

1) 활동도에 따른 에너지 요구량 산출

활동도에 따른 에너지 요구량		
가벼운 활동:	25~30kcal/kg	(사무직, 관리직 등)
중등도 활동:	**30**~35kcal/kg	(제조업, 서비스업 등)
강한 활동:	35~40kcal/kg	(농업, 어업, 건설업 등)
아주 강한 활동:	40~ kcal/kg	(농번기 농사, 운동선수 등)

– 현재체중에 위 표의 체중당 에너지 요구량을 곱하여 산출 후 −500kcal
   예) 60kg, 중등도 활동의 경우 60×30로 산출 후 500kcal 뺀 수치 이용
– 혹은 표준체중, 조정체중 이용하여 산출

2) 현재섭취 열량 − 500kcal

3) 기초대사량과 비교
   기초대사량 계산식 : 0.9 × 체중(kg) × 24
   위 식으로 산출된 기초대사량의 90% 이하로 섭취하는 것을 권장하지 않음.

실패 반복으로 영양상담의 효과가 감소될 수 있다. 이를 방지하고 효과적인 상담이 이루어질 수 있도록 적절한 교육매체를 활용하면 상담의 효과를 높일 수 있다. **내담자의 문제 유형별로 제공할 수 있는 간략한 인쇄물이나 카드뉴스 등 자료를 준비**해두면 효과적으로 활용할 수 있다. 이때 교육자료는 연령, 질환별로 이해되기 쉽게 그림을 활용하며 글자 크기 등도 고려해서 작성해야 한다. 개발된 교육매체를 활용하여 설명할 때에도 전체를 그대로 모두 설명하기보다는 내담자에게 맞는 내용을 중심으로 선택과 집중을 하여 설명하는 것이 필요하다.

4) 마무리

목표설정과 관련 정보 제공이 끝나면, 상담 진행이나 결과에 대한 내담자의 생각이나 감정을 확인하고, 목표를 재확인한다. 또한 내담자의 강점을 격려하고 목표 실천을 독려하며 연속적 상담이 될 수 있도록 상담계획과 실천기록 방법 등을 재확인하고 마무리한다.

표 **10-12** 상담 마무리단계 대화의 예

마무리 단계	
과제	가능한 대화의 예
• 자아효능감을 높일 수 있도록 격려한다.	OOO씨가 적극적으로 참여해주셔서 OOO에게 도움이 될 목표를 잘 설정하게 된 것 같습니다. OOO씨가 ~~~~~~~~한 점이 매우 인상적이었습니다.
• 주요 이슈와 강점을 재확인한다. • 관계형성을 위한 대화를 나눈다(존중). • 목표를 분명하게 다시 말한다. • 다음 상담 날짜와 시간 등을 정한다. • (필요하다면) 약속 날짜 전 약속 확인을 위한 문자 발송/전화 등의 시간을 정한다. • 악수를 나눈다.	(필요한 경우) 오늘 정한 목표를 다시 한 번 이야기해주시겠어요? 다음 상담날짜는 언제가 좋을까요? 그러면 ~월 ~일 경 예약문자를 발송해드리겠습니다.
• 참여에 대한 감사의 표시를 한다. − 지지와 파트너쉽을 느낄 수 있는 대화	이 프로그램에 참여해주셔서 감사합니다. OOO씨와 함께 진행할 수 있게 되어 매우 기쁘고 다음 방문이 기다려집니다.

자료 : Bauer KD, Liou D. Nutrition Counseling and Education Skill Development 참조하여 구성

5) 재방문 상담

2차 방문 이상의 재방문 상담 시에는 식사요법의 어려움과 실천 여부에 대한 내담자의 이야기를 나누고 기록해 온 식사일기를 살펴보며 목표를 조정할지, 조정한다면 어떻게 조정할지 함께 논의한다. 또한 위험상황에 대한 대처방법이나 역행방지 방안에 대한 상담을 진행한다.

표 **10-13** 재방문 상담시의 진행단계와 목표

단계	이 단계에서 할 수 있는 일	목표
도입단계	• 안부를 묻는 말로 인사 (지난 상담 이후의 안부) • 상담과정에 대해 설명 • 상담주제 설정	• 친밀관계(라포), 신뢰형성 및 편안한 관계 형성 • 관심을 갖고 판단하지 않는 태도로 의사소통, 지난 상담과의 연속성 확보
탐색단계	• 지난상담 후 목표 실천 결과 점검(비판은 삼갈 것) • 필요하면 영양판정 원인분석 실시 • 실천의 어려운 점 파악 • 내담자의 강점과 약점 찾기 • 목표 수정할지 유지할지 논의 보완할 점을 찾을 수 있도록 돕기 • 내담자의 현재의 변화준비단계 파악하기, 지난 상담 후 변화	• 1차 목표설정 결과 점검 후 피드백, 내담자의 강점 알도록 • 1차 목표설정 결과를 점검하고 목표 조정필요를 느끼는지 파악 • 수용 보여주기 • 필요한 정보/도구 제공
중재단계	• 탐색단계에서 파악한 내담자의 변화준비단계에 따라 맞춤형 접근 • 목표 재설정 혹은 추가목표설정 • 목표를 돕기 위한 환경변화목표, 행동변화 세부목표도 논의(tip 제공)	• 내담자가 행동변화 목표, 방법 수정에 대해 결정하도록 지원 • 최종 목표 뿐 아니라 '환경변화관련 목표' '목표를 도울 수 있는 행동변화 세부목표'에 대해서도 고민 • 무엇이 효과적인지를 가장 잘 아는 사람은 내담자 본인이라는 점 인식
마무리 단계	• 자아효능감 지지/강점 다시 언급 • 목표를 다시 확인 • 다음 상담시간/추후관리 정하기 • 참여에 대한 감사표시	• 행동변화를 위한 지원 · 지지 • 상담 종료 및 다음 상담으로의 연결

6) 상담결과의 기록 및 평가

(1) 상담의 기록

영양상담의 목적은 내담자가 가지고 있는 가능성을 발견하고 일깨워서 스스로 당면한 문제점을 해결하게 함으로써 올바른 식생활을 실천하도록 하는 데 있다. 이를 위해서는 연속적인 상담이 이루어질 수 있도록 내담자를 독려함은 물론이고 상담 결과를 세밀하게 기록하고 상담의 결과를 평가하는 것 또한 상담에서 매우 중요한 단계라고 할 수 있다. 영양상담의 과정과 결과를 기록하는 양식으로 개발되어 있는 것은 여러 종류가 있지만, SOAP 형식이나 NCP(nutrition care process) 기록양식 등을 활용할 수 있다.

SOAP 형식(subjective, objective, assessment, plan)은 주관적 자료, 객관적 자료, 판정, 계획으로 나누어 정리하는 방법으로, 주관적인 자료 부분에는 내담자와의 면담과정에서 내담자가 표현한 것으로 상담자가 주관적으로 파악한 자료를 기록한다. 이에는 식사습관, 활동정도, 사회경제적 여건, 심리적 요인 등이 포함될 수 있다. 객관적인 자료에는 식품섭취조사, 신체계측, 생화학적 검사 등에서 파악된 객관적인 수치로 기록 가능한 자료를 바탕으로 기록한다. 또한 판정 부분에는 이러한 주관적/객관적 자료로부터 내담자의 영양문제를 정의하며, 계획 부분에는 내담자와 정한 목표와 향후 계획 등을 기록한다.

최근에는 **표준화된 영양관리과정**(nutrition care process, NCP)**의 개념과 절차에 따라 기록**하는 것이 권장된다. NCP의 흐름에 따른 상담 결과의 기록 양식은 11장에 기술되어 있다.

(2) 상담의 평가

성공적인 상담을 위해서는 상담의 과정과 효과를 평가하고 이를 다음 상담에 반영하는 것이 필요하다. 매 상담이 끝날 때마다 상담의 과정과 성과를 평가하고 다음 상담의 계획을 수립하는 것도 필요하며, 영양상담을 일정시간 실시한 후에 영양상담의 목표가 어느 정도 달성되었는지 여부를 평가해 보는 것도 필요하다. 상담의 평가는 크게 두 가지 측면에서 이루어질 수 있는데 첫째는 효과 평가, 둘째는 상담의 과정 평가이다.

효과 평가의 경우 내담자의 상담의 목표를 달성했는지를 평가하는 것이다. 단기목표와 장기목표로 설정한 것에 대해 달성하였거나 개선되었는지를 평가하고 그에 따라 다음 상담의 계획에 반영한다. 이때 장기적인 목표인 건강상태의 변화나 궁극적인 목표 외에 내담자의 영양지식, 식생활과 관련된 인식과 태도, 식행동의 변화 등을 함께 평가하는 것이 이후의 상담계획에 중요한 근거자료가 될 수 있다. 평가 결과에 대해 내담자와 함께 이야기나누고 내담자가 스스로 자기관리를 할 수 있도록 도우며, 연속적인 상담을 위한 추후관리가 이루어져야 한다.

과정 평가의 경우 상담 과정이 적절하게 이루어졌는지를 평가하는 것으로, 다음과 같은 요소를 고려하여 평가한다.

- 영양상담 중 내담자의 주된 문제점을 잘 논의하였는가?
- 내담자의 준비상태와 생활양식을 고려하여 상담하였는가?
- 상담자의 지시와 조언 위주로 진행하지 않고 내담자의 이야기를 이끌어내고 경청하였는가?
- 적절한 언어적/비언어적 면접기술을 이용하여 상담을 진행하였는가?
- 적절한 상담기법으로 상담을 진행하였는가?

2. 행동변화 유도를 위한 전략

영양상담을 진행하는 과정에서 내담자의 이야기를 이끌어내고 함께 협의하며 실현가능한 구체적이고 단계적인 목표를 수립하는 것이 상담의 성패를 좌우할 만큼 중요하지만, 주요 목표를 잘 설정한다고 해서 이것이 바로 성공적인 실천으로 이어지는 것은 어려운 경우가 많다. 목표로 세운 것을 잘 실천하여 행동변화로 이어질 수 있도록 하기 위해서는 내담자에게 맞게 행동변화 전략을 계획하는 것 또한 중요하다. 영양상담에서 활용할 수 있는 전략에는 다음과 같은 방법이 있다.

- **단계적 변화** : 식행동을 쉬운 것부터 차례로 단계별로 변화되도록 하여 최종적으로 원하는 식행동을 익히게 함

- **자극조절** : 문제가 되는 식행동을 유발하는 요인이나 상황들을 가급적 줄이고 바람직한 식행동을 유발하는 요인들을 자극하고 늘림
- **행동대치** : 문제되는 행동을 바람직한 식행동과 교환
- **인식대치** : 부정적인 생각을 긍정적인 생각으로 전환
- **주장 훈련 및 모델링** : 모임에서 음식 거절하기 등
- **서약** : 행동서약서 쓰기
- **자기 감시** : 식사·운동일지, 체중 그래프 작성
- **긍정적 강화** : 보상받기, 격려

1) 자극조절

그 중 자극조절(Cue management, Stimulus Control) 방법에 대해서는 주요 목표 설정 후 부가적인 목표나 행동전략으로 함께 고려하며 논의하면 실천가능성을 높일 수 있다. 자극조절은 모든 행동에는 선행조건, 즉 자극요인이 있으며 이러한 자극요인에 의해 특정 행동을 하게 되며, 이러한 행동은 어떠한 신체적, 혹은 심리적 결과를 가져온다고 하는 연결고리를 파악하고 이에 대처하는 것이다. 따라서 행동변화를 위해서는 선행조건(자극요인) 관리가 행동변화에 중요한데, 물리적 환경요소나 사회적 환경요소, 혹은 내담자의 특정한 행동 등이 선행조건(자극요인)이 될 수 있으므로, 상담과정에서 내담자가 스스로 이러한 자극요인을 탐색할 수 있도록 도와준다. 예를 들어, 음식관련 유투브를 볼 때마다 야식을 먹게 되는 경우 유튜브를 보는 것이 자극요인이 될 수 있으며, 퇴근 후 배고픈 상태에서 제과점 앞을 지날 때마다 빵이나 과자를 사게 되고 결국 불필요한 간식을 많이 먹게 되는 경우 배고픈 상태에서 제과점 앞을 지나는 것이 자극요인이라 할 수 있다. 또한 냉장고를 열어 맥주를 보면 마시게 된다면 냉장고 안에 넣어둔 맥주가 자극요인이라 할 수 있는데, 이러한 자극요인을 파악할 수 있도록 돕고 이러한 자극요인을 조절하는 방법을 논의한다면 실천 가능성을 높일 수 있다. 이상의 사례는 목표달성에 부정적으로 작용하는 자극요인의 예이지만, 자극요인에는 목표달성에 긍정적으로 작용하는 것도 있을 수 있다. 예를 들어 잘 보이는 곳에 목표 붙여두기, 핸드폰 바탕화면이나 어플리케이션 등을 통해 목표로 설정한 행동에 대

해 잊지 않도록 알려주는 것 등이 그 예라고 할 수 있으며 목표 달성을 위해 이러한 요인을 활용할 수 있다.

2) 역행 방지

내담자가 행동변화를 시작하였더라도 그것이 지속적으로 유지될 것이라고 기대할 수는 없다. 누구나 역행하거나 퇴보하는 단계를 겪게 되며 이러한 퇴보가 고착화되지 않고 빨리 다시 실천으로 이어질 수 있도록 대비하는 것이 필요하다. 따라서 내담자에게 퇴보의 위험이 되는 요주의상황이 어떤 경우인지 탐색할 수 있도록 도와주고, 그럴 때 내담자의 상황에 맞게 주장훈련, 인식대치, 행동대치 등 대처하는 방법을 논의하는 것이 필요하다. 체중 조절과정 중의 일반적인 요주의 상황의 예는 다음과 같다.

⊕ **체중조절 시 일반적인 요주의 상황**

- 스트레스 등 부정적 감정
- 간식
- 사회적 모임, 회식
- 배고픔
- 주변 사람들의 지지/지원이 없을 때 등

- 외식
- 다른 사람과의 갈등
- 부정적 혼잣말
- 여행

- 축하, 기념일 등 긍정적 감정
- 대처기술 미흡
- 휴일
- 피로

ACTIVITY

활동 1 대학생의 체중조절 상담을 한다고 생각하며 목표설정의 원칙과 단계를 따라 목표를 설정해보자.

주요 영양문제	
궁극적인 목표	
구체적인 주요 목표 **(SMART 원칙)**	
목표달성 위한 **부가적/환경변화 목표**	
실천정도를 **모니터링하는 방법**	

활동 2 다음의 주제에 대해 자극조절 전략을 세워보자.

주제 예시	물리적 환경 조정 (가정, 학교 등 물리적 환경에 의한 자극)	사회적 환경 조정 (주위사람에 의한 자극)	행동적 자극 조정 (*어떤 행동할 때마다 ~를 먹게 되는 경우 등)
과자 등 간식에 의한 에너지 섭취 줄이기			
음주 횟수 줄이기			
과일 섭취 늘리기			

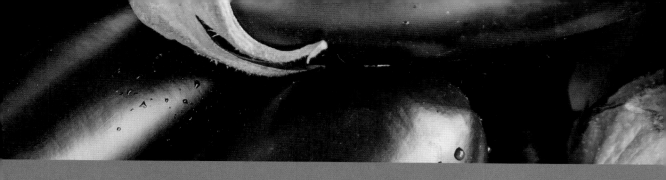

CHAPTER 11

영양상담 III – 영양관리과정(NCP)을 적용한 영양상담의 실제

학습목표

- 영양관리과정의 각 단계를 설명할 수 있다.
- 영양관리과정을 영양상담에 적용할 수 있다.
- 영양관리과정을 적용한 영양상담을 기록할 수 있다.

영양상담 과정은 내담자의 영양과 관련된 문제와 원인을 파악하여 내담자가 스스로 문제를 해결할 수 있는 능력을 갖추도록 하는 과정이다. 영양과 관련된 문제는 다양한 요인에 의한 결과물이며 동일한 질환, 동일한 영양문제라 하더라도 원인과 내담자의 상황에 따라 중재방안은 다를 수 있다. 따라서 내담자의 영양문제 및 관련 요인을 정확하게 파악하는 것이 무엇보다 중요하다. 이러한 과정을 체계적으로 할 수 있도록 도와주는 것이 영양관리과정(nutrition care process, NCP)이다. 영양상담 과정이 내담자의 영양문제를 해결하는 핵심 과정이며 영양관리과정(NCP)은 영양상담을 수행하는 도구일 뿐이지만 이를 영양상담 과정에 적용하면 영양상담의 질을 높일 수 있다.

1. 영양관리과정

1) 개요

2002년 초 미국에서 실무영양사들의 전문역량을 높여 경쟁력을 강화하기 위해 영양관리를 제공하는 표준화된 도구를 만들어야 한다는 필요성이 대두되었다. 이에 미국영양사협회는 영양관리모형 연구회(nutrition care model workgroup)를 구성하여 2003년 3월 영양사의 전문성과 역할 증대를 위한 수행 모형으로 영양관리과정(nutrition care process, NCP)을 발표하였다. 영양관리과정(NCP)은 영양전문인이 과학적 근거를 토대로 합리적이고 비판적인 사고를 통해 영양과 관련한 의사결정을 하도록 도와주는 체계적인 문제 해결 과정이다. **영양관리과정(NCP)은 (1) 영양판정, (2) 영양진단, (3) 영양중재, (4) 영양모니터링 및 평가의 4단계로 구성**된 모델로(그림 11-1) 각 단계에는 표준화된 용어를 사용하도록 개발되었다.

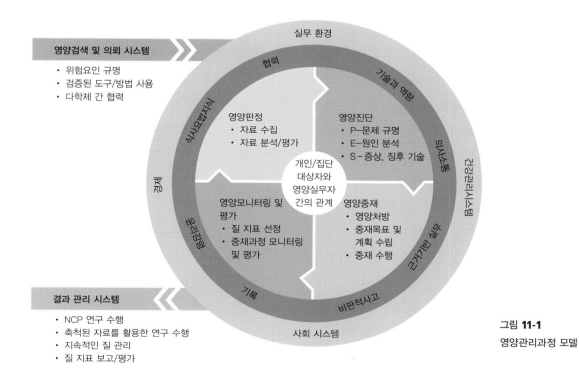

그림 **11-1**
영양관리과정 모델

자료 : J Acad Nutr Diet(2017). Dec;117(12):2003-2014

영양관리과정(NCP)은 내담자 중심의 개별화·표준화된 관리과정이지만 모든 내담자에게 똑같은 관리를 제공하는 획일적 관리과정은 아니다. 내담자에게 표준화된 과정을 통해 체계적 관리를 제공하는 것은 (1) 과학적 지식에 근거한 양질의 영양관리를 할 수 있으며 (2) 영양관리의 비용–효과 영향 요인에 대한 연구 등 다양한 연구가 가능해지며 (3) 일관된 표준용어를 사용함으로써 타 영양전문가 및 의료진과의 의사소통을 원활하게 하는 장점이 있다.

그림 11-1에 제시된 영양관리과정 모델에서 보듯이 영양관리의 핵심은 내담자와 영양사의 관계이다. 영양사는 내담자에게 신뢰와 감정적 지지를 제공하는 소통 능력을 통해 내담자의 동기를 유발하여 영양관리 과정에 적극적으로 참여하도록 하는 능력을 갖추어야 한다. 이를 위해 영양사는 끊임없이 전문지식과 기술을 습득해야 한다.

2) 영양관리과정 단계

(1) 영양판정

영양판정은 영양관리과정(NCP)의 첫 번째 단계로 **영양과 건강 상태에 영향을 주는 영양지표를 수집하고 이를 평가하여 영양문제와 원인을 규명하는 과정**이다. 영양지표를 수집하는 영역은 5가지 영역으로 구분되며 각 영역에서 수집하는 영양지표는 표 11-1과 같다. 영양지표 관련 자료는 영양 검색(screening) 자료, 내담자 의뢰지(referral form), 내담자 면담, 의무기록 및 건강관련 자료, 보호자나 가족 면담 등을 통해 수집한다. 내담자가 지역사회인 경우에는 지역기반 영양조사 자료나 관심집단 면담, 통계나 역학조사 자료 등을 활용한다.

수집한 영양지표들은 국가 및 공인 기관의 표준치 혹은 각 의료기관의 영양관리지침 등 신뢰할 만한 기준을 이용하여 자료를 평가한다. 영양판정에 사용하는 기준으로는 한국인 영양소섭취기준, 개인별 영양 필요량, 유관 학회의 각종 진료지침들이 있다. 이러한 기준들을 적용 시에는 지표의 정의나 기준의 제한점을 이해하고 내담자가 처한 환경이나 개인적 상황에 근거하여 가장 적절한 기준을 선택하여야 한다.

수집한 영양판정 자료를 기록하는 영양판정 기록지의 예는 그림 11-4의 영양

표 **11-1** 영양판정 영역

영양판정 영역	영양지표
식사 및 영양관련 자료	현재 식사 상태, 영양교육경험 여부, 식사 섭취량, 건강기능식품 등 복용, 식사 및 영양에 대한 지식/신념/태도, 식행동, 식품 안정성, 자가섭취 여부, 조리 능력 및 식생활 환경, 신체적 활동 및 기능
신체계측 자료	신장, 체중, 최근의 체중 변화, 체지방율, 허리둘레, 성장률/백분위수 등
생화학적 및 의학적 검사 자료	총콜레스테롤, 중성지방, LDL콜레스테롤, HDL콜레스테롤, 혈당, 당화혈색소, 헤모글로빈, 헤마토크릿, 혈청 알부민 등 질환 및 영양관련 검사 자료
영양관련 신체검사 자료	활력징후(혈압, 체온), 근육감소, 식욕, 연하장애, 소화기장애(변비, 설사, 복통 등), 부종, 근육 및 지방 소모, 영양상태 평가, 허약평가, 우울감 평가 등
영양관련 개인력 (history)	성별, 나이, 질환명 및 치료상황, 환자 및 가족의 병력, 직업, 교육수준, 소득수준, 가족관계, 주거형태 등

판정 부분과 같다.

(2) 영양진단

영양관리과정(NCP)의 두 번째 단계인 **영양진단은 영양판정과 영양중재를 연결**한다. **영양사가 독립적으로 치료할 책임이 있는 영양문제를 규명하여 정해진 표준용어로 명시하는 과정**이다. 현재 존재하거나 혹은 발생할 가능성이 있는 문제 모두 영양진단에 포함될 수 있다. 이전의 영양관리에는 영양진단이 없었다. 영양진단은 내담자에게 우선적으로 중재가 필요한 영양문제에 대해 명시하는 것이다. 영양진단은 **질병의 증상이나 치료에 영향을 미칠 수 있는 영양적 문제에 주목**한다. 영양진단은 의학적 진단이 아니다. 예를 들자면 당뇨는 영양진단이 될 수 없지만 탄수화물 과다섭취로 인한 조절되지 않는 혈당은 영양진단이 될 수 있다. 영양진단은 영양판정 자료를 종합하여 명료하고 정확하게 기술해야 한다.

　영양진단문은 문제(Problem)–원인(Etiology)–징후/증상(Sign/symtom)의 3가지 (PES) 요소로 구성된다. 영양문제는 내담자의 현재 혹은 향후 발생할 수 있는 영양문제를 기술하는 것으로 표 11-2에 제시된 표준영양진단 용어를 사용하여 기술한다.

표 **11-2** 영양문제 영역 및 표준용어

영양문제영역	표준용어
섭취 영역	에너지 섭취 부족/과다, 경구 섭취 부족/과다, 수분 섭취 부족/과다, 알코올 섭취 과다, 영양소 필요량 증가/감소, 영양불량, 단백질-에너지 섭취 부족, 지방 섭취 과다, 부적절한 지방 섭취, 단백질 섭취 부족/과다, 당질 섭취 부족/과다, 부적절한 당질 종류 섭취, 불규칙한 당질 섭취, 섬유소 섭취 부족/과다, 비타민 섭취 부족/과다(구체적 비타민 명시), 무기질 섭취 부족/과다(구체적 무기질 명시)
임상 영역	삼킴 장애, 저작 곤란, 모유 수유 곤란, 위장관 기능 변화, 영양소 이용 장애, 영양관련 검사 결과 변화(구체적 검사 결과 이상 명시), 저체중, 비의도적 체중감소, 과체중/비만, 비의도적 체중증가
행동-환경 영역	식품 및 영양관련 지식부족, 식품 및 영양에 대한 유해한 신념/태도, 식사/생활 양식 변화에 대한 준비 부족, 자기 모니터링 부족, 영양관련 권장 사항에 대한 순응도 부족, 바람직하지 못한 식품 선택, 신체활동 부족/과다, 자기 관리 의욕/능력 부족, 식사 준비 능력 장애, 자가 섭취 곤란, 안전하지 않은 식품 섭취, 식품 이용의 제한

① **문제**

영양진단 중 영양문제 용어는 섭취영역-임상영역-행동/환경 영역의 3가지 영역으로 구분된다. 각 영역에서 자주 쓰이는 영양문제 표준용어는 표 11-2와 같다. 영양문제 용어는 표준용어의 의미를 잘 이해하고 정확히 사용해야 한다. **여러 가지 영양문제가 존재하는 경우 우선순위를 정하고 가능하면 섭취영역의 문제를 최우선**으로 하여 영양진단문을 기술한다.

② **원인**

원인은 영양문제를 일으키는 요인으로 **영양중재 방법을 결정하는 근거**가 된다. 똑같은 영양문제를 가지고 있더라도 원인에 따라 영양중재 방법은 달라질 수 있다. 예를 들어 경구 섭취가 과다한 영양문제를 가지고 있는 내담자를 가정해보자. 문제의 원인이 식품 및 영양에 대한 지식이 부족한 경우와 식습관을 변화하고자 하는 의지가 부족한 경우 영양교육 및 상담과정에서 영양사가 수행해야 하는 교육/상담의 목표와 내용은 달라진다. 전자의 경우에는 식품 및 영양에 대한 정보를 제공하는 것이 더 중요한 목표가 된다면 후자의 경우에는 식습관 변화에 동기를 부여하는 것이 더 중요한 목표가 된다. 영양사는 영양문제의 근본적인 원인을 찾기 위해 "왜?"라는 질문을 자주 해야 한다.

③ 징후/증상

징후/증상은 진단된 **영양문제의 근거자료로 영양중재의 목표 및 영양모니터링의 근거가 되므로 가능하면 측정가능한 지표**로 제시한다. 예를 들어 경구 섭취 과다의 문제가 있는 경우 징후/증상으로 최근의 체중 증가를 제시한다면 1달간 3kg 증가와 같이 구체적인 수치를 명시한다. 영양진단 기록지를 사용하여(그림 11-4) 영양진단 예를 기록한 것은 표 11-3과 같다.

⊕ **징후 vs 증상**

- 징후: 질병이나 문제의 객관적인 소견 또는 증거
- 증상: 환자 또는 내담자가 주관적으로 표시하는 것

표 11-3 영양진단문 기록의 예

영양진단		
문제	**원인**	**징후/증상**
경구 섭취 과다	식품/영양 지식 부족으로 인한 한끼 식사 및 간식 과다 섭취	최근의 체중 증가(1달 3kg 증가) 과다한 열량 섭취(최근 섭취량 1일 2,500kcal, 1일 섭취 권장량 1,800kcal)

과거에는 영양관리를 '당뇨식', '저염식'과 같이 특정 질병상태와 관련된 식사관리로 생각했다. 그러나 영양진단을 포함하는 영양관리과정(NCP)이 적용되면서 영양관리는 질환에 대한 식사관리가 아니라 내담자의 영양문제에 중점을 둔다. 의학적 상태가 같아도 다른 영양문제를 보일 수 있고, 의학적 상태가 달라도 동일한 영양문제를 보일 수 있다.

(3) 영양중재

영양중재는 **영양진단** 과정에서 **규명된** 영양문제에 기초하여 문제 해결을 위한 계획을 세우고 문제 해결을 하는 과정이다. 영양중재는 **영양진단문에 나타난 영양문제의 원인을 제거 혹은 경감시키거나 징후/증상을 개선하는 것과 연계**되어야 한다. 중재 과정에서는 내담자 및 함께 일하는 타분야 동료들과 협력하여 실천 가능한 중재목표를 설정하고 수행계획을 수립하는 것이 중요하다. 영양중재는 영양처방, 중재 목표설정, 중재 계획 및 수행의 과정으로 이루어진다(그림 11-2).

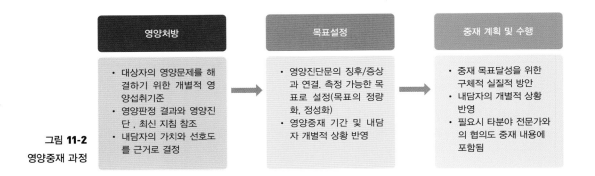

그림 **11-2**
영양중재 과정

영양처방	목표설정	중재 계획 및 수행
• 대상자의 영양문제를 해결하기 위한 개별적 영양섭취기준 • 영양판정 결과와 영양진단 , 최신 지침 참조 • 내담자의 가치와 선호도를 근거로 결정	• 영양진단문의 징후/증상과 연결. 측정 가능한 목표로 설정(목표의 정량화, 정성화) • 영양중재 기간 및 내담자 개별적 상황 반영	• 중재 목표달성을 위한 구체적 실질적 방안 • 내담자의 개별적 상황 반영 • 필요시 타분야 전문가와의 협의도 중재 내용에 포함됨

① 영양처방

영양처방은 내담자의 영양문제를 해결하기 위한 **개별적 영양섭취 기준**으로 영양중재를 위한 **식사계획의 기준**이 된다. 영양처방은 **질환의 치료지침에 근거한 영양필요량과는 다를 수 있다.** 영양처방 시에는 영양판정 결과와 영양진단, 최신 지침을 참조하여 내담자의 가치와 선호도를 근거로 결정한다.

② 목표 설정

영양중재 목표는 영양진단의 징후/증상에서 제시된 사항을 개선하는 것으로 한다. 영양진단이 2개 이상이라면 우선순위를 정한 후 적절한 목표를 세운다. 영양중재 목표 달성을 위한 **실행계획은 내담자가 속한 환경을 고려하여 실현 가능한 것으로 수립**한다.

③ 중재계획 수립 및 수행

영양중재는 과학적 근거를 바탕으로 한 실천지침을 토대로 실천계획을 수립한다. 실행단계의 의사결정에는 내담자가 함께 참여해야 한다. 영양중재 수행 영역은 제공하는 식사 및 영양소 제공, 영양교육 또는 영양상담 제공, 영양관리를 위한 다학제 협의로 구분할 수 있다(표 11-4).

식사 및 영양소 제공은 내담자가 섭취하는 식사나 간식 내용을 조정해주거나 부족한 영양소가 있다면 보충식 또는 영양보충제를 섭취하도록 조언하는 내용을 포함한다. 때로는 식사환경을 개선하거나 자가 섭취가 어려운 경우 식사를 보조할 수 있는 방안을 마련해 줄 수도 있다. 영양소와 상호작용이 있는 약물을 복용하고 있는 경우 이를 조정해주는 것도 식사 및 영양소 제공 중재영역에 속한다.

식품이나 식사에 대한 간단하게 교육을 실시하거나 지식을 제공하는 것은 영양교육 영역에 속하는 중재활동이다. 영양상담 중재영역에는 내담자와 협력하여 영양중재 목표를 정하고 중재 내용의 우선순위를 정하는 등 동기부여 전략을 이용하여 내담자의 실제적 행동변화를 유발하는 모든 활동이 포함된다. 영양교육과 영양상담의 구체적 방법은 3장의 영양교육 및 상담이론을 참고한다.

타분야 협의 영역에는 영양문제 해결을 위해 내담자를 다른 분야의 전문가에게 의뢰하거나 타기관에 이관하는 등의 활동이 포함된다.

표 11-4 영양중재 영역

중재 영역	중재 내역
식사 및 영양소 제공	식사/간식 제공 내역 변경, 보충식 제공, 영양보충제 제공, 식사 환경 조정, 식사 보조, 영양관련 약물관리
영양교육	초기/기본 영양교육, 포괄적 영양교육
영양상담	동기부여 전략에 기반하여 행동변화를 이끄는 모든 활동
타분야 협의	타분야 전문가와의 협력, 타기관에 이관

그림 11-4에 영양중재 기록지 예를 제시하였다. 표 11-3에 제시된 영양진단에 따른 영양중재 기록 예는 표 11-5와 같다.

표 **11-5** 영양중재 기록의 예

영양중재			
영양처방	열량조절식 1,800kcal/일		
영양중재	☐ 식품/영양소 제공 ■ 영양교육 ■ 영양상담 ☐ 타분야 협의		
	영양진단	**영양중재**	**목표/기대효과**
	경구 섭취 과다	적절한 한끼 섭취량 교육 건강한 간식 섭취방법 교육	체중 섭취 증가 (−) 1일 섭취 에너지 1,800kcal 이내
제공교육자료	1일 섭취량 교육자료		
추후관리일정	2주 뒤 재방문		

(4) 영양모니터링 및 평가

영양모니터링 및 평가는 영양관리과정(NCP)의 마지막 단계로 영양중재가 계획대로 실행되고 있는지, 내담자가 영양중재의 목표를 잘 이해하고 목표에 도달해가고 있는지 그래서 실질적인 변화가 나타나고 있는지를 평가하는 과정이다. 목표를 달성하지 못한 경우 목표 달성을 방해하는 요소 및 요주의 상황을 파악하고 필요한 경우 주위에 도움을 줄 수 있는 사람을 확인하여 해결 방안에 대해서 내담자와 협의한다. 반대로 목표를 달성한 경우 성공할 수 있었던 요인을 지지하여 성취감을 강화한다.

영양모니터링 및 평가 영역은 영양판정 영역의 식사 및 영양관련 자료, 신체계측 자료, 생화학적 및 의학적검사 자료, 영양관련 신체검사 자료이다. 이외에 지식 습득이나 행동 변화 유무, 삶의 질, 내담자 스스로가 느끼는 자기 효능감, 약물 교체 등 자료를 수집하여 평가할 수 있다.

영양모니터링 및 평가 시에는 영양재판정이 동시에 이루어지며, 이를 통해 영양모니터링 뿐 아니라 새로운 영양문제 유무를 점검하여 영양문제를 진단하고 영양모니터링 결과와 종합하여 영양중재 목표를 재설정한다.

이상의 영양관리과정(NCP) 각 단계의 관계를 그림 11-3에 제시하였다. 그림에서 보는 바와 같이 각 단계를 이루는 요소들은 서로 유기적으로 연결되어 전 과정을 이루게 된다.

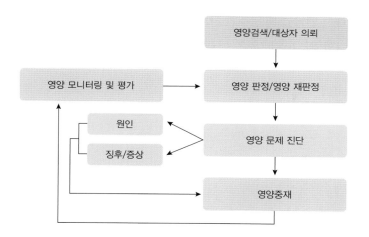

그림 **11-3**
영양관리과정
모식도

2. 영양관리과정(NCP)을 적용한 영양관리 과정의 실제

영양상담이 의뢰된 비만 사례를 영양관리과정에 어떻게 적용하는지 알아보자.

1) 영양판정

STEP 1. 기초자료 수집

의료진이 보낸 영양상담 의뢰서와 건강검진 자료를 통해 수집한 자료는 다음과
같다.

성별/나이 : 남자/37세
진단명 및 기타 병력 : 없음
가족력 : 아버지-이상지질혈증, 당뇨
신장 : 165cm, 체중 : 73kg, 체지방율 : 28%, 허리둘레 : 93cm
혈액검사 결과 : (6/4)
  총콜레스테롤 197mg/dL, 중성지방 287mg/dL, HDL 38mg/dL, LDL 101mg/dL,
  공복혈당 109mg/dL
혈압 : 129/83mmHg
기타 : 전산 프로그래머, 대졸, 미혼

STEP 2. 사례자 면담을 통한 추가 자료 수집

의뢰된 사례자와의 면담 내용은 아래와 같다.

영양사	내담자
인사 및 가벼운 대화	
안녕하세요? 저는 영양사 김영양입니다. 성함을 말씀해주시겠어요? 앞에 상담하신 분의 상담이 좀 지연되서 오래 기다리시게 해서 죄송합니다.	박정직이라고 합니다. 괜찮습니다.
신체계측 자료 추가 수집	
오늘 영양상담실에는 어떤 상담을 위해 의뢰되었는지 알고 계시나요?	네, 제가 체중이 많이 나가는 것 같아 살을 빼고 싶어 의사선생님께 영양상담을 받고 싶다고 말씀 드렸습니다. 아버지가 당뇨가 있으셨는데 며칠 전 TV에서 부모가 당뇨가 있는 경우 체중 관리가 필요하다는 이야기를 들어서요.
네, 그러셨군요. 그러면 제가 박정직님께 몇 가지 여쭈어 보겠습니다. 현재 체중이 73kg 이신데 최근에 체중 변화가 있으셨나요? 그러면 원래 75kg을 계속 유지하셨던 것인가요?	네, 제가 혼자 다이어트를 해서 1달 동안 2kg을 뺐습니다. 아니요. 30대 초반만 해도 65kg 전후 체중 유지하고 있었는데 회사 옮기고 나서 체중이 조금씩 늘기 시작하더니 75kg가 되더라구요.
식사 및 영양 관련 자료 수집	
다이어트를 하셨다고 했는데 영양상담을 받아보신 적이 있으세요?	아니요. 영양상담을 받아 본 적은 없구요. 운동을 시작해서 한 번에 20분 정도 일주일에 2~3번 걷고 있습니다.
우와.. 운동을 시작하셨군요. 정말 잘하셨어요. 그러면 식사 드시는 것에 대해 여쭈어 보겠습니다. 식사는 하루에 몇 번 하시나요? 아침 식사는 얼만큼 드세요?	하루 3끼 다 먹습니다. 아침은 집에서 먹고 점심, 저녁은 사먹습니다. 주로 잡곡밥을 먹는데 한 끼에 한 그릇정도 먹습니다.
(밥 그릇 모형을 보여주며) 그릇이 이 정도 크기인가요? 반찬은 주로 어떤 것으로 드세요? 반찬은 얼마큼 드세요?	네. 그 정도 크기입니다. 국이랑 김치랑 해서 반찬은 3가지 정도입니다. 채소 한 가지 정도는 있고, 고기나 두부 계란 이런 거 한 가지씩은 꼭 챙겨 먹습니다.
(식품 모형을 보여주며) 채소랑 김치 드시는 양 한 번에 이 정도 될까요?	네

(계속)

고기나 두부는요?	네. 고기 양은 한 번에 보여주신 정도 먹고, 두부는 그 정도 크기로 두 쪽 정도 됩니다.
점심이랑 저녁은 어떻게 드시나요? 아침과 비교하면 식사양은 얼마나 될까요?	구내식당 메뉴가 좋아서 식당에서 먹습니다. 밥은 조금 더 먹는 것 같습니다. 아침 양과 비교하면 1.5배 정도? 반찬 양은 아침과 비슷한데 샐러드가 기본으로 매일 나와 채소를 한 접시 정도 더 먹습니다.
고기가 자주 나오나요? 주로 어떤 메뉴인가요? 튀김이나 전이 자주 나오나요? 면류 좋아하세요?	네. 거의 매일 나옵니다. 네. 거의 매일 한 가지 정도는 있습니다. 네. 제가 국수류 좋아해서 식당에 메뉴로 나오면 남들보다 좀 더 많이 먹는 편입니다.
어느 정도 더 드세요? (모형 보여주며) 이 정도?	네. 그 정도는 더 먹는 것 같습니다. 라면도 일주일에 한 두 번은 먹는데 한 번에 한 개 반 정도 먹습니다.
빵이나 과자, 떡 감자, 고구마 이런 것도 좋아하세요?	네. 다 좋아하는데 주로 먹는 것은 빵과 과자입니다. 빵 하루에 한 개 정도 꼭 먹고 과자는 작은 사이즈 이틀 건너 한 개 정도?
과일은요? 어떤 주스요? 다른 간식이나 음료 드시는 거 있으세요? 아까 운동이야기 하셨는데 운동 이외에 활동량은 어떤 편이신가요? 술은 얼만큼 하세요? 흡연은요? 혹시 영양보충제나 건강기능식품 이런 것 드시는 것 있으세요? 옥수수염 다린 물 드세요?	과일보다는 주스를 매일 1잔 마십니다. 요즘은 오렌지주스랑 키위주스 좋아합니다. 아니요. 커피만 블랙으로 하루 3~4잔 마십니다. 제가 프로그래머이다 보니 한 번 자리에 앉으면 사실 거의 움직이질 않습니다. 저희는 회식이 거의 없어 술 거의 안 마십니다. 안합니다. 유산균 먹고 있습니다. 음... 옥수수염 다린 물도 보충제에 속하나요? 네. 주변 사람들이 옥수수염 다린 물을 먹으면 살이 빠진다고 해서 옥수수염 다린 것을 들고 다니면서 물 대신 마시고 있습니다.

영양관련 신체검사 자료 수집

유산균 드신다고 하셨는데 불편하신데 있으신가요? 그러면 다른 데 불편하신 곳은 없으신가요? 소화가 안 되거나 설사가 있던가.	아니요. 장내에 뚱보균이 많아지면 뚱뚱해진다고 해서 유산균 먹습니다. 아니요. 밥을 먹고나면 좀 속이 더부룩하긴 한데 약을 먹을 정도는 아닙니다.

환자 면담 마무리

혹시 식사 섭취나 영양과 관련해서 궁금하신 것 있으신가요? 네. 그 부분은 잠시 후에 설명 드리겠습니다.	영양사님과 이야기해 보니 제가 좀 많이 먹는 것 같기도 합니다. 저는 어느 정도 먹어야 하나요? 제가 탄수화물을 많이 먹는 것 같아 저탄수화물 고지방식을 해보고 싶은데 괜찮을까요?

STEP 3. 영양 요구량 계산

표준체중, 조정체중을 계산해본다.

표준체중 : 1.65(m)×1.65(m) × 22(kg/m²) ≒ 60kg
조정체중 : (73 − 60)/4(kg) + 60(kg) ≒ 63kg

비만 영양치료지침에 따라 사례자에게 필요한 1일 에너지와 단백질 양을 계산한다. 사례자에게 필요한 1일 에너지와 단백질 양 예시는 다음과 같다.

에너지 요구량 : 1,800kcal(산출 기준: 표준체중 60kg, 30kcal/kg)
단백질 요구량 : 90g(산출 기준: 표준체중 60kg, 1.5g/kg

STEP 4. 수집자료 기록 및 평가

STEP 1~3에서 수집된 자료를 영양판정 서식지에 기록한 예시는 다음과 같다.

이름 : 박정직	성별/나이 : 남자/37세	상담 횟수 : 1차

영양판정	
영양관련 개인자료	주진단 및 병력 : (−) 가족력 : 아버지−당뇨, 이상지질혈증 기타 : 전산 프로그래머, 미혼
신체계측 자료	신장 _165_ cm, 체중 _73_ kg, 표준체중 _60_ kg, 평소체중 _75_ kg, 표준체중비율[a1] _122_%, BMI[a2] _26.8_ kg/m², 체중변화 −2kg/1달, 체지방율[a3] _28_%, 허리둘레[a4] _93_ cm
생화학적 자료 의학적 검사 자료	검사결과 : (6/4) 총콜레스테롤 197mg/dL, 중성지방[b1] 287mg/dL, HDL[b2] 38mg/dL, LDL 101mg/dL, 공복혈당 109mg/dL
영양관련 신체검사 자료	소화기 관련 증상 : 식후 더부룩함. 치료가 필요한 정도는 아님 활력 징후 : 혈압[c] 129/83mmHg
식품/영양소와 관련된 식사력	식사처방 및 식사관련 경험 및 환경[d1] : 영양관련 교육 상담 경험 없음 식품 및 수분/음료 섭취 : − 1일 3끼 : 아침 집에서 점심 저녁 구내 식당 − 밥량[e1] 아침(잡곡) 3교환, 점심 저녁 각 4.5교환 섭취

(계속)

식품/영양소와 관련된 식사력	– 반찬 국과 김치 및 반찬 2~3가지(채소 1일 8교환). 이 중 한 가지는 어육류군으로 매끼 2교환 내외 섭취 – 면류[e1] 좋아하는 편(4.5교환/회 섭취), 라면 주 1~2회. 1회 1.5개 섭취 – 간식[e1] 매일 빵 1개, 과자 작은 것 3.5봉/주, 과일주스(오렌지 또는 키위) 1잔 – 커피: 블랙으로 하루 3~4잔 에너지 및 영양소 섭취량 에너지[f] ___2,640___ kcal, C[e2]:P:F ratio = ___64:14:22___ 탄수화물 ___421___ g, 단백질 ___95___ g, 지방 ___64___ g 지식/신념/태도[d2] : 체중감량에 옥수수염 다린 물이 좋다고 생각하고 실천. 탄수화물 섭취가 많다고 인지하고 저탄수화물 고지방식을 시도할 의지 있음 영양보충제, 건강기능식품 등 : 유산균, 옥수수염 다린 물 알코올섭취 및 흡연 : (–) 신체적 활동[g] : 저활동적. 1회 20분 주 2~3회 걷기
영양 필요량 :	에너지 ___1,800___ kcal (기준체중 60kg, 산출근거 30kcal/kg) 단백질 ___90___ g (기준체중 60kg, 산출근거 1.5g/kg)

사례 환자의 영양판정기록 예시 내 각주 항목의 판정 결과는 다음과 같다. 일반적으로 영양판정 결과에는 바람직하지 않은 상황 또는 행동이나 정상범위에서 벗어난 측정/평가 결과 등을 제시할 수 있다. 판정 기준의 근거는 내담자의 병력이나 생화학적 검사, 의학적 검사 자료 등을 참고한다. 사례자의 경우 혈청 중성지방 결과가 정상치보다 높은 결과를 보여 당뇨 식사지침을 기준으로 판정하였다.

영양판정 결과	판정 기준	판정 기준 근거
비만	[a1] > 120%, [a2] ≥ 25.0kg/m², [a3] ≥ 25%, [a4] ≥ 90cm	비만 진단기준
영양관련 검사결과이상	[b1] ≥ 200mg/dL, [b2] < 40mg/dL	이상지질혈증 진단기준
	[c1] > 120/80mmHg	고혈압 진단기준
식품/영양관련 지식부족	[d1] 영양교육 경험 유무 [d2] 올바른 식품/영양관련 지식 유무	
탄수화물 섭취 과다	[e1] 곡류군 1일 8~9교환 [e2] 탄수화물 에너지섭취 비율 > 60%	당뇨 1,800kcal 식사 구성안
에너지 섭취 과다	[f] 1일 에너지 필요량 1,800kcal	개인별 에너지 필요량
신체활동 부족	[g] 1일 45~60분 내외 주 5회 중등도 활동	체중 조절을 위한 운동지침

2) 영양진단

영양판정 결과를 바탕으로 영양진단을 실시한다. 영양진단문에 사용되는 문제, 원인, 징후/증상은 모두 영양판정에서 확인할 수 있어야 한다.

STEP 1. 영양문제 및 원인, 징후/증상 찾기

영양판정 결과는 영양진단의 문제일 수도 있고 원인이나 징후/증상일 수도 있다. 문제 상황 중 가장 근본적인 것을 원인으로, 그 원인의 직접적인 결과를 문제로 정한다. 문제 상황을 객관적으로 나타내는 수치나 상황을 징후/증상으로 한다.

STEP 2. 영양문제 우선 순위 선정

영양문제가 여러 개인 경우 가장 우선적으로 해결해야 하는 문제를 정한다. 어떤 문제를 가장 우선적으로 해결해야 할 것인가는 내담자와 영양상담을 통해 정하도록 한다. 이때 가능하면 섭취 영역의 문제를 우선으로 하는 것이 바람직하다. 영양진단에는 정답이 없으며 동일한 영양문제가 있다 하더라도 내담자의 상황이나 환경 및 내담자의 의견에 따라 우선 순위는 달라질 수 있다.

　본 사례에서는 사례자 스스로 탄수화물 섭취가 많다고 여기고 저탄수화물 고지방식사를 시도할 의지를 보이고 있으므로 '탄수화물섭취 과다'를 최우선으로 해결해야 하는 문제로 선정하였다. 주식과 간식으로 섭취하는 탄수화물량을 줄이면 에너지 섭취가 필요량에 근접할 수 있을 것으로 예상되므로 '에너지섭취 과다'보다는 '탄수화물섭취 과다'를 더 우선적인 문제로 정하였다. 하지만 실제 우선 순위는 사례자와 상담과정에서 바뀔 수 있다.

STEP 3. 영양진단문 작성

사례의 영양진단문 작성 예는 다음과 같다.

영양진단		
문제(P)	원인(E)	징후/증상(S)
탄수화물섭취 과다	1일 적정 섭취량에 대한 지식 부족으로 탄수화물 주식 및 간식 섭취가 많음	영양교육/상담 경험 없음 곡류군 1일 섭취량 15 교환 이상(기준 8∼9교환) 탄수화물 에너지 비 64%(기준 〈60%) 혈중 중성지방 287mg/dL(기준 〈 200mg/dL)
비만	에너지섭취 과다 및 신체활동 부족	표준체중비율 122% (기준 〈 120%) 1일 섭취 에너지 > 2,600kcal (필요량 1,800kcal) 주 운동시간 40∼60분(기준 1회 45∼60분 주 5회 이상)
식품 및 영양에 대한 유해한 신념/태도	건강한 식생활에 대한 지식 부족	영양교육/상담 경험 없음 체중감량 위해 옥수수 다린 물 섭취 저탄수화물 고지방식 시행 의지 있음

3) 영양중재

영양중재는 영양관리과정(NCP)에서 영양교육 및 상담이 수행되는 단계이다. 영양중재는 계획과 실행 부분으로 나눌 수 있으며, 계획에는 영양처방과 영양중재 목표를 세우고 수행 방법을 정하는 것이 포함된다. 본 사례자는 이미 체중 조절의 필요성에 대해 인지하고 스스로 운동을 시작했으며 체중조절을 위한 식사요법에 관심을 가지고 스스로 알아보거나(저탄수화물 고지방식) 의사를 통해 영양상담을 요청하는 등 행동 변화를 위한 준비 단계에 있다. 영양중재 계획에 사례자를 참여시켜 보다 구체적인 실천계획을 세우고 이미 보인 행동 변화(운동 시작)에 대해 긍정적 강화를 제공하면서 동기부여를 한다.

STEP 1. 영양처방

영양처방은 영양사가 사례자의 영양관련 문제를 해결하기 위해 권고하는 식사계획으로 영양필요량과는 다르다. 영양처방은 식사계획을 세우는 기준이 되므로 사례자가 실천 가능해야 한다. 실제섭취량과 영양필요량의 차이가 큰 경우 영양처방을 영양필요량에 맞추면 실행 가능성이 낮아진다. 따라서 사례자의 의사를 반영하여 단계적으로 영양필요량에 접근할 수 있도록 영양처방을 한다.

영양처방을 위한 사례자와의 면담 예시는 아래와 같다.

영양사	사례자
영양처방 정하기	
박정직님, 우리가 박정직님의 식생활에 대해 같이 알아봤는데 어떠셨어요? 혹시 체중이 증가한 이유에 대해 박정직님이 생각해보신 적 있으세요?	음.. 그저 막연히 제가 하루 종일 컴퓨터 앞에 앉아 있다 보니 활동량이 적어서 그런 거라고 생각했었습니다. 한번도 제가 먹는 것에 대해 이렇게 생각해본 적이 없는데, 영양사님의 질문에 대답하다보니 제가 좀 많이 먹기는 하는 것 같습니다.
네, 단순히 계산해보면 필요한 양과 비교시 약 1.5배 가까이 드시고 계세요. 건강한 체중을 유지하기 위한 필요량은 1,800kcal인데 지금 2,650kcal 정도 드시고 계세요.	그렇게나 많아요?
그래서 우리가 하루 섭취 목표를 정해야 하는데 우리가 식사량을 조정한다고 하면 어느 정도로 하는 것이 적당할까요?	너무 많이 줄이면 견디기 힘들 것 같습니다. 영양사님이 적당히 정해주세요.
그러면 현재 섭취량과 필요량의 중간 정도인 2,200kcal 정도는 어떨까요? 이렇게 하면 지금 드시는 것 기준으로 간식 드시는 것을 줄이고 점심 저녁 밥량을 조금 조정하는 것이 필요할 것 같아요. 괜찮으실까요?	잘 모르겠습니다.
그러면 하루 식사량에 대해 구체적으로 이야기하면서 같이 조정해보면 어떨까요?	네. 그렇게 해보면 좋겠습니다.

목표열량과 단백질 등 영양처방이 결정되면 영양처방에 맞는 식사 구성안을 계획한다. 식사 구성안은 사례자의 식품군별 1일 섭취량을 정하는 기준이 되므로 식사 구성안 계획 시에는 사례자의 평소 식습관을 고려한다. 2,200kcal 식사 구성안을 당뇨 식품교환표를 활용하여 작성한 예시는 다음과 같다.

식품군	곡류	어육류			채소	지방	우유		과일
		저지방	중지방	고지방			일반	저지방	
교환단위	11	2	4		8	5	1	1	2

앞의 예시는 영양사가 사례자의 식습관을 고려하여 정한 것이고 영양상담 과정을 통해 구체적인 섭취량은 사례자의 의견을 반영하여 조정될 수 있다.

STEP 2. 영양중재 목표 정하기

영양중재 목표는 영양진단의 징후/증상에 사용된 지표를 사용한다. 본 사례자의 경우 '탄수화물 섭취 과다'의 징후/증상으로 '1일 섭취 곡류군 교환단위 수', '탄수화물 에너지 비', '혈청 중성지방'이 사용되었고, '비만'의 징후/증상으로는 '표준체중비율', '1일 에너지 섭취량', '주 운동시간'이 사용되었다. 이와 같이 영양중재의 목표는 수치화 가능한 것으로 정한다. '식품 및 영양에 대한 유해한 태도'에 대한 징후/증상으로는 '영양교육 경험이 없는 것', '체중감량을 위해 옥수수수염 다린 물 섭취', '저탄수화물 고지방식 시도할 의지 있음'으로 수치화할 수는 없지만 정성적 평가가 가능한 행위, 신념으로 구성되어 있어 중재 이후 해당 행위, 신념이 여전히 존재하는지 평가할 수 있다.

영양문제	징후/증상	영양중재 목표
탄수화물 섭취 과다	곡류군 1일 섭취량 15교환 이상(기준 8~9교환) 탄수화물 에너지 비 64% (기준 < 60%) 혈중 중성지방 287mg/dL (기준 < 200mg/dL)	곡류군 1일 섭취량 11교환 이내 탄수화물 에너지비 < 60%
비만	표준체중비율 122%(기준 ≤ 110%) 1일 섭취 에너지 > 2,600kcal(필요량 1,800kcal) 운동시간 40~60분/주(기준 1회 45~60분, > 5회/주)	표준체중비율 < 120% 섭취에너지 < 2,200 kcal 운동 1회 30분, > 3회/주
식품 및 영양에 대한 유해한 신념/태도	체중감량 위해 옥수수 다린 물 섭취, 저탄수화물 고지방식 시행 의지 있음	올바른 체중조절 방법 숙지

영양중재의 목표는 신뢰 있는 기관에서 정한 근거중심 지침을 바탕으로 사례자의 의사를 반영하여 결정한다. 하지만 사례자가 아무리 원해도 '단식으로 1주일에 체중 5% 이상 감량'과 같은 목표는 바람직하지 않다. 영양중재 목표는 모니터링 기간을 고려한다. 예를 들어 1주 후 모니터링 예정인데 '체중 5kg 감량'과 같은 목표는 달성 가능하지 않다. 영양진단에 나타난 모든 징후/증상 지표를 영양중재 목표로 정할 필요는 없다. 앞서 말한 바와 같이 모니터링 기간에 따라 단기간 내에 변하기 어려운 일부 혈액검사 지표 등은 영양중재 목표에서 제외할 수 있다.

STEP 3. 영양중재 수행 방안 수립

영양중재는 영양진단의 원인을 제거/경감하여 영양중재 목표를 달성할 수 있는 방안을 마련하고 시행하는 과정이다. 영양중재 영역에는 식사 및 영양소 제공, 영양교육, 영양상담, 타분야 협의의 네 가지 영역이 있다(표 11-4). 영양중재 과정에서 사례자의 행동변화를 이끌어 내는 구체적인 실천방안을 세우기 위해서는 영양상담이 매우 중요하다. 제시된 사례의 영양 목표를 참고하여 수행 방안을 수립해보면 다음과 같다.

영양문제	원인	중재 내용
탄수화물 섭취 과다	1일 적정 섭취량에 대한 지식 부족으로 탄수화물 주식 및 간식 섭취가 많음	1일 섭취량 교육(1끼 식사 및 간식 섭취량) 외식, 간식 섭취 시 탄수화물 줄이는 요령 교육 영양표시 활용법 교육
비만	에너지섭취 과다 및 신체활동 부족	올바른 식사 방법 교육 올바른 운동 방법 교육
식품 및 영양에 대한 유해한 신념/태도	건강한 식생활에 대한 지식 부족	체중 조절의 이론적 근거 교육

영양교육을 실시할 때는 사례자의 교육수준이나 변화단계를 고려하여 교육내용을 정한다. 본 사례자는 대학을 졸업한 컴퓨터 프로그래머이고 변화를 위한 준

비 단계에 있는 사례자이므로 이미 운동을 시작한 부분을 적극적으로 격려하고 각 영양교육 내용에 명확하고 달성 가능한 실천지침을 제시한다. 이때 상담자가 할 수 있는 대화의 예시는 아래와 같다.

- 2,200kcal 정도 식사량 유지하려면 밥량을 줄여야 하는데 어느 정도면 적당할까요?
- 지금 우리가 함께 정한 식사량이 이 정도인데 (식품 모형을 이용한 상차림을 보여주며) 한 끼 식사량으로 어떻게 생각하세요?
- 이 정도 드시면 간식이 필요하실까요? 주로 어느 시간대에 필요하실 것 같으세요?
- 그동안 드시고 계시던 외식/간식 중에 지금 우리가 정한 것보다 탄수화물이 더 많이 포함되어 있을 것 같은 것들을 말씀해보세요.
- 운동 시작하셨는데 종일 프로그램 작성하시다 보면 짬내시기 어려울 텐데 시작이 반이라고 진짜 훌륭한 결정내리셨어요.
- 그동안 운동해보시니까 몸이 달라지는 것 느끼신 것 있으세요?
- 체중이 2kg 정도 빠지셨는데 이것은 무엇 때문이라고 생각하세요?
- 체중은 어느 정도까지 감량하길 원하세요?
- 그 정도 감량하려면 어느 정도 기간이 필요할까요?
- 현재 생활에서 활동량을 좀더 늘인다면 어떤 방법을 시도해볼 수 있을까요?

사례자에게는 목표 열량에 맞는 한 끼 구성안과 식사량 및 간식섭취량에 대한 구체적인 설명과 자주 먹는 외식, 간식의 영양소 함량에 대한 정보 제공이 필요하다. 또한 활동량을 늘이기 위해서는 사례자의 생활양식을 면밀히 살피고 쉽게 실천할 수 있는 방법부터 사례자가 스스로 찾을 수 있도록 유도한 후 구체적 실천방안을 정하도록 한다.

일반적으로 영양상담 시간은 충분하지 않으므로 처음에 규명된 모든 문제를 해결하려 할 필요는 없다. 가장 우선적으로 해결해야 하는 문제를 첫 번째 상담에서 해결하고 다른 문제는 다음 상담에서 다루어도 좋다. 본 사례자의 경우 식품 및 영양에 대한 유해한 신념/태도와 관한 내용은 다음 영양상담 시간에 관련 내용을 교육할 수 있다. 다만 사례자가 옥수수수염 다린 물 섭취하는 것은 당장 중지해야 하는 사항이고 저탄수화물 고지방식에 대해 사례자가 우선적으로 언급한 부분이 있으므로 우선은 옥수수수염 달인 물이나 향후 시도하고자 하는 저탄수화물 고지방식에 대한 인식이 어떤 것인지 확인하고 이에 대한 간단한 정보를 주고 관련한 사항을 스스로 알아보도록 한 후 다음 상담 시 과학적 사실을 설명해 주도록 상담을 진행할 수도 있다. 이때 상담자가 할 수 있는 대화의 예시는 아래와 같다.

- 옥수수수염 다린 물은 어떻게 해서 마시게 되었나요?
- 마셔보니까 체중을 포함해서 몸에 변화가 생겼나요?
- 체중변화가 생긴 것은 옥수수수염 다린 물의 이뇨효과 때문일 가능성이 큽니다.
- 맹물은 마시기 어렵다고 하셨는데 어떻게 하면 옥수수 다린 물 대신 수분 섭취를 할 수 있을까요?
- 저탄수화물 고지방식을 주변에서 하는 분이 있나요?
- 관련된 정보는 어디서 들으신 것인가요?
- 저탄수화물 고지방식을 하게 되면 몸에 어떤 효과가 생길까요?
- 박정직 님께서 저탄수화물 고지방식에 대해 조금 더 알아보시고 다음 상담 때 같이 이야기 나누어 보면 어떨까요?

STEP 4. 영양중재 기록

사례자의 영양중재 내용을 서식지에 기록한 예는 다음과 같다.

영양중재		
영양처방 : 2,200kcal		
□ 식품/영양소 제공　　■ 영양교육　　■ 영양상담　　□ 타분야 협의		
영양문제	**중재 내용**	**영양중재 목표**
탄수화물 섭취 과다	1일 섭취량 교육(1끼 식사 및 간식 섭취량) 외식, 간식 섭취 시 탄수화물 줄이는 요령 교육 영양표시 활용법 교육	곡류군 1일 섭취량 11교환 이내 탄수화물 에너지비 < 60%
비만	올바른 식사 방법 교육 올바른 운동 방법 교육	표준체중비율 < 120% 섭취에너지 < 2,200kcal 운동 1회 30분, > 3회/주
제공 교육자료	무엇을 얼마나 먹을까요 (리플렛) 외식, 간식 이렇게 선택해요 (동영상 링크) 생활 기록지(식사/운동 일기장, 습관 바꾸기 기록용지) (팜플렛)	
추후상담일정	2주 후 외래 방문 시	

4) 영양모니터링 및 평가

2주 후 재방문한 사례자의 의무기록을 검토하여 다음과 같은 결과를 얻었다.

신장 : 165cm, 체중 : 71kg, 체지방율 25%, 허리둘레 92cm
혈액검사 결과 : (6/18)
   총콜레스테롤 190mg/dL, 중성지방 240mg/dL, HDL 42mg/dL, LDL 100mg/dL
   공복혈당 92mg/dL
혈압 : 129/80mmHg

STEP 1. 영양재판정 및 영양모니터링

영양재판정은 사례자가 영양중재를 어느 정도 실천했는지 확인하고 인지, 심리, 행동 변화를 파악하는 영양모니터링을 실시하면서 새로운 영양문제가 생겼는지 파악하는 과정이다. 영양중재 목표를 달성하지 못했더라도 변화가 생겼거나 변화를 시도한 노력이 있었다면 적극적으로 지지해준다. 목표를 달성하지 못한 부분에 대한 지적이나 비판은 하지 않고 목표 달성을 방해하는 요소 및 상황에 대해 사례자 스스로 찾아보도록 한다. 반대로 목표를 달성한 경우 성공할 수 있었던 요인에 대해 스스로 말하게 하고 긍정적인 행동이나 심리를 강화한다. 2차 면담 조사 시에 상담자가 할 수 있는 대화의 예시는 아래와 같다.

- 지난 2주동안 박정직님이 어떻게 지내셨는지 이야기를 나누었으면 합니다.
- 지난 상담 때에 식사량을 줄이고 운동량을 늘리는 목표를 세우셨는데 어떠셨나요?
- 기록해 오신 생활 기록지를 같이 검토해 볼까요?
- 실천하기 어려웠던 점이나 어려웠던 상황이 있으셨나요?

면담 조사를 통해 파악한 사례자의 영양재판정 기록 예시는 다음과 같다.

이름 : 박정직	성별/나이 : 남자/37세	상담횟수 : 2차	

영양판정	
신체계측 자료	신장 _165_ cm, 체중 _71_ kg, 표준체중 _60_ kg, 평소체중 _75_ kg, 표준체중비율[a1] _118_%, BMI _26.1_ kg/m², 체지방율 _25_%, 체중변화 −2kg/2주, 체지방율 _25_%, 허리둘레 _92_ cm
생화학적 자료 의학적 검사 자료	검사결과 : (6/18) 총콜레스테롤 190mg/dL, 중성지방 240mg/dL, HDL 42mg/dL, LDL 100mg/dL, 공복혈당 92mg/dL
영양관련 신체검사 자료	소화기 관련 증상 : (−) 활력 징후 : 혈압 129/80mmHg
식품/영양소와 관련된 식사력	식사처방 및 식사관련 경험 및 환경 : 06/05 1차 영양상담 식품 및 수분/음료 섭취: − 1일 3끼 : 아침 집에서 점심 저녁 구내 식당 − 밥량[b1] 아침(잡곡) 3교환, 점심 저녁 각 4교환 섭취 − 반찬[l] 국과 김치 및 반찬 2~3가지(채소 섭취량 1일 8교환), 어육류군으로 매끼 2교환 내외 섭취 − 라면 더 이상 안 먹지만, 빵은[b1] 매일 1개 정도 먹음. 안먹으려 했지만 프로그램 하다 잘 안풀리면 주전부리가 생각남. 과일 어머니가 매일 생과일 싸주심(2교환). 유제품 하루 1개 정도 섭취 − 커피 : 흐리게 블랙으로 하루 3잔 에너지 및 영양소 섭취량 에너지[c] _2,310_ kcal, C[b2]:P:F ratio = _62:16:22_ 탄수화물 _357_ g, 단백질 _96_ g, 지방 _56_ g 지식/신념/태도[e] : 옥수수수염 다린 물 더이상 안마심. 저탄수화물 고지방식 식단에 대해 알아보았더니 매일 그렇게 먹기는 어려울 것 같음 영양보충제, 건강기능식품 등[f] : 유산균, 비타민 워터(비타민 보충 위해) 알코올섭취 및 흡연 : (−) 신체적 활동[e] : 저활동적. 1회 30분 주 4회 걷기
영양필요량 :	에너지 _1,800_ kcal (기준체중 60kg, 산출근거 30kcal/kg) 단백질 _90_ g (기준체중 60kg, 산출근거 1.5g/kg)

영양모니터링의 평가 기준은 이전에 수립한 영양중재 목표이다. 본 사례에서와 같이 일부 상황(비만, 중성지방 검사 결과 이상)의 문제가 완전히 해결된 것은 아니지만, 이는 이전 영양상담의 목표가 아니었고, 이러한 문제를 해결하기 위한 중재목표 재설정은 영양모니터링 결과와 사례자의 의견에 따라 결정한다. 본 사례의 영양모니터링 및 영양재판정 결과를 요약하면 다음과 같다.

모니터링 및 재판정 결과		
판정 기준		판정 기준 근거
체중 감소 목표 달성	[a1] < 120%	상담 1차시 중재 목표 및 체중 비교
탄수화물 섭취 목표 미달성	[b1] 곡류군 1일 11교환 [b2] 탄수화물 에너지섭취 비율 < 60%	상담 1차시 중재 목표
에너지 섭취 과다 목표 미달성	[c] 에너지 중재 목표 2,200kcal/일	
신체활동 목표 달성	[d] 운동 1회 30분 내외, > 3회/주	
식품 및 영양에 대한 태도 변화	[e] 저탄수화물 고지방식사에 대한 부정적 반응 보임	–
식품/영양 관련 지식 부족	[f] 비타민 보충 위한 비타민 워터 섭취	–

이전의 영양중재 목표 중 일부는 달성이 되었으나 일부는 미달성 상태이다. 이 중 에너지 섭취 과다에 대해서는 신중하게 평가하여야 한다. 식사력 조사 시 수집·평가되는 식사섭취량은 정확하게 개인의 식사량을 측정한 값이 아니므로 기타 다른 자료(체중 등)를 고려하여 평가한다. 본 사례와 같이 목표량과 100kcal 정도 차이나는 경우에는 신중한 평가가 필요하며 상담 시 에너지 섭취량 보다는 식사의 내용에 중점을 두고 피드백 하는 것이 바람직하다. 본 사례의 영양모니터링 결과를 서직지에 기록한 예는 다음과 같다.

영양 모니터링 및 평가		
모니터링 목표	결과(목표 달성의 장애 요인)	목표 달성 여부
곡류군 1일 섭취 11교환 탄수화물 에너지 비 < 60%	곡류군 섭취 1일 15 → 13교환 탄수화물 에너지 비 64% → 62% (업무 상황 시 간식 섭취 촉진 요인 발생)	☐ 목표달성 ■ 목표 일부 달성 ☐ 상태 불변 ☐ 부정적 결과 도출
1일 에너지 섭취 ≤ 2,200kcal	1일 에너지 섭취 약 2,300kcal 내외로 감소 (간식 섭취가 섭취 기준보다 많음)	☐ 목표달성 ■ 목표 일부 달성 ☐ 상태 불변 ☐ 부정적 결과 도출

(계속)

모니터링 목표	결과(목표 달성의 장애 요인)	목표 달성 여부
표준체중비율 < 120%	표준 체중비율 118%	■ 목표달성 □ 목표 일부 달성 □ 상태 불변 □ 부정적 결과 도출
운동 1회 30분 > 3회/주	운동 1회 30분, 4회/주 걷기	■ 목표달성 □ 목표 일부 달성 □ 상태 불변 □ 부정적 결과 도출

STEP 2. 영양문제 재진단

사례 사례자의 영양모니터링 및 영양재판정 결과에 근거하여 영양문제를 재진단한 예는 다음과 같다. 이들 영양문제에서 어떤 것을 가장 우선적으로 해결할 것인가에 대해서는 1차 상담 때와 마찬가지로 영양상담을 통해 사례자와 협의하여 중재계획 수립에 반영한다.

영양진단		
문제	원인	징후/증상
탄수화물 섭취 과다	간식으로 섭취하는 탄수화물 많음	곡류군 1일 섭취량 13교환 (목표 11교환) 탄수화물 에너지 비 62% (목표 < 60%) 혈중 중성지방 240mg/dL (기준 < 200mg/dL)
과체중	에너지섭취 과다	표준체중비율 118% (기준 ≤ 110%) 1일 섭취 에너지 ≒ 2,300kcal (필요량 1,800kcal) 주 운동시간 40~60분(기준 1회 45~60분 주 5회 이상)
식품/영양 지식 부족	건강한 식생활에 대한 지식 부족	비타민 섭취 위해 비타민 워터 마심

STEP 3. 영양중재 목표 재설정 및 수행

1차 상담 때와 마찬가지로 구체적이고 실천 가능한 영양중재 목표를 정하도록 사례자와 협의한다. 본 사례자의 경우 1차 상담의 에너지 섭취 목표를 달성하지는 못했지만 목표량과 큰 차이가 있는 것은 아니므로 섭취량 목표 조정에 대한 사례자의 의견 확인이 필요하다.

탄수화물 섭취량 목표 달성이 간식으로 섭취하는 탄수화물 때문에 어려웠다면 각 식품군의 제공량을 변경하여(탄수화물 1교환 → 지방군 2교환) 간식으로 배분하는 것을 협의하거나 탄수화물 교환단위에 활용에 대한 교육을 실시하는 등 사례자의 상황에 맞는 다양한 중재방안을 고려해 볼 수 있다.

체중에 대해서는 1차 상담을 통해 중재 목표를 달성했으나 현재도 과체중 상태이므로 2차 영양상담을 통해 최종 목표 체중을 정하고 이를 달성하기 위한 단계적 목표와 구체적인 실천 방안을 사례자와 논의한다. 운동 시간 역시 1차 상담시의 목표를 달성하였으나 전문기관에서 권고하는 체중 조절을 위한 운동 시간 기준이 '1회 45~60분 주 5회 이상'이므로 이를 달성하기 위한 단계적 목표에 대해 사례자와 논의한다.

또한 저탄수화물 고지방식에 대한 사례자의 태도 변화에 대해 지지해주고 저탄수화물 고지방식의 잇점과 단점에 대해 과학적 근거를 제시한다. 사례자가 비타민 보충을 위해 비타민 워터를 섭취하는 등 건강을 위한 정보를 지속적으로 습득하고 실천하는 태도를 보이고 있으므로 식품·영양에 관한 신뢰할만한 정보를 얻을 수 있는 웹사이트 등에 대한 교육도 필요하다.

2차 상담 후 사례자의 영양중재 기록 예시는 다음과 같다.

영양중재		
영양처방 : 2,200kcal		
■ 식품/영양소 제공 ■ 영양교육 ■ 영양상담 □ 타분야 협의		
영양문제	중재 내용	영양중재 목표
탄수화물 섭취 과다	1끼 섭취량 조정 : 식사(조:중:석 = 3교환:4교환:3교환) : 간식 견과류 2교환, 곡류군 1교환, 　우유군 1교환, 과일군 2교환	곡류군 1일 섭취 11교환 탄수화물 에너지비 < 60%
과체중	일상 생활 속 활동량 늘리기 운동 종류별 운동 효과 교육	표준체중비율 < 113% 섭취에너지 < 2,200kcal 운동 1회 45분, > 3회/주
제공 교육자료	무엇을 얼마나 먹을까요 (리플렛) 생활 기록지(식사/운동 일기장, 습관 바꾸기 기록용지) (팜플렛)	
추후상담일정	4주 후 외래 방문 시	

이후 상담의 진행은 앞서 예시를 들은 바와 같이 사례자가 최종목표를 달성할 때까지 영양관리과정의 형식을 적용하여 영양상담을 진행한다.

내담자의 영양문제를 해결하는 핵심 과정은 영양상담이며 영양관리과정(NCP)은 영양상담을 수행하기 위한 도구일 뿐이지만 이를 영양상담 과정에 적용하면 영양상담의 질과 효과를 높일 수 있다. 영양교육이나 상담시 영양관리과정(NCP)을 이용하여 체계적으로 진행하고 이를 기록으로 남기면 객관적 자료를 통한 타 분야 전문가와의 소통도 가능해지므로 영양관리과정(NCP)을 잘 숙지하여 영양교육이나 상담에 활용하도록 하자.

| 이름 : | (병록번호 : ○ ○ ○ ○ ○ ○ ○ ○) | 성별/나이 |

【1차 방문일】 _____

영양판정	
영양관련 개인력	• 주진단 및 주증상 : • 병력 : • 약물처방 : • 기타 특이사항 :
신체계측	Ht _____cm, Wt _____kg, IBW _____kg, PIBW _____%, BMI _____kg/m², Usual Wt _____kg, Wt change _____kg(%)/기간: _____ TSF _____mm(%ile), MAC _____mm, MAMC _____cm(%ile) Body fat _____kg(%), Waist circumference _____cm
생화학적 자료, 의학적 검사와 처치	Labs : (일시)
영양관련 신체 검사 자료	• 소화기 관련 증상 : • 활력 징후 : • 기타 :
식품/영양소와 관련된 식사력	• 식사처방 및 식사 관련 경험 및 환경 • 식품 및 수분/음료 섭취 • 에너지 및 영양소 섭취량 ┌─────────────────────────────────┐ 에너지 _____kcal, C:P:F ratio = _____ 단백질 _____g, 당질 _____g, 지방 _____g └─────────────────────────────────┘ • 지식/신념/태도 : • 약물과 약용 식물 보충제, 생리활성물질 : • 알코올 섭취 및 흡연 : • 신체적 활동 및 기능 :
영양필요량	에너지 _____kcal, (기준체중 , 산출근거) 단백질 _____g (기준체중 , 산출근거)

(계속)

그림 11-4 영양상담 기록지의 예

영양진단		
문제	**원인**	**징후/증상**

영양중재			
영양처방			
영양중재	☐ 식품/영양소 제공 ☐ 영양교육 ☐ 영양상담 ☐ 다분야 협의		
	영양진단	**중재내용**	**목표/기대효과**
제공 교육자료			
Follow up 일정			

(계속)

그림 **11-4** 영양상담 기록지의 예

【2차 방문일】 _____

영양판정	
신체계측	Ht _____cm, Wt _____kg, IBW _____kg, PIBW _____%, BMI _____kg/m², Usual Wt _____kg, Wt change _____kg(%)/기간: _____ TSF _____mm(%ile), MAC _____mm, MAMC _____cm(%ile) Body fat _____kg(%), Waist circumference _____cm
생화학적 자료, 의학적 검사와 처치	Labs : (일시)
영양관련 신체 검사 자료	• 소화기 관련 증상 : • 활력 징후 : • 기타 :
식품/영양소와 관련된 식사력	• 식사처방 및 식사 관련 경험 및 환경 • 식품 및 수분/음료 섭취 • 에너지 및 영양소 섭취량 에너지 _____kcal, C:P:F ratio = _____ 단백질 _____g, 당질 _____g, 지방 _____g • 지식/신념/태도 : • 약물과 약용 식물 보충제, 생리활성물질 : • 알코올 섭취 및 흡연 : • 신체적 활동 및 기능 :
영양필요량	에너지 _____kcal, (기준체중 , 산출근거) 단백질 _____g (기준체중 , 산출근거)

(계속)

그림 **11-4** 영양상담 기록지의 예

영양 모니터링 및 평가		
모니터링 목표	결과(목표 달성의 장애 요인)	목표 달성 여부
		☐ 목표 달성 ☐ 목표 일부 달성 ☐ 상태 불변 ☐ 부정적 결과 도출

영양진단		
문제	원인	징후/증상

영양중재			
영양처방			
영양중재	☐ 식품/영양소 제공　　☐ 영양교육　　☐ 영양상담　　☐ 다분야 협의		
	영양진단	중재내용	목표/기대효과
제공 교육자료			
Follow up 일정			

그림 **11-4** 영양상담 기록지의 예

ACTIVITY

활동 1

1-1. 영양관리과정의 4단계는 무엇인가요?

1-2. 본인을 대상으로 영양판정의 5가지 영역의 자료를 수집하고 영양판정을 실시해보세요.

1-3. 2의 영양판정 결과를 근거로 본인의 영양문제를 진단해 보세요. 가장 우선적으로 해결하고 싶은 문제는 무엇인가요? 해당 영양문제의 원인과 징후/증상에 대해 생각해보고 영양진단문을 작성해보세요.

1-4. 3의 영양진단을 토대로 영양처방을 하고 영양처방에 맞는 식생활 계획을 세워보세요. 식생활 계획을 잘 실천했을 때 3의 영양진단에서 찾은 징후/증상에는 어떤 변화가 생길까요?

1-5. 4에서 생각한 변화의 내용을 중재 목표로 삼고 식생활 계획을 실천하기 위한 구체적인 중재방법을 생각해 보세요. 중재방법을 결정한 후 영양중재 서식지에 기록해보세요.

1-6. 어느 정도 기간이면 변화를 확인할 수 있을까요? 정한 기한 뒤에 수립한 중재목표가 달성되었는지 확인하고 성공했다면 성공한 비결을 실패했다면 목표 달성 장애요인을 생각해보세요.

1-7. 위의 과정을 주변에 영양문제가 있는 사람을 대상으로 적용해보세요.

PART

4

영양교육의
실제

CHAPTER 12

생애주기별 영양교육 :
영유아, 어린이 및 청소년

학습목표

- 영유아 교육의 원리와 방법에 대해 설명할 수 있다.
- 신뢰할 수 있는 기관에서 개발된 영유아, 어린이 및 청소년 영양교육 프로그램 및 자료를 활용할 수 있다.
- 영유아, 어린이 및 청소년 영양교육의 주요 주제에 대한 교수학습지도안을 작성할 수 있다.

1. 영유아 영양교육

어린 시절의 균형 잡힌 영양은 정상적인 성장과 발달에 필수적이며 평생 건강에 영향을 미친다. 따라서 빈혈, 성장지연, 저체중 등 영양 부족으로 인한 문제와 영양불균형으로 인한 비만이나 성인병을 예방하는 것은 국민건강수준을 높이는 데에도 중요한 역할을 한다.

유아기 때부터 건강한 식환경을 형성하고 발달단계에 맞는 영양교육을 제공하는 것은 좋은 식습관을 형성하고 유지할 수 있는 기초가 되며, 이는 국가의 장래를 위한 매우 효율적인 투자라 할 수 있다.

식품에 대한 자극이 많은 현대 사회에서는 양호한 영양상태를 갖추는 것은 본능적인 식욕과 기호에 따라 만족을 추구할 때 저절로 얻어지기는 어려우며, 태어나면서부터 어떤 식품을 어떻게 먹을지에 대해 배워나가는 것이 필요하다. 즉, 사람은 건강한 식품을 선택할 수 있는 능력을 타고나는 것이 아니며 경험과 교육을 통해 식습관을 형성하는 것이므로 어린 시기부터 적절한 교육이 이루어질 필요가 있다. 식습관 뿐 아니라 식품과 식생활에 대한 가치 형성도 유아기에 이루어지며 이렇게 형성된 습관이나 가치관은 사람의 일생을 통하여 쉽게 바뀌지 않고 개인의 성격이나 정서적·지적 발달, 사회생활, 대인관계 등에까지 영향을 미치게 된다. 따라서 어린 시기부터 영양교육이 이루어져야 한다는 필요성이 강조되고 있다.

1) 영유아 영양교육의 내용: 무엇을 교육할 것인가?

(1) 국가수준의 영유아 교육과정의 이해: 누리과정 및 표준보육과정

영유아 대상으로 영양교육을 하는 경우 어린이집이나 유치원 같은 영유아 시설에 방문하여 교육을 하는 경우가 많다. 국가에서는 어린이집이나 유치원에 다니는 영유아의 교육과정을 제정하여 어느 시설을 가더라도 표준교육을 받을 수 있도록 하고 있다. 영양교육을 하는 것이 유치원 교사나 보육교사로 어린이의 모든 교육을 담당하는 것이 아니라고 하더라도, 영유아 대상 교육을 담당하는 이상 영유아의 표준교육과정을 이해할 필요가 있다. 우리나라의 영유아 시설은 보건복지부에서 관리하고 있는 어린이집, 그리고 교육부에서 관리하고 있는 유치원으로

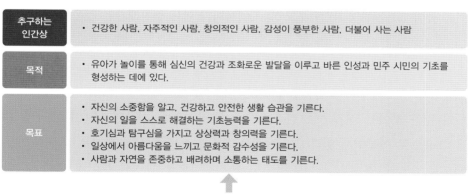

추구하는 인간상	• 건강한 사람, 자주적인 사람, 창의적인 사람, 감성이 풍부한 사람, 더불어 사는 사람
목적	• 유아가 놀이를 통해 심신의 건강과 조화로운 발달을 이루고 바른 인성과 민주 시민의 기초를 형성하는 데에 있다.
목표	• 자신의 소중함을 알고, 건강하고 안전한 생활 습관을 기른다. • 자신의 일을 스스로 해결하는 기초능력을 기른다. • 호기심과 탐구심을 가지고 상상력과 창의력을 기른다. • 일상에서 아름다움을 느끼고 문화적 감수성을 기른다. • 사람과 자연을 존중하고 배려하며 소통하는 태도를 기른다.

놀이, 일상생활, 활동

누리과정 영역	신체운동·건강	의사소통	사회관계	예술경험	자연탐구
영역별 목표	실내외에서 신체활동을 즐기고, 건강하고 안전한 생활을 한다.	일상생활에 필요한 의사소통 능력과 상상력을 기른다.	자신을 존중하고 더불어 생활하는 태도를 가진다.	아름다움과 예술에 관심을 가지고 창의적 표현을 즐긴다.	탐구하는 과정을 즐기고, 자연과 더불어 살아가는 태도를 가진다.

그림 **12-1**
2019년 개정 누리과정 및 누리과정 영역

자료 : 교육부, 보건복지부, 2019 개정 누리과정 해설서

나눌 수 있다. 담당 부처가 다르다보니 과거에는 어린이집의 교육과정인 표준보육과정과 유치원의 교육과정으로 이원화되어 있었다. 그러나 2011년 처음으로 어린이집과 유치원의 공통 교육과정인 '누리과정'을 제정하였다. **누리과정은 유아를 위한 국가 수준의 공통 교육과정**으로 처음에는 5세 누리과정만 제정이 되었지만 점차 확대하여 '3~5세 누리과정'을 제정하여 고시하고 있다.

2019년에 '개정 누리과정'이 고시되었는데, 이는 2017년 교육부에서 발표한 '유아 교육 혁신방안'에서 주요 내용으로 '유아가 중심이 되는 놀이 위주의 교육과정 개편'이 명시되었다는 점을 반영하여 고시한 것이다. 영유아의 교육과정에서 유아 주도의 '놀이'를 강조하고 있다는 점은 영양교육 내용 구성과 방법에서도 시사하는 바가 크다고 볼 수 있다.

2019년 개정 누리과정은 다음과 같은 성격을 가지고 있다.

- 국가 수준의 공통성과 지역, 기관 및 개인 수준의 다양성을 동시에 추구한다.
- 유아의 전인적 발달과 행복을 추구한다.
- 유아 중심과 놀이 중심을 추구한다.
- 유아의 자율성과 창의성 신장을 추구한다.
- 유아, 교사, 원장(감), 학부모 및 지역사회가 함께 실현해가는 것을 추구한다.

3~5세 누리과정은 5가지 목표를 바탕으로 **신체운동·건강, 의사소통, 사회관계, 예술경험, 자연탐구의 5가지 영역**으로 이루어져 있다. 그 중 영양교육과 가장 관련이 많은 분야는 신체운동·건강 영역으로 신체운동·건강영역은 표 12-1과 같은 내용으로 이루어져 있다. 그 중에서도 '몸에 좋은 음식에 관심을 가지고 바른 태도로 즐겁게 먹는다' 등이 영양교육과 직접적으로 관련된 분야라고 할 수 있다. 여기에서 영양소를 이해한다거나 영양적 지식 혹은 식품군을 익히는 내용이 아닌 '관심을 가지고', '바른 태도', '즐겁게 먹는다' 등으로 기술되어 있는 것을 눈여겨 볼 필요가 있다. 유아에게 영양교육을 준비하고 시행할 때에도 어떠한 지식을 알려주는 것이 아닌, 관심을 갖도록 하고 즐겁게 먹도록 하기 위해 놀이 위주로 접근할 필요가 있다는 것을 시사한다. 또한 영양교육과 가장 관련이 깊은 것은 신체운동·건강 영역이지만, 유아의 교육은 여러 분야의 통합 교육이 바람직하다는 것을 생각했을 때, 단지 건강교육에서 끝나는 것이 아닌 예술경험 영역, 자

표 **12-1** 누리과정 신체운동·건강영역 내용

내용범주	내용
신체활동 즐기기	신체를 인식하고 움직인다.
	신체 움직임을 조절한다.
	기초적인 이동운동, 제자리 운동, 도구를 이용한 운동을 한다.
	실내외 신체활동에 자발적으로 참여한다.
건강하게 생활하기	자신의 몸과 주변을 깨끗이 한다.
	몸에 좋은 음식에 관심을 가지고 바른 태도로 즐겁게 먹는다.
	하루 일과에서 적당한 휴식을 취한다.
	질병을 예방하는 방법을 알고 실천한다.
안전하게 생활하기	일상에서 안전하게 놀이하고 생활한다.
	TV, 컴퓨터, 스마트폰 등을 바르게 사용한다.
	교통안전 규칙을 지킨다.
	안전사고, 화재, 재난, 학대, 유괴 등에 대처하는 방법을 경험한다.

자료 : 교육부, 보건복지부. 2019개정 누리과정 해설서

연탐구 영역, 의사소통 영역 등 다른 영역과 통합한 교육이 되도록 고려할 필요가 있다.

유아의 경험을 바탕으로 하는, 유아 주도의 놀이 중심의 활동을 강조하는 개정된 누리과정에서는 그림 12-2와 같이 생활 속에서 자연스럽게 활동이 이루어지도록 하는 교육을 추구하고 있다.

보건복지부에서는 누리과정 외에 **어린이집을 위한 표준교육과정**을 고시하고 있는데, 이 표준교육과정의 대상은 0~5세이지만 그 중 3~5세는 공통 누리과정을 적용하고 0~2세에 대한 표준교육과정을 개발하여 고시하고 있다. **0~2세 보육과정 목표**는 다음과 같다.

- 자신의 소중함을 알고, 건강하고 안전한 환경에서 즐겁게 생활한다.
- 자신의 일을 스스로 하고자 한다.
- 호기심을 가지고 탐색하며 상상력을 기른다.
- 일상에서 아름다움에 관심을 가지고 감성을 기른다.

내용범주 : 건강하게 생활하기

목표	건강한 생활습관을 기른다.
내용	• 자신의 몸과 주변을 깨끗이 한다. • 몸에 좋은 음식에 관심을 가지고 바른 태도로 즐겁게 먹는다. • 하루 일과에서 적당한 휴식을 취한다. • 질병을 예방하는 방법을 알고 실천한다.

내용 이해	유아 경험의 실제
자신의 몸과 주변을 깨끗이 한다. 유아가 손을 씻고 이를 닦는 등 몸을 깨끗이하는 적절한 방법을 알고 실천하며, 자기 주변을 깨끗하게 정리정돈하는 내용이다. **몸에 좋은 음식에 관심을 가지고 바른 태도로 즐겁게 먹는다.** 유아가 몸을 건강하게 하는 음식에 관심을 가지고, 음식을 소중히 여기며, 제자리에 앉아서 골고루 즐겁게 먹는 내용이다.	시금치무침 요리 활동 중에, 교사는 유아가 데친 시금치를 맛보고 싶다고 하여 맛보게 한다. 유아들이 "맛있어?", "맛없지?", "난 시금치 안 좋아해. 안 먹을래."라고 말하며 인상을 찌푸린다. 교사가 "시금치에 양념 옷을 입혀 맛있게 변신시켜 줄까?"하고 말한 후, 유아들에게 직접 깨소금, 참기름 등의 여러 양념을 넣고 손으로 무쳐 보게 한다. 유아들은 "우와! 좋은 냄새 난다.", "맛있겠다!", "저도 주세요."라고 말한다. 

그림 **12-2**
누리과정 건강하게
생활하기 영역의
유아경험의 실제

자료 : 교육부, 보건복지부, 2019개정 누리과정 해설서

• 사람과 자연을 존중하고 소통하는 데 관심을 가진다.

0~1세 보육과정과 2세 보육과정은 기본생활, 신체운동, 의사소통, 사회관계, 예술경험, 자연탐구의 6개 영역을 중심으로 구성되어 있으며, 식생활과 관련된 내용은 기본생활 영역이라고 볼 수 있다. 여기서도 0~1세는 '음식을 즐겁게 먹는다', 2세는 '음식에 관심을 가지고 즐겁게 먹는다'라고 기술되어 있으며 0~1세는 건강하고 안전한 일상생활을 '경험한다', 그리고 2세는 건강하고 안전한 생활습관의

'기초를 형성한다'는 것을 목표로 하는 것을 볼 수 있다. 표준보육과정은 0~5세가 경험해야 할 내용 위주로 구성되어 있으며, 영유아는 개별적인 특성을 지닌 고유한 존재임을 전제로 하여 영유아의 발달과 장애정도에 따라 조정하여 운영하도록 하고 있다.

목표

	0~1세	건강하고 안전한 일상생활을 경험한다.	2세	건강하고 안전한 생활습관의 기초를 형성한다.
		1) 건강한 일상생활을 경험한다. 2) 안전한 일상생활을 경험한다.		1) 건강한 생활습관의 기초를 형성한다. 2) 안전한 생활습관의 기초를 형성한다.

내용

내용범주	0~1세	2세
건강하게 생활하기	• 도움을 받아 몸을 깨끗이 한다. • 음식을 즐겁게 먹는다. • 하루 일과를 편안하게 경험한다. • 배변 의사를 표현한다.	• 자신의 몸을 깨끗이 해 본다. • 음식에 관심을 가지고 즐겁게 먹는다. • 하루 일과를 즐겁게 경험한다. • 건강한 배변 습관을 갖는다.
안전하게 생활하기	• 안전한 상황에서 놀이하고 생활한다. • 안전한 상황에서 교통수단을 이용해 본다. • 위험하다는 말에 주의한다.	• 일상에서 안전하게 놀이하고 생활한다. • 교통수단을 안전하게 이용해 본다. • 위험한 상황에 대처하는 방법을 경험한다.

그림 12-3
보건복지부의
어린이집을 위한
표준보육과정−
기본생활 영역

자료 : 보건복지부, 육아종합지원센터. 제4차 어린이집 표준보육과정−0~1세 보육과정/2세 보육과정 리플렛

(2) 영유아 영양교육의 목표와 내용

① 교육목표

어린 시기부터 건강한 식습관을 형성할 수 있도록 학령기 이전 유아에게 적절한 영양교육의 기회를 제공하는 것이 중요하다. 누리과정에서 식생활 관련한 내용으로 '몸에 좋은 음식에 관심을 가지고 바른 태도로 즐겁게 먹는다'라고 표현하고 있는데, 이것이 영유아 영양교육의 주요 교육목표라고도 할 수 있다. 영유아를 대상으로 하는 영양교육의 궁극적인 목표를 세분하여 보면 일반적으로 다음과 같이 정리될 수 있다.

- 건강에 좋은 다양한 종류의 식품을 골고루 먹는다. 특히 채소와 과일을 골고루 먹는다.
- 식사시간과 간식시간에 음식을 즐겁게 먹는다.
- 싱겁게 먹기, 단 간식을 많이 먹지 않기, 아침밥 먹기 등 건강한 식습관을 갖는다.

- 몸에 좋은 음식에 대해 관심을 갖는다.
- 식품과 건강의 관계에 대해 이해한다.
- 손 씻기 등 건강을 위한 위생 습관을 갖는다.
- 바람직한 식사예절을 갖는다.

② **교육내용**

영유아기의 영양문제 및 식습관 문제와 주요 교육내용은 표 12-2와 같다. 영유아기에는 성장지연, 저체중, 빈혈, 비만 등과 같은 건강문제나 이유식의 부적절한 섭취, 영양섭취불균형과 같은 영양섭취의 문제 또는 편식, 스스로 먹지 않거나 식사태도가 좋지 않은 등의 식행동의 문제, 위생습관의 문제나 식품알레르기 등이 있을 수 있다. 성인과는 다르게 학동기 이전의 영유아의 경우 이러한 영양문제를 직접적으로 교육내용으로 다루기보다는 어린이들이 다양한 식품에 관심을 갖고 친

표 **12-2** 영유아기 영양문제 및 주요 교육내용

주요 영양문제 및 식습관 문제	영유아 대상 주요 교육내용
저체중아, 과체중아 출생	편식예방: 골고루 먹기, 채소와 과일에 친숙해지기, 식품이야기, 푸드브릿지, 미각교육 (단면보고 이름맞추기, 채소 도장찍기, 채소 노래, 채소과일 탐색 오감체험, 채소 그림 그리기, 채소 요리활동, 벼 이야기 등) 건강한 간식: 단 간식 줄이기 식사예절 및 식사태도
성장장애, 성장지연	
저체중	
빈혈	
비만	
부적절한 이유식 섭취	
영양섭취불균형	
식행동 문제 – 편식, 식사태도, 스스로 먹지 않음, 단 간식 과다섭취 등	
위생, 안전 습관	손씻기, 이닦기 안전교육: 부엌/조리실에 들어가지 않기 안전한 식품 고르기
식품알레르기	식품알레르기가 있는 어린이에 대한 교육 식품알레르기가 있는 어린이의 반 친구들에 대한 교육

숙해질 수 있도록 하는 기회를 제공함으로써 궁극적으로 골고루 먹을 수 있도록 유도하는 것이 바람직하다. 이를 위해 식품이야기, 미각교육, 푸드브릿지, 채소 과 일 탐색 등 다양한 접근을 통한 편식예방교육이 시도되고 있으며, 그와 함께 건강 한 식습관과 위생습관을 형성할 수 있도록 하는 교육이 영유아 대상 영양교육의 주요 내용이라 할 수 있다.

2) 영유아 교수학습 방법 : 어떻게 교육할 것인가?

(1) 영유아 교수학습의 원리

영유아는 **논리를 통해 배우는 것이 아닌, 생활 속에서 자연스럽게 배우고 반복을 통해 습관으로 정착되는 것이 중요**하므로 성인을 대상으로 하는 영양교육처럼 논 리적인 설명을 통해 진행한다면 성공적인 교육이 되기 어렵다. 따라서 영유아 교 수학습의 원리를 이해할 필요가 있다.

| 놀이 중심의 원리 | 흥미 및 자발성의 원리 | 개별화 및 다양성의 원리 | 구체성의 원리 |
| 생활 중심의 원리 | 통합의 원리 | 탐구의 원리 | 사회화의 원리 |

그림 **12-4**
영유아 교수학습 원리

① 놀이 중심의 원리

영유아들에게 무엇인가를 설명하고 가르쳐 알게 하는 것보다는 자연스럽게 좋아 하게 하는 것, 더 나아가서는 이를 즐길 수 있도록 하는 것이 가장 바람직하며, 놀이는 영유아가 자연스럽게 좋아하고 즐길 수 있도록 해준다. 채소가 왜 좋은지 가르치기보다는 놀이를 통해 채소와 친숙해지고 좋아지게 되면 그것이 가장 효 과적인 교육이 될 것이다. 놀이는 인위적으로 억지로 지식이나 가치를 전달하지 않으며, 안전하며 재미있고 즐거운 것이며, 이러한 놀이를 통한 학습이 영유아 영 양교육의 목표를 달성하기에 가장 효과적이라 할 수 있다.

② 흥미 및 자발성의 원리

영유아가 흥미를 가지고 교육에 참여할 수 있도록 하여야 하는데, 그러기 위해서는 유아의 의사를 존중하고 최대한 반영하며 자발적으로 활동에 참여할 수 있도록 하는 것이 중요하다. 교육자가 교육을 잘 이끌어갈 수 있어야 하지만 교육의 중심이 교육자가 아닌 영유아에 있도록 진행하여야 한다. 영양교육에서 어린이가 좋아하는 노래나 동화 등을 활용하는 것은 영유아의 흥미도를 높일 수 있다. 가정에서도 상 차리기, 간단한 조리, 수저 놓기 등 식사 준비에 참여하게 하는 것은 식사시간에 대해 더욱 긍정적인 태도를 형성하는 데에 도움이 될 수 있다.

③ 개별화 및 다양성의 원리

개별 영유아의 발달수준과 개성과 상황에 맞게 교육이 이루어질 수 있도록 하여야 한다. 이를 위해서는 다양한 방식의 교육과 매체와 활동으로 개별 영유아들이 자신만의 방법과 속도에 따라 참여하며 성장할 수 있도록 구성하여야 한다. 특히 0~2세 영유아의 경우 모든 영유아를 인위적으로 한자리에 앉도록 하는 대집단 교육은 바람직하지 않으며, 개별 영유아가 자연스럽게 다양한 방법으로 참여할 수 있도록 교육하는 것을 원칙으로 하고 있다. 보육시설에 영양사가 방문하여 교육을 하는 경우 이러한 원칙을 적용하는 데에 제한점은 있으나 보육시설 교사와의 사전협의를 통해서 영유아들이 자신만의 방법으로 참여할 수 있도록 유도하고 협조를 구하는 것이 필요하다.

④ 구체성의 원리

영유아는 추상적인 개념을 이해하기 어렵고 주로 시각, 청각, 후각, 촉각, 미각의 오감을 통해 관찰하고 탐색함으로서 배우게 된다. 따라서 기호나 상징을 통한 추상적인 학습보다 구체적인 사물을 만지고 살펴보고 냄새 맡고 먹어보며 들어보는, 직접 경험할 수 있도록 하는 구체적인 학습이 되도록 하는 것이 필요하다. 말과 글보다는 그림을, 그림보다는 영상이나 모형을, 모형보다는 실물을 활용한다면 더 구체화된 학습을 할 수 있다. 즉, 영유아의 영양교육에서는 실제 채소, 과일 등 구체적인 실물을 많이 활용하면 좋으며, 식품에 대한 그림이나 모형 자료를 이용할 때에도 너무 단순화된 그림이나 모형은 이해하기 어려울 수 있다. 특히, 요리활동은 유아들이 재미있게 참여하는 내용으로, 이를 통해 음식에 들어가는 재료, 식품의 변화과정을 배울 수 있고 식품에 대한 친숙도를 높일 수 있다.

⑤ **생활 중심의 원리**

영유아의 일상생활과 관련이 있을 때, 영유아는 더 적극적이고 자발적으로 학습에 참여하게 되며, 실제 생활과 경험을 통해서 배울 때 교육의 효과는 커진다. 영유아를 대상으로 영양교육을 할 때 영유아의 일상에서의 경험에 대해 질문하고 이야기 나누며 진행한다면 더 의욕을 가지고 참여하도록 유도할 수 있으며, 한두 번의 교육에서 끝나는 것이 아니라 영양교육이 평상시 보육시설이나 가정에서 생활을 통한 교육으로 이어질 수 있도록 계획한다면 교육의 효과를 높일 수 있다. 보육시설에서의 급식은 자연스럽게 새로운 음식을 접할 기회를 제공하게 되며, 식사시간을 즐거운 경험으로 인식할 수 있도록 하기 위해 교사의 역할이 중요하다. 또한 먹지 않는 음식을 제거하기보다는 조리법 변화, 곁들이는 음식의 변화, 가족들이 즐겨 먹는 방법 등을 활용하여 일상생활에서 자연스럽게 식생활 교육이 이루어지도록 한다면 교육의 효과를 높일 수 있다.

⑥ **통합의 원리**

교육에서 통합의 원리는 학습의 여러 영역들이 영유아의 생활을 중심으로 연결되어 있다는 것을 말한다. 초등학교나 중고등학교에서는 각 교과목별로 수업이 이루어지지만 누리과정이나 표준보육과정은 통합교과로 운영되는데 이는 영유아의 경우 각 영역별 발달 간에 상호관련성이 높기 때문이다. 영양교육은 누리과정 중 주로 신체운동·건강 영역에 해당하지만, 자연탐구, 예술경험, 의사소통, 사회관계의 영역과 상호관련성이 높다는 점을 염두에 두고, 자연탐구, 예술경험 등 다른 영역을 함께 활용한다면 교육의 효과를 높일 수 있을 것이다.

⑦ **탐구의 원리**

영유아에 대한 교육은 영유아가 스스로 탐색해나가며 탐구할 수 있도록 하며 주도적으로 참여할 수 있도록 이루어져야 한다. 따라서 선생님의 말을 잘 듣도록 하는 것에 그치지 않고 영유아가 적극적으로 탐색할 수 있도록 교육 프로그램을 구성하고 진행하는 것이 바람직한다.

⑧ 사회화의 원리

사회화의 원리는 영유아 대상 교육에서 영유아들이 협력하고 서로 도움을 주고 나누는 상호작용을 하면서 긍정적인 사회적 관계를 형성하는 기회를 제공하는 것이라고 할 수 있다. 영유아의 발달과정에 맞게 단계적으로 함께 협력하는 활동을 구성할 수 있도록 고려하여야 한다.

(2) 영유아 영양교육에서 고려할 사항

① 영유아의 발달적 특성 이해

영유아의 영양교육을 준비할 때에는 우리가 교육할 영유아의 연령분포와 인원을 사전에 파악하고 **영유아의 발달단계에 맞게 준비**하는 것이 필요하다.

　만 0~2세 영아의 경우 감각으로 세상을 탐색하며 호기심이 많지만 하나의 활동에 오랫동안 집중하기에는 어려움이 있다. 만 0~2세의 경우 친숙한 어른과의 개별적인 상호작용으로 교육이 이루어지는 것이 바람직하며, 따라서 대집단 교육보다는 친숙한 사람에 의해 이루어지는 개별교육 혹은 소집단 교육이 더 적합하다. 이 연령층의 영아, 특히 만 1세까지는 집단적인 규칙에 대해 인식하지 못하며 **개별적인 놀이나 탐색 중심의 활동**이 적합한 단계이다. 따라서 영아의 경우 인위적으로 모여 앉도록 하여 대집단 교육을 하는 것은 권장되지 않으며, 집단 교육을 하게 되더라도 개별적으로 다른 활동이나 놀이를 하고자 하는 영아는 개별활동을 할 수 있도록 배려하여야 하며 이를 위해 사전에 협의가 필요하다.

　만 3~5세 유아의 경우 만 0~2세에 비해서는 본인이 흥미를 갖는 주제에 대해서는 더 집중할 수 있게 되며, 간단한 인과관계를 이해하게 되지만 여전히 논리적 사고는 어려운 단계이다. 만 3세의 경우 여전히 개별활동이나 소집단 활동, 오감탐색 활동이 더 적합하지만 만 5세로 갈수록 협동할 수 있는 **대집단 활동도 가능**하며, 성인의 안내에 따라 차례를 지키는 등 규칙도 이해하기 시작하지만 논리적인 이해라기보다는 단순히 모방하는 단계라고 볼 수 있다. 이 시기에는 읽고 쓰는 능력에 개인차가 있으며, 취학 전 유아이므로 글을 읽거나 쓸 수 있다고 가정하고 교육을 준비하지 않도록 유의해야 한다.

② 교육자의 태도 및 기술

영유아 교육에서 교육자의 태도는 매우 중요하며 그에 따라 영유아의 집중도나 교육의 효과는 크게 달라진다. 어른은 아이들이 듣지 않는다고 생각하거나 알아채지 못할 것이라고 생각하며 어린이들이 있는 자리에서 쉽게 교육적으로 바람직하지 않은 이야기나 행동을 하는 경우가 종종 있다. 그러나 교육자의 언어나 태도, 준비정도의 작은 차이에 의해 영유아의 태도나 정서적 발달 그리고 교육의 효과는 크게 달라질 수 있다는 점을 기억해야 한다. 영양교육을 할 때 **교육대상과의 상호작용**은 매우 중요하며 영유아에서는 특히 영유아 한 명, 한 명과 소통한다고 생각하며 진행하여야 한다. 그러기 위해 우선 교육의 전 과정에서 **유아의 눈을 마주보고** 진심으로 들여다보아야 한다. 내가 진행해야 하는 교육내용에만 집중하느라고 유아와 상호작용하지 않고 표정이 굳어있다면 바람직한 교육이 되기 어렵다. 사전에 충분히 준비하고 교육 때는 **상냥하고 따뜻한 표정**으로 영유아의 눈을 바라보며 교육을 진행할 수 있어야 한다.

영유아 교육에서 **적절한 언어**를 사용하는 것도 중요하다. 영양사로서 영유아에게 식행동과 관련한 교육을 하는 것이어도, 영유아를 대상으로 교육하는 이상 교사로서 가져야 할 교육의 기본자세를 갖추어야 한다. 영유아 교육에서 유의해야 하는 언어적 표현의 예는 다음과 같다.

- 영유아에게 교육을 할 때에는 천천히 이야기해야 한다. 성인대상 교육에서처럼 빨리 말하면 영유아는 알아듣기 어렵다.
- 정답이 아닌 것을 말했을 때에도 "그건 아니야, 틀렸어요"라는 표현을 하지 않는 것이 좋으며, 어린이들의 다양한 생각을 인정해주어야 한다.
- 부정적인 표현 대신에 긍정의 언어로 표현하는 것이 좋다. 예를 들어 "돈까스만 먹으면 안돼요"라는 표현 대신에 "돈까스 먹었으면 샐러드도 같이 먹어보자" 등으로 긍정적인 표현을 사용한다.
- 어린이에게 선택의 여지를 주어 스스로 결정할 수 있도록 범위를 제시해주는 것이 좋다. 예를 들어 "오늘 만든 샐러드는 다 먹어야 해요" 대신 "오늘 만든 샐러드 두 번 먹을까? 세 번 먹을까?" 등
- 추상적인 표현을 피하고 구체적이고 짧게 말한다. 예를 들어 "밥은 이쁘게 먹는 거예요" 대신에 "밥을 꼭꼭 씹어 먹자"

- 영유아에게 격려와 칭찬을 충분히 하는 것이 좋다. 그러나 칭찬할 때에도 적절한 방법으로 칭찬을 하여야 한다. 효과적으로 칭찬하는 방법을 다음과 같다.

⊕ **영유아에게 효과적으로 칭찬하는 방법**

- 구체적인 내용으로 진정성 있는 칭찬을 하는 것이 좋다. 예를 들어 영유아가 사용한 색깔, 표현, 재료 등 구체적인 행동에 대해 칭찬한다.
- 과거보다 더 발전한 내용에 대해 칭찬한다.
- 교사의 지시에 잘 따랐기 때문에 칭찬을 하는 것보다는 교육내용에 집중하고 관련된 어떠한 활동을 잘했다는 것에 초점을 맞추어 칭찬을 하는 것이 좋다.
- 똑똑해, 착해, 예뻐 등의 막연한 칭찬은 바람직하지 않다.
- 교육 후 스티커 달력 등으로 보상과 칭찬을 함으로써 교육의 효과를 높일 수 있다.

  영유아를 대상으로 교육을 하다보면 주의가 산만해지는 경우가 있고 어떠한 활동을 하다가 다시 집중시키기가 쉽지 않은 경우도 있다. 이러한 경우 영유아의 주의집중 전략으로 활용할 수 있는 방법은 다음과 같다.

⊕ **영유아 대상 교육에서 효과적인 주의집중 전략의 예**

- 대집단 활동 도입 방법
  - 유아의 경험에 대한 짧은 질문을 하며 답을 이끌어내기
  - 수수께끼
  - 노래 활용
  - 실물 보여주기
  - 손인형 사용 등
- 기타 주의집중 전략
  - 선생님의 목소리 크기 강약조절: 일부러 소곤소곤 작게 이야기하기 등
  - 부분 보고 전체 예측하기: 퍼즐, 보자기, 비밀상자, 그림자료에서 부분만 보여주거나 만져보고 맞추기 등
  - 입모양 보고 알아맞히기
  - 노래에서 특정한 단어 박수치기 등

---

③ 교육을 할 기관이나 가정과의 협력

영유아를 대상으로 하는 교육은 사전에 철저한 준비가 이루어져야 한다. 그러기 위해서는 교육을 할 기관과의 충분한 사전협의가 매우 중요하다. 교육을 할 시간이나 영유아의 연령분포나 인원은 물론이고 수업장소에 대해 상세히 확인을 하는 것이 좋다. 영유아는 나이가 어릴수록 친숙하고 편안한 공간일수록 더 잘 집중할 수 있으므로 어린이집, 유치원 등 어린이들이 주로 시간을 보내는 시설에 방문하여 교육을 하는 것이 효과적일 수 있다. 그러나 주위에 여러 물건이 많은 경우 산만해지기 쉬우므로 활동에 집중할 수 있는 공간 배치가 되도록 협의할 필요가 있으며 우리가 하고자 하는 활동에 적합한 공간인지 사전 확인이 필요하다. 지나치게 휑하고 큰 공간도 집중이 어려울 수 있으며, 너무 여러 명의 영유아를 한번에 대집단 교육으로 하는 것은 피하는 것이 좋다. 그 외에도 유아의 특성 등에 대해 파악하면서 교사의 협조를 구할 부분에 대해 협의한다면 사전 준비에 도움이 될 것이다.

영유아 보육시설에 맡겨진 유아들에 대한 영양교육을 영양사들이 담당하는 것이 바람직하지만 일상적으로 반복적인 교육을 실시할 상황이 아닌 경우, 가끔씩 실시하는 영양사의 교육만으로는 건강한 식습관 형성의 효과는 제한될 수 밖에 없다. 이 경우 영양사의 교육에 이어 일상적으로 영양교육을 담당해야 하는 사람은 보육교사들이다. 영유아의 식습관 형성을 위해서는 보육교사들에 대한 영양교육도 강화되어야 한다. 또한 영유아에 대한 영양교육 교과과정 및 자료와 함께 이들 보육교사에 대한 영양교육 교과과정과 자료를 개발하고 보급해야 한다. 우리나라에서는 '어린이 식생활안전관리 특별법'에 따라 설치된 어린이급식관리지원센터에서 어린이집 및 유치원의 급식시설을 대상으로 체계적이고 철저한 위생관리 및 영양관리를 지원하고 어린이, 학부모, 시설 원장, 교사, 조리종사자를 대상으로 영양교육을 하고 있다.

또한 어린이 영양교육의 경우 가족에 대한 교육이 함께 이루어진다면 교육의 효과를 높일 수 있다. 어린이들은 어른이 하는 것을 보고 모방하면서 배우므로 가정에도 가정통신문 등을 통해서 영양교육 내용을 제공하여 일상 생활에서 연계교육이 이루어질 수 있도록 유도하는 것이 필요하며, 이러한 프로그램 개발이 지속적으로 이루어져야 한다.

3) 영유아 영양교육 프로그램 사례

(1) 어린이급식관리지원센터 영유아 교육 프로그램 사례

식품의약품안전처에서는 어린이급식관리지원센터에서 실시할 영유아 영양교육 프로그램을 개발한 바 있으며 어린이급식관리지원센터 홈페이지에는 각 센터에서 활용할 수 있도록 영유아 교육자료와 교수학습과정안을 제공하고 있다. 표 12-3과 표 12-4에는 만 0~2세와 만 3~5세로 나누어 주요 주제와 목표, 활동명 및 누리과정 요소를 제시하고 있다. '골고루 먹어요, 식사예절을 지켜요, 채소와 과일을 먹어요, 손을 깨끗이 씻어요'의 4개 주제에 대한 활동중심의 교육에 대해 제시하고 있는데, 만 0~2세에서는 활동목표가 '~에 관심을 가진다', '~태도를 가진다' 등으로 주로 이루어져 있으며 만 3~5세에서도 이는 동일하게 적용되나 일부 '~을 말할 수 있다' 혹은 '~을 실천한다'의 목표도 함께 제시하고 있는 것을 볼 수 있다.

    표 12-5와 표 12-6은 '손씻기' 주제에 대한 만 0~2세, 만 3~5세의 교수학습과정안의 예이며, 표 12-7과 표 12-8은 '채소와 과일을 먹어요' 주제에 대한 교수학

표 12-3 어린이급식관리지원센터 만 0~2세 교육주제별 활동종합 목록표의 예

주제	활동 목표	활동명	활동 유형	표준보육과정 관련 영역
1. 골고루 먹어요!	1. 골고루 먹기에 관심을 가진다. 2. 골고루 먹으려는 태도를 가진다.	• 골고루 먹기 동요 들으며 율동하기 • 식품모자 색칠하기	음악, 미술	의사소통, 기본생활, 예술경험
2. 식사예절을 지켜요!	1. 식사예절을 표현할 수 있다. 2. 식사예절을 지키려는 태도를 갖는다.	• 뿌요 식사예절 동요 시청하기 • 식사예절 상황별 그림 찾기	음악, 게임	의사소통, 기본생활, 자연탐구
3. 채소와 과일을 먹어요!	1. 채소와 과일의 이름을 말할 수 있다. 2. 채소와 과일에 관심을 가진다.	• 채소와 과일 이름 알기 • 채소와 과일 단면으로 도장 찍기	이야기 나누기, 미술	자연탐구, 의사소통, 예술경험
4. 손을 깨끗이 씻어요!	1. 깨끗이 손 씻기에 관심을 가진다. 2. 손을 깨끗이 씻으려는 태도를 가진다.	• 뽀득뽀득 손을 깨끗이 씻을 거예요! 동화 구연 • 손 씻기 동요에 맞춰 손 씻기 흉내 내기	동화, 음악	의사소통, 기본생활, 예술경험

자료 : 식품의약품안전처. 식품안전·영양교육 지도서 만 1~2세 어린이(2014)

습과정안과 상세 활동 내용의 예이다. 이 예에서는 연령에 따른 차별성과 어린이 교육에서 여러 요소를 통합하여 활동중심으로 교육을 구성한 사례를 볼 수 있다.

표 12-4 어린이급식관리지원센터 만 3~5세 교육주제별 활동종합 목록표의 예

주제	활동 목표	활동명	활동 유형	누리과정 관련 영역
기본교육				
1. 골고루 먹어요!	1. 같은 식품군에 속하는 식품들을 분류할 수 있다. 2. 음식을 골고루 먹으려는 태도를 갖는다.	• 골고루 먹기 동요 들으며 율동하기 • 식품나라 탐험	음악, 게임	의사소통, 예술경험, 신체운동 · 건강, 자연탐구
2. 식사예절을 지켜요!	1. 식사예절이 무엇인지 말할 수 있다. 2. 식사예절을 지키려는 태도를 갖는다.	• 식사예절 상황별 그림 찾기 • 식사예정 왕 선발 게임	이야기 나누기, 게임	의사소통, 신체운동 · 건강, 사회관계
3. 채소와 과일을 먹어요!	1. 채소와 과일을 먹으면 좋은 점을 말할 수 있다. 2. 채소와 과일을 골고루 먹으려는 태도를 가진다.	• 채소와 과일의 좋은 점 찾기 • 과채마블 게임	이야기 나누기, 게임, 음악	의사소통, 자연탐구, 사회관계, 예술경험
4. 손을 깨끗이 씻어요!	1. 왜 손을 씻어야 하는지 말할 수 있다. 2. 올바른 손 씻기를 실천할 수 있다.	• 올바른 손 씻기 방법 배우기 • 손 씻기 체험 활동	이야기 나누기, 음악, 신체	의사소통, 자연탐구, 예술경험, 신체운동 · 건강
심화교육				
5. 싱겁게 먹어요!	1. 싱겁게 먹어야 하는 이유를 말할 수 있다. 2. 싱겁게 먹으려는 태도를 가진다.	• 나트륨 왕국 퉁퉁 임금님의 변신 동화 • 싱거운 음식을 찾아요 • 싱겁게 먹기 동요 부르기	동화, 음악, 게임	의사소통, 신체운동 · 건강, 자연탐구, 예술경험
6. 아침밥을 먹어요!	1. 아침밥을 먹어야 하는 이유를 말할 수 있다. 2. 아침밥을 거르지 않으려는 태도를 가진다.	• 아침밥을 먹으면 무엇이 좋은지 알아보기 • 나의 아침밥상 차리기	이야기 나누기, 역할놀이	의사소통, 신체운동 · 건강
7. 안전한 식품을 먹어요!	1. 안전한 식품과 불량식품을 구분할 수 있다. 2. 안전한 식품을 선택하려는 태도를 가진다.	• 불량식품과 안전한 식품 알아보기 • 비실이 No! 튼튼이 Yes! 주사위 놀이	이야기 나누기, 게임	의사소통, 신체운동 · 건강, 사회관계

자료 : 식품의약품안전처. 식품안전 · 영양교육 지도서 만 3~5세 어린이(2014)

표 **12-5** 어린이급식관리지원센터 만 0~2세 손씻기 교수학습과정안의 예

4. 손을 깨끗이 씻어요!

활동 목표	1. 깨끗이 손 씻기에 관심을 가진다. 2. 손을 깨끗이 씻으려는 태도를 가진다.	활동 대상	만 1~2세(15명 이하)
활동명	• 활동1: 뽀득뽀득 손을 깨끗이 씻을 거예요! 동화 구연 • 활동2: 손 씻기 동요에 맞춰 손 씻기 흉내 내기	활동 유형	동화, 음악

활동 자료	❶ 깨끗한 손, 더러운 손 모형 ❷ 뽀득뽀득 손을 깨끗이 씻을 거예요! 동화/휴대용 손 세정 검사기 ❸ 손 씻기 동요

표준보육 과정 관련 요소	• 의사소통: 듣기–짧은 이야기 듣기 • 기본생활: 건강하게 생활하기–질병에 대해 알기, 몸을 깨끗이 하기 • 예술경험: 예술적 표현하기–움직임으로 표현하기 • 신체운동 · 건강: 건강하게 생활하기–질병 예방하기, 몸과 주변을 깨끗이 하기

단계	영역	교수 · 학습 활동	시간(분)	활동 자료
도입	의사소통	▶ 학습동기 유발 • 모형펠트 속 손 모양 흉내 내기 • 손으로 무슨 일을 할 수 있는지 이야기 나누기 • 손을 자주 씻지 않으면 손바닥에 세균이 득실거려 몸이 아플 수 있다고 말하기 • 비누로 거품 내어 흐르는 물에 깨끗이 손을 씻어야 한다고 말하기 ▶ 활동목표 제시 • 손 씻기의 중요성을 알고 손을 깨끗이 씻자고 제시하기	5′	• 깨끗한 손, 더러운 손 모형
전개	기본생활	▶ 활동1: 뽀득뽀득 손을 깨끗이 씻을 거예요! 동화 구연 • 뽀득뽀득 손을 깨끗이 씻을 거예요! 동화 듣기 • 휴대용 손 세정 검사기를 이용하여 손을 씻어야 하는 이유를 이야기하기 • 동화 속 미미가 손을 씻지 않아서 어떻게 되었는지 이야기 나누기	7′(12′)	• 뽀득뽀득 손을 깨끗이 씻을 거예요! 동화/휴대용 손 세정 검사기
	예술경험	▶ 활동2: 손씻기 동요에 맞춰 손 씻기 흉내 내기 • 손 씻기 동요 듣기 • 노랫말에 맞춰 손 씻기 동작 흉내 내기	5′(17′)	• 손 씻기 동요(1′32″)
정리	의사소통	▶ 활동 평가 • 깨끗이 손 씻기에 관심을 가지는지 평가하기 – 깨끗하게 손을 잘 씻겠다고 한다. • 동요에 맞춰 다시 한 번 손 씻기 율동하기 ▶ 깨끗이 손 씻기 약속 • 손을 자주 깨끗이 씻기로 약속하기 – '뽀득 뽀득! 손을! 깨끗이 씻어요!'	3′(20′)	
지도상의 유의점	1. 동기유발에서 손으로 하는 일에 대해 이야기 나눌 때 쉽게 답을 할 수 있도록 손동작으로 힌트를 준다. (예) 밥 먹는 시늉, 책을 보는 시늉 등 2. 노랫말의 내용을 이해할 수 있도록 반복하여 들려준다. 3. 교육 후 어린이집에서 노래에 익숙해지게끔 반복적으로 들려준다.		

자료 : 식품의약품안전처. 식품안전·영양교육 지도서 만 1~2세 어린이(2014)

표 **12-6** 어린이급식관리지원센터 만 3~5세 손씻기 교수학습과정안의 예

4. 손을 깨끗이 씻어요!

활동 목표	1. 왜 손을 씻어야 하는지 말할 수 있다. 2. 올바른 손 씻기를 실천할 수 있다.	활동 대상	만 3~5세(30명 이하)
활동명	• 활동1: 올바른 손 씻기 방법 배우기 • 활동2: 손 씻기 체험활동	활동 유형	이야기 나누기, 음악, 신체
활동 자료	❶ 손을 씻어야 하는 상황 입체패널/장갑/세균모형 ❷ 깨끗한 손, 더러운 손 모형 ❸ 올바른 손 씻기 방법 그림 ❹ 손 씻기 동요 ❺ 손 씻기 체험활동 준비물(휴대용 손 세정 검사기, 형광로션, 물비누, 종이타월) ❻ 뽀드득 뽀드득 동요 동영상		
누리과정 관련 요소	• 의사소통: 말하기-느낌, 생각, 경험 말하기 • 자연탐구: 수학적 탐구하기-수와 연산의 기초개념 알아보기 • 예술경험: 예술적 표현하기-움직임과 춤으로 표현하기 • 신체운동·건강: 건강하게 생활하기-질병 예방하기, 몸과 주변을 깨끗이 하기		

단계	영역	교수·학습 활동	시간(분)	활동 자료
도입	의사소통	■ 학습동기 유발 • 손을 씻어야 하는 상황 입체패널을 보여주면서 어떤 놀이를 하고 싶은지 이야기 나누기 • 입체패널 속에서 여러 행동을 한 후 손을 보여주며 손에 무엇이 묻었는지 알아보기 • 손을 씻지 않고 밥을 먹으면 어떻게 되는지 이야기 나누기 ■ 활동목표 제시 • 왜 손을 씻어야 하는지 어떻게 손을 깨끗이 씻는지에 대해서 활동함을 제시하기	4′	• 손을 씻어야 하는 상황 입체패널/장갑/세균 모형
전개	자연탐구 예술경험	■ 활동1: 올바른 손 씻기 방법 배우기 • 손바닥의 세균 수 세어보기 • 세균이 우리 몸 속으로 들어오면 어떻게 될지 이야기 나누기 • 세균은 비누로 씻어야 사라짐을 확인하기 • 손을 깨끗이 씻는 방법 시범 보여주기 • 손을 깨끗이 씻는 방법 함께 연습하기 • 동요에 맞춰 손을 씻는 방법 연습하기	8′(12′)	• 깨끗한 손, 더러운 손 모형 • 올바른 손 씻기 방법 그림패널 • 손 씻기 동요(44″)
	신체 운동 · 건강	■ 활동2: 손 씻기 체험활동 • 손을 직접 씻어보기 – 손을 씻기 위해 줄을 선다. – 배운 순서대로 손을 씻어 본다. • 휴대용 손 세정 검사기로 씻은 손 확인하기 • 손 씻기 체험 후 뽀드득 뽀드득 동요 동영상 시청하기	15′(27′)	• 손 씻기 체험 준비물 • 뽀드득 뽀드득 동요(3′18″)
정리	의사소통	■ 활동 평가 • 손을 왜 씻어야 하는지 말할 수 있는지 평가하기 • 손을 어떻게 씻어야 하는지 질문하기 ■ 깨끗이 손 씻기 약속 • 손을 자주 깨끗이 씻기로 약속하기 – '뽀드득! 뽀드득! 손을 깨끗이 씻어요!'	3′(30′)	
지도상의 유의점		1. 올바른 손 씻기 방법을 교육할 때 순서를 숙지할 수 있도록 여러 번 반복한다. 2. 동요에 맞춰 손을 씻는 방법을 연습할 때 전주가 나올 때 옷자락을 걷어주는 것을 알려주어 옷이 젖지 않도록 지도한다. 3. 손 씻기 체험활동 시 형광로션 바른 손을 벽이나 옷에 묻히지 않도록 지도한다. 4. 형광물질이 있는 화장지나 잔 먼지가 생기는 면수건보다 종이타월을 준비한다. 5. 순서를 기다리며 지루해하지 않도록 뽀드득뽀드득 동영상을 반복적으로 시청하게 하거나 손 씻기 동요를 들려주고 따라 부르게 하는 등 대열이 흐트러지지 않도록 한다. 6. 시설의 여건 상 손 씻기 체험활동이 불가능할 시에는 동요에 맞춰 손 씻기 동작을 충분히 숙지할 수 있도록 반복적으로 율동하는 것으로 대체한다.		

자료 : 식품의약품안전처. 식품안전·영양교육 지도서 만 3~5세 어린이(2014)

표 12-7 어린이급식관리지원센터 만 0~2세 '채소와 과일 먹기' 교수학습과정안과 상세 내용

3. 채소와 과일을 먹어요!

활동 목표	1. 채소와 과일을 이름을 말할 수 있다. 2. 채소와 과일에 관심을 가진다.	활동 대상	만 1~2세(15명 이하)
활동명	• 활동1: 채소와 과일 이름 알기 • 활동2: 채소와 과일 단면으로 도장 찍기	활동 유형	이야기 나누기, 미술
활동 자료	❶ 실제 채소와 과일 또는 모형 ❷ 채소와 과일 실물 사진 ❸ 채소와 과일 도장 찍기 세트 ❹ 채소와 과일 잘 막기 약속도장		
표준보육 과정 관련 요소	• 자연탐구: 과학적 탐구하기-물체와 물질 탐색하기 • 의사소통: 듣기, 말하기-짧은 문장 듣고 알기, 낱말과 간단한 문장으로 말하기 • 예술경험: 예술적 표현하기-자발적으로 미술활동하기 • 신체운동 · 건강: 몸에 좋은 음식에 관심을 갖고 탐색하기		

단계	영역	교수 · 학습 활동	시간(분)	활동 자료
도입	자연탐구	▶ 학습동기 유발 • 채소와 과일에 대해 탐색하기 ▶ 활동목표 제시 • 채소와 과일의 이름을 알고 채소와 과일을 잘 먹도록 하자는 것을 제시하기	2′	• 실제 채소와 과일 또는 모형

전개	의사소통	▶ 활동1: 채소와 과일 이름 알기
		• 채소와 과일 사진을 보며 이야기 나누기
		  − 당근, 피망, 브로콜리, 양파, 버섯, 토마토, 사과, 포도에 대해 이야기 나눈다.
		• 채소와 과일 이름을 반복해서 확인하기
		  − 채소와 과일의 이름을 한 번 더 말한다.
			5′(7′)	• 채소와 과일 실물 사진

	예술경험	▶ 활동2: 채소와 과일 단면으로 도장 찍기
		• 채소와 과일의 모양 및 단면 관찰하기
		  − 당근, 피망, 브로콜리, 양파, 버섯, 토마토, 사과, 포도의 실제 모양과 단면을 관찰한다.
		• 채소와 과일 단면으로 도장 찍기
		  − 물감을 묻혀 활동지에 여러 가지 채소와 과일 도장을 찍어서 예쁘게 그림을 완성한다.
		• 완성된 그림에 대해 이야기 나누기
		  − 완성된 그림을 보고 어떤 채소와 과일로 무슨 그림을 그렸는지 이야기 나눈다.
			20′(27′)	• 채소와 과일 도장 찍기 세트

정리	의사 소통	▶ 활동 평가
		• 채소와 과일 이름을 아는지 평가하기
		  − 오늘 배웠던 채소와 과일의 이름을 말한다.
		▶ 채소와 과일 잘 먹기 약속
		• 채소와 과일 잘 먹기 약속하고, 약속도장 찍어주기
		  − '채소와 과일을! 골고루! 먹어요!'
			3′(30′)	• 채소와 과일 잘 먹기 약속도장

지도상의 유의점		1) 채소와 과일의 실물 사진을 이용하는 것보다 실제 과일과 채소를 이용하여 여러가지 감각기관을 이용하여 관찰해보고 단면을 이용한 도장 찍기까지 연장하는 활동을 추천한다. (신체운동 > 감각과 신체 인식하기 > 감각능력 기르기) 2) 약속도장 제작이 힘들 경우, 칭찬도장(참 잘했어요)으로 대체한다. 3) 여러 색의 물감 사용으로 주변이 지저분해 질 수 있으므로 주의하고 앞치마, 위생장갑 등을 사전에 준비한다.		

(계속)

도입

▶ 학습동기 유발
1) 채소와 과일에 대해 탐색한다.
  • 채소와 과일을 좋아하나요?
  • 어떤(무슨) 채소와 과일을 좋아하나요?
  • 채소와 과일을 매일 먹나요?
  • (실물 모형을 제시하며) 이 채소는 무엇일까요?
  • (실물 모형을 제시하며) 이 채소는 무슨 색이죠?
  • (실물 모형을 제시하며) 생김새를 살펴볼까요?

▶ 활동목표 제시
  • 채소와 과일의 이름을 알아보아요.

▼ 활동자료 ❶: 실제 채소와 과일 또는 실물 모형

전개

▶ 활동1. 채소와 과일 이름 알기
1) 채소와 과일의 실물 사진을 보며 이야기 나눈다.
  • 이 채소와 과일의 이름을 말해볼까요?
  • 주황색의 이 채소는 무엇일까요?
  • 빨갛고 동그란 이 과일은 무엇일까요?
  • 이 채소와 과일을 먹어 본 적 있나요?
  • 이 채소의 맛은 어땠나요?
2) 8가지 채소와 과일의 사진을 보면서 채소와 과일의 이름을 반복하여 학습한다.

▼ 활동자료 ❷: 채소와 과일 실물 사진
  (당근, 피망, 브로콜리, 양파, 버섯, 토마토, 사과, 포도)

▶ 활동2. 채소와 과일 단면으로 도장 찍기
1) 채소와 과일의 모양과 단면을 관찰한다.
  • 이 채소(과일)의 이름은 무엇이죠?
  • 이 채소(과일)는 무슨 색일까요?
  • 이 채소(과일)의 속은 어떤 모습일까요?
2) 채소와 과일 단면을 이용하여 도장을 찍는다.
  • 여러 가지 채소와 과일을 이용해서 그림을 완성해볼까요?
    – 스펀지에 있는 물감을 묻힌다.
    – 준비된 활동지에 여러 가지 채소와 과일의 단면 도장을 찍어서 예쁘게 그림을 완성한다.

▼ 활동자료 ❸: 채소와 과일 도장 찍기 세트

(계속)

전개

3) 완성된 그림에 대해 이야기 나눈다.
- 무엇을 그린건가요?
- 이것은 무슨 모양이죠?
- 다른 친구들은 무엇을 그렸는지도 한번 볼까요?

〈채소와 과일 도장 찍기 모습〉

정리

▶ 활동 평가
1) 채소와 과일을 골고루 잘 먹기로 약속한다.
- 이 채소(과일)의 이름은 무엇일까요?
2) 채소와 과일 도장 찍기 놀이에 즐겁게 참여하는지 평가한다.

▶ 채소와 과일 잘 먹기 약속
1) 채소와 과일을 골고루 잘 먹기로 약속한다.
- '채소와 과일을 골고루 먹어요!'
2) 채소와 과일 잘 먹기 약속도장을 활동지 상단에 찍어준다.

▼ 활동자료 ❹: 채소와 과일 잘 먹기 약속도장

확장 활동

1) 교실의 한 공간에 채소와 과일 도장 찍기한 그림을 전시하여 서로 감상한다.

자료 : 식품의약품안전처. 식품안전·영양교육 지도서 만 1~2세 어린이(2014)

표 **12-8** 어린이급식관리지원센터 만 3~5세 '채소와 과일 먹기' 교수학습과정안과 상세 내용

3. 채소와 과일을 먹어요!

활동 목표	1. 채소와 과일을 먹으면 좋은 점을 말할 수 있다. 2. 채소와 과일을 골고루 먹으려는 태도를 가진다.	활동 대상	만 3~5세(30명 이하)
활동명	• 활동1: 채소와 과일의 좋은 점 찾기 • 활동2: 과채마블 게임	활동 유형	이야기 나누기, 게임, 음악
활동 자료	❶ 색깔별 채소와 과일 활동지 ❷ 과채마블 게임세트 ❸ 과채동요 ❹ 채소와 과일 먹기 약속 카드		
누리과정 관련 요소	• 의사소통: 듣기, 말하기–낱말과 문장 듣고 이해하기, 낱말과 문장으로 말하기 • 자연탐구: 과학적 탐구하기–물체와 물질 알아보기 • 사회관계: 다른 사람과 더불어 생활하기–공동체에서 화목하게 지내기 • 예술경험: 예술적 표현하기–음악으로 표현하기 • 신체운동 · 건강: 몸에 좋은 음식에 관심을 갖고 탐색하기		

단계	영역	교수 · 학습 활동	시간(분)	활동 자료
도입	의사 소통	■ 학습동기 유발 • 채소와 과일에 대한 수수께끼 풀어보기 ■ 활동목표 제시 • 채소와 과일을 먹으면 좋은 점을 알고 채소와 과일을 잘 먹도록 하자는 것을 제시하기	3′	
전개	자연 탐구	■ 활동1: 채소와 과일의 좋은 점 찾기 • 색깔별 채소와 과일의 종류 알아보기 – 빨간색 채소와 과일: 토마토, 사과, 딸기 – 주황색 채소와 과일: 당근, 귤, 감 – 녹색 채소와 과일: 브로콜리, 오이, 시금치 – 보라색 채소와 과일: 포도, 가지, 블루베리 – 흰색 채소와 과일: 양파, 버섯, 배추 • 채소와 과일을 먹으면 좋은 점 이야기 나누기 – 병에 잘 걸리지 않게 된다. – 눈이 건강해진다. – 피부가 매끈해진다. – 황금똥을 누게 된다. • 색깔별 채소와 과일 스티커 붙이기 – 활동지에 색깔별 채소와 과일의 해당 스티커를 찾아 붙인다. – 활동지에 채소와 과일의 좋은 점 스티커를 찾아 붙인다.	9′(12′)	• 색깔별 채소와 과일 활동지
	사회 관계 예술 경험	■ 활동2: 과채마블 게임 • 게임 준비하기 – 모둠으로 나누고, 모둠명을 정한다. • 과채마블 게임 방법 배우기 • 과채마블 게임하기 • 과채동요 부르기 – 과채동요를 듣고 따라 부르면서 게임 후 주변 정리 및 어수선한 분위기를 바로잡는다.	16′(28′)	• 과채마블 게임 세트 • 과채동요
정리	의사 소통	■ 활동 평가 • 채소와 과일을 먹으면 좋은 점 아는지 평가하기 ■ 채소와 과일 잘 먹기 약속 • 채소와 과일 잘 먹기 약속하기 – '알록달록 채소와 과일을! 골고루! 먹어요!'	2′(30′)	• 채소와 과일 먹기 약속카드
지도상의 유의점		1. 수업이 시작되기 전, 과채마블 게임이 이루어 질 수 있는 공간 확보를 위해 책상배치를 달리 한다. 2. 활동1에서 활동지를 먼저 나누어 주고, 충분한 교육 후 스티커를 배부하여 복습활동을 한다. 3. 과채마블 시작 전, 게임에 대한 설명을 잘 들을 수 있도록 주위를 집중시킨다. 4. 과채마블 게임을 할 때, 반 친구들 모두가 게임에 참여할 수 있도록 유도하고 퀴즈를 통하여 색깔별 채소와 과일을 알고, 채소와 과일을 먹으면 좋은 점에 대해 충분히 이해할 수 있도록 지도한다. 5. 과채마블의 퀴즈문항이 색깔별로 6문제이지만 퀴즈문항이 부족할 경우, 채소와 과일을 먹으면 좋은 점에 대한 문제를 반복하도록 한다. 6. 주사위는 유아들이 던져도 다치지 않도록 부드럽고 가벼운 소재로 사용한다. 7. 만 5세만 구성이 되어 있는 경우, 과채마블 게임의 규칙을 만 5세 유아들이 직접 정하여 게임을 진행해 보는 것도 좋다. 8. 과채동요를 매일 급 · 간식 시간에 아이들에게 들려주어 채소와 과일 먹기 실천을 도울 수 있도록 한다.		

(계속)

도입

 학습동기 유발

1) 채소와 과일 수수께끼를 통해 맞추어본다.

수수께끼 예시   1) 토마토

- 나는 무엇일까요?
- 빨간색이고 케첩으로 만들어 먹기도 해요.
- 나는 주스로도 변신할 수 있어요.

수수께끼 예시   2) 당근

- 나는 무엇일까요?
- 주황색이고 씹으면 아삭아삭 소리가 나요.
- 나는 토끼가 가장 좋아하는 음식이에요.

수수께끼 예시   3) 포도

- 나는 무엇일까요?
- 보라색이고 씨가 있어요.
- 나는 작고 동그란 알갱이 친구들과 함께 붙어 있어요.

2) 채소와 과일에 대해 이야기 나눈다.
- 어떤 채소와 과일을 좋아하나요?
- 채소와 과일을 많이 먹으면 어떤 점이 좋을까요?

 활동목표 제시

- 채소와 과일을 먹으면 어떤 점이 좋은지 알아보아요.
- 채소와 과일에 관한 게임도 해 보아요.

전개

활동 1 채소와 과일의 좋은 점 찾기

1) 색깔별 채소와 과일 활동지를 나눠준다.

2) 활동지를 보며 다양한 색깔의 채소와 과일에 대해 이야기 나눈다.

- 알맞은 색깔의 채소와 과일을 찾아 스티커를 붙여 볼까요?
- 빨간색 과일과 채소에는 어떤 것이 있을까요?
- 백설 공주가 먹고 쓰러진 독이 든 빨간 과일은 무엇일까요?
- 주황색 과일과 채소에는 어떤 것이 있을까요?
- 토끼가 좋아하고 씹으면 아삭아삭한 소리가 나는 주황색 채소는 무엇일까요?
- 초록색 과일과 채소에는 어떤 것이 있을까요?
- 브로콜리는 무슨 모양일까요?
- 보라색 과일과 채소에는 어떤 것이 있을까요?
- 매끈매끈한 몸에 초록색 꼭지를 가진, 말캉말캉한 보라색 채소는 무엇일까요?
- 많이 먹으면 눈에 좋은 보라색 과일은 무엇일까요?
- 흰색 과일과 채소에는 어떤 것이 있을까요?
- 여러 겹으로 쌓여 있고, 껍질을 까면 매워서 눈물이 나는 흰색 채소는 무엇일까요?
- 이 흰색 채소로 김치를 만들어요. 이 채소는 무엇일까요?

(계속)

3) 채소와 과일을 먹으면 좋은 점에 대해 이야기 나눈다.
- 여러 가지 색깔의 채소와 과일을 골고루 먹으면 어떤 점이 좋은지 알아볼까요?
- 채소와 과일을 먹으면 우리 몸이 어떻게 될까요?
- 채소와 과일을 먹으면 어떤 똥을 누게 될까요?

활동자료 ① : 색깔별 채소와 과일 활동지

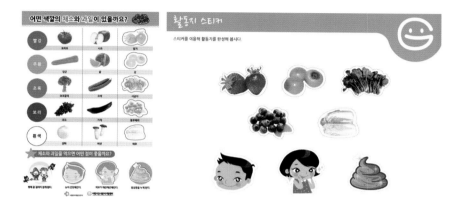

활동 **2** **과채마블 게임**

〈활동방법〉

1) 모둠을 나누고, 모둠명(가지모둠, 귤모둠, 토마토모둠, 버섯모둠)을 정한다.
2) 게임의 규칙과 방법을 익힌다.
3) 과채마블 게임을 한다.
4) 게임이 끝난 후, 주변 정리 및 어수선한 분위기를 과채동요를 부르며 마무리한다.

활동자료 ② : 과채마블 게임세트

[과채마블 게임 방법]

① 한 주사위당 1~2명씩 나와서 동시에 색깔 주사위와 점 주사위를 던진다. (주사위는 돌아가면서 한 번씩 던져보도록 한다.)
② 색깔 주사위를 던져서 나오는 색에 해당하는 퀴즈를 낸다.
③ 퀴즈의 정답을 맞히면 주사위를 던져 나오는 숫자만큼 말을 이동시킨다.
④ 과일과 채소 바구니에 빨리 도착하는 모둠이 승리한다.

(계속)

[색깔별 퀴즈문항]

색깔	퀴즈	정답
빨강	① 나는 빨간 옷을 입고 있어요. 새콤달콤한 향이 나요. 나는 누구일까요? 　　나는 주스로도 변신할 수 있고요. 케첩으로도 변신할 수도 있어요. 　　나는 누구일까요?	토마토
	② 나는 부끄러움을 많이 타서 얼굴이 빨간색이지요. 백설공주가 독이 든 나를 먹고 쓰러졌어요. 　　나는 누구일까요?	사과
	③ [채소와 과일을 먹으면 좋은 점 관련 퀴즈] 　　채소와 과일을 많이 먹으면 무엇에 잘 걸리지 않게 될까요?	병 또는 감기
	④ 나는 빨간 몸에 작은 깨처럼 작은 알맹이들이 붙어있어요. 나는 누구일까요? 　　초록색 모자도 쓰고 있지요. 달콤한 잼도 만들 수 있어요. 나는 누구일까요?	딸기
	⑤ 나는 빨간색 몸에 까만 점이 많고 큰 공모양이지요. 나는 누구일까요? 　　나는 초록색에 검은 줄무늬 옷을 입고 있고 물을 많이 가지고 있답니다. 　　나는 누구일까요?	수박
	⑥ 토마토는 흰색이다. 맞으면 ○, 틀리면 ×. 정답은?	×
주황	① 나는 주황색이고 씹으면 아삭아삭 소리가 나지요. 　　나는 토끼가 가장 좋아하는 음식이기도 하지요. 나는 누구일까요?	당근
	② 나는 동그랗고 주황색 얼굴을 가지고 있어요. 　　알갱이가 톡톡 터지고 새콤달콤한 맛이 나요. 나는 누구일까요?	귤
	③ [채소와 과일을 먹으면 좋은 점 관련 퀴즈] 　　채소와 과일을 많이 먹으면 어디가 건강해질까요?	눈 또는 몸
	④ 나는 주황색 매끈매끈한 얼굴을 가지고 있지요. 　　나를 말려서 곶감을 만들기도 하지요. 나는 누구일까요?	감
	⑤ 나는 주황색에 울퉁불퉁한 몸매를 가지고 있어요. 　　나는 신데렐라가 타는 마차로 변신을 해요. 나는 누구일까요?	호박
	⑥ 나는 동그랗고 주황색 얼굴을 가졌고 귤이랑 비슷한 맛이 나요. 　　나는 주스로도 만들어서 먹어요. 나는 누구일까요?	오렌지
초록	① 나는 작은 나무같이 생겼고 기둥 몸매에 뽀글뽀글 초록색 머리를 가지고 있어요. 　　나는 누구일까요?	브로콜리
	② 나는 초록색이고 날씬하고 길쭉한 모양을 가지고 있어요. 나는 누구일까요? 　　나는 초록색 옷에 가시가 달린 옷을 입고 있어요. 나는 누구일까요?	오이
	③ [채소와 과일을 먹으면 좋은 점 관련 퀴즈] 　　채소와 과일을 많이 먹으면 무엇이 매끈해질까요?	피부
	④ 나는 초록색 여러 갈래의 줄기로 되어 있어요. 나는 밥 먹을 때, 나물반찬으로 자주 나오고 있어요. 　　나는 누구일까요?	시금치
	⑤ 나는 초록색 나뭇잎 같이 생겼고, 향긋한 향기가 나요. 나는 누구일까요? 　　고기를 먹을 때 함께 싸서 먹어요. 나는 누구일까요?	깻잎
	⑥ 오이는 빨간색이다. 맞으면 ○, 틀리면 ×. 정답은?	×
보라	① 보라색 옷을 입고 있어요. 작고 동그란 알갱이 친구들과 함께 붙어 있지요. 나는 누구일까요? 　　속살은 투명한 색이고 작은 씨도 품고 있지요. 나는 누구일까요?	포도 또는 거봉
	② 나는 보라색 매끈매끈한 몸에 초록색 꼭지를 갖고 있어요. 　　나의 몸은 말캉말캉하지요. 나는 누구일까요?	가지
	③ [채소와 과일을 먹으면 좋은 점 관련 퀴즈] 　　채소와 과일을 먹으면 어떤 똥을 누게 될까요?	황금똥
	④ 보라색 동그란 모양을 갖고 있고 포도보다 작은 알갱이에요. 　　껍질이랑 알맹이를 통째로 먹을 수 있는 나는 누구일까요?	블루베리
	⑤ 가지는 보라색이고 길쭉하다. 맞으면 ○, 틀리면 ×. 정답은?	○
	⑥ 포도는 주황색이다. 맞으면 ○, 틀리면 ×. 정답은?	×

(계속)

흰색	① 나는 뽀얗고 동그란 얼굴을 가지고 있어요. 나는 누구일까요? 　나는 여러 겹으로 쌓여있고, 껍질을 까면 눈물이 나요. 나는 누구일까요?	양파
	② 나는 하얗고 모자를 쓰고 있어요. 나는 누구일까요? 　나는 우산 모양처럼 생겼어요. 나는 누구일까요?	버섯
	③ [채소와 과일을 먹으면 좋은 점 관련 퀴즈] 　채소와 과일을 먹으면 건강해진다. 맞으면 ○, 틀리면 ×, 정답은?	○
	④ 나는 뽀글뽀글 초록색 머리를 가지고 있어요. 나는 누구일까요? 　나는 '김치'라는 음식으로 변신할 수도 있지요. 나는 누구일까요?	배추
	⑤ 나는 길쭉하고 흰 몸매에 초록색 머리카락이 삐죽삐죽 솟아 있어요. 　나는 '깍두기'라는 음식으로 변신할 수 있지요. 나는 누구일까요?	무
	⑥ 마늘은 초록색이다. 맞으면 ○, 틀리면 ×, 정답은? 　어린이가 원하는 색깔의 퀴즈를 선택할 수 있다.	×
☆	어린이가 원하는 색깔의 퀴즈를 선택할 수 있다.	

[마블판의 표시]
1,2,3: 해당하는 숫자만큼 화살표 방향으로 이동한다.
★: 보너스, 주사위를 한 번 더 던진 후 퀴즈를 한 번 더 풀 기회가 제공된다.

활동자료 ③: 과채동요

채소와 과일 먹기

1절
반짝반짝 내 얼굴 아름답게 빛나요
당근, 오이, 시금치, 사과, 포도, 냠냠냠
채소, 과일 먹으면 나는 건강 어린이♪

2절
매끈매끈 내 얼굴 건강하게 보여요
가지, 호박, 토마토, 딸기, 키위, 냠냠냠
채소, 과일 먹으면 나는 튼튼 어린이♪

정리

활동평가

1) 채소와 과일을 먹으면 좋은 점을 아는지 평가한다.
- 채소와 과일을 먹으면 어떤 점이 좋을까요?
  - 병에 잘 걸리지 않게 된다.
  - 눈이 좋아진다.
  - 피부가 매끈해진다.
  - 황금똥을 누게 된다.

2) 게임 활동에 즐겁게 참여하는지 평가한다.
- 과채마블 게임이 재미있었나요?

(계속)

채소와 과일 잘먹기 약속

1) 채소와 과일 잘먹기 약속카드를 나누어준다.
2) 채소와 과일을 골고루 잘 먹자고 약속한다.
   - '알록달록! 채소와 과일을! 골고루! 먹어요!'

활동자료 ④: 채소와 과일 잘 먹기 약속카드

(약속카드의 경우, 원내에서 선생님들이 매일 체크를 하여 스티커를 붙이도록 활용하거나, 가정에서 연계교육 활동자료로 학부모에게 전달하여 활용할 수 있다.)

〈과채마블 게임 활동 모습〉

확장 활동

1) 원내에서 채소와 과일을 골고루 잘 먹었는지 식사 후 식판 잔반을 통하여 확인하고, 채소와 과일 잘 먹기 약속카드에 스티커를 붙여서 활용하도록 한다.
2) 원내에서 활용이 불가능할 경우, 연계교육 활동자료로 가정으로 전달하여 학부모가 채소와 과일 먹기의 실천정도를 체크하는 도구로 활용할 수 있다.

자료 : 식품의약품안전처. 식품안전·영양교육 지도서 만 3~5세 어린이(2014)

2. 어린이 및 청소년 영양교육

초, 중, 고등학교에 영양교사가 배치되기 시작하면서 학교를 기반으로 한 영양교육이 점차 활성화되고 있다. 학교에서는 급식을 통해 어린이와 청소년에게 필요한 영양 섭취가 이루어질 수 있도록 하고 다양한 식품에 접할 수 있도록 하고 있지만 이러한 급식의 제공과 함께 영양교육이 실시되어야 궁극적으로 어린이와 청소년의 영양불균형 해소와 바람직한 식습관 형성이 가능하다. 현재 어린이와 청소년에서 비만, 성장장애, 고혈압 등의 건강 문제와 아침결식, 편식, 가공 및 인스턴트식품 과다 섭취, 빨리 먹기 등의 식생활 문제가 보고되고 있다. 이러한 영양 문제를 해결하고 건강한 식습관을 갖게 하여 평생건강을 확보하게 하기 위해서는 어린이와 청소년에 맞는 영양교육 프로그램이 개발되어야 하며 학교 영양교사의 교육역량 강화가 중요하다.

1) 어린이 및 청소년 영양교육의 내용: 무엇을 교육할 것인가?

(1) 초, 중, 고등학교 교육과정의 이해: 영양교육 관련 내용

현재 학령기 아동과 청소년에 대한 영양교육은 학교를 기반으로 한 교육과 지역아동센터나 보건소 등 지역사회 기관을 기반으로 한 교육으로 나누어 볼 수 있다. 건강한 식생활에 대한 인식이 개선되고 식습관이 변화되는 것은 한두 번의 교육으로 이루어지는 것이 아니기에 학교와 학교 외 교육 모두 활성화되어 다양한 교육의 기회가 확보되는 것이 필요하다. 그러나 학령기 아동과 청소년의 학교에서 많은 시간을 보내는 만큼 학교를 기반으로 한 교육이 활성화되는 것이 중요하다. 현재 초등학교의 교과과정은 표 12-9와 같다. 영양교육은 주로 과학/실과 교과목과 내용적으로 연계될 수 있으나(표 12-10) 기타 교과목에서도 연계되는 내용이 있어 이를 고려하며 영양교육 프로그램을 구성할 필요가 있다. 영양교육 관련하여 초등학교 교과목을 분석한 결과는 표 12-11과 같다. 학교에서는 이러한 교과목과 연계한 교육 또는 창의적 체험활동시간을 통한 교육이 이루어질 수 있으며 그 외 초등돌봄교실/방과후 교실을 활용한 영양교육도 이루어지고 있다.

표 **12-9** 초등학교 교과과정 및 시수

구 분		1~2학년	3~4학년	5~6학년
교과(군)	국어	국어 448	408	408
	사회/도덕		272	272
	수학	수학 256	272	272
	과학/실과	바른 생활 128	204	340
	체육	슬기로운 생활 192	204	204
	예술(음악/미술)		272	272
	영어	즐거운 생활 384	136	204
	소계	1,408	1,768	1,972
창의적 체험활동		336 안전한 생활 (64)	204	204
학년군별 총 수업시간 수		1,744	1,972	2,176

자료 : 교육부. 초·중등학교 교육과정 총론, 교육부고시 별책 1(2015)

표 **12-10** 초등학교 및 중학교의 실과(기술가정) 교육과정 중 영양교육 관련 내용

영역	핵심 개념	일반화된 지식	내용 요소	
			초등학교(5~6학년)	중학교(1~3학년)
가정 생활과 안전	생활 문화	의식주 생활 수행의 실천 역량을 갖추는 일은 창의적인 가정생활 문화를 형성하기 위한 기초이다.	• 균형 잡힌 식생활 • 식재료의 특성과 음식의 맛 • 옷 입기와 의생활 예절 • 생활 소품 만들기	• 청소년기의 영양과 식행동 • 식사의 계획과 선택 • 옷차림과 의복 마련 • 주생활 문화와 주거 공간 활용
	안전	개인과 가족의 안전한 삶을 위협하는 요소를 예방·대처할 수 있는 능력과 태도는 가정생활의 건강함과 질을 향상시킨다.	• 안전한 옷차림 • 생활 안전사고의 예방 • 안전한 식품 선택과 조리	• 청소년기 생활 문제와 예방 • 성폭력과 가정폭력 예방 • 식품의 선택과 안전한 조리 • 주거환경과 안전

자료 : 교육부. 초·중등학교 교육과정 총론, 교육부고시 별책 10 실과(기술,가정)/정보과 교육과정(2015)

표 **12-11** 영양교육 관련 초등학교 6학년 교육과정 분석

시기	과목	단원 및 내용	영양교육 내용
3월 2주	체육	1. 성장하는 우리 몸 • 사춘기 남성, 여성의 신체관리 • 생명 탄생의 소중함	• 사춘기에 필요한 음식과 절제할 음식 • 출산 관련
3월 3주	사회	1. 처음으로 세운 나라 • 우리 민족의 형성 • 민족 국가의 성장 · 발전 과정	• 고대~삼국시대 음식 • 사극 속 음식 열전
4월 6주	과학	3. 우리 몸의 생김새 • 소화기관의 모양과 하는 일 • 배설기관의 종류와 하는 일	• 소화에 좋은 음식 • 변비 예방 음식
4월 8주	실과	3. 간단한 음식 만들기 • 밥의 영양적 특성과 여러 가지 음식 • 볶음밥, 주먹밥, 김밥 만들기	• 밥이 필요한 이유 • 밥이 주식인 나라
4월 9주	사회	1. (3) 민족국가의 발전 • 전란 극복(임진왜란, 병자호란)	• 고춧가루와 음식
5월 12주	실과	3. 간단한 음식 만들기 • 빵의 영양적 특성과 여러 가지 음식 • 토스트, 프렌치 토스트 만들기	• 빵이 필요한 이유 • 빵이 주식인 나라 • 간단 조리법
6월 17주	과학	6. 여러 가지 기체 • 여러 가지 기체와 우리 생활 • 질소의 이용	• 과자 봉지에 들어 있는 질소의 역할 • 조리 연료로 사용하는 기체
9월 22주	도덕	6. 아름다운 사람들 • 노량진 수산시장 젓갈 할머니	• 젓갈에 숨은 발효과학
10월 26주	사회	1. 보호해야 할 인권 • 외국인 근로자의 인권, 노약자, 장애우, 어린이, 여성의 인권	• 다문화 음식축제
11월 32주	실과	6. 2) 경제동물의 사육과 이용 • 경제동물 생산물 이용방법 이해	• 고기류 음식
12월 37주	과학	7. 편리한 도구 • 도르래, 지렛대의 원리	• 간편한 조리도구 (마늘 찧기, 병따개 등)

자료 : 이승미(2009)

(2) 어린이 및 청소년 영양교육의 목표와 내용

① 교육목표

초등학교 학생에게 실시하는 영양교육의 궁극적인 목표는 일반적으로 다음과 같이 제시된다.

- 영양과 관련된 문제점을 이해한다.
- 좋은 식습관을 갖는다.
- 우리나라 식량자원의 생산, 분배, 합리적인 소비에 대해 이해한다.
- 우리나라의 식문화를 이해하고 식사예절을 실천한다.

청소년에 대해 실시하는 영양교육의 목표도 위의 초등학생과 유사하지만, 청소년의 영양문제를 고려하여 구체화하여 보면 일반적으로 다음과 같은 목표를 가지고 실시된다고 볼 수 있다.

- 자신의 정상체중을 알고 올바른 신체 이미지를 형성한다.
- 음식과 질병과의 관계를 과학적 근거를 가지고 이해하며, 이에 따라 건강한 식습관을 형성한다.
- 신경성 섭식장애를 예방한다.
- 아침식사를 습관화한다/ 규칙적인 식사를 한다.
- 규칙적인 신체활동을 습관화한다.
- 흡연과 음주의 위험성을 이해한다.

② 교육내용

초등학교의 교육내용으로는 영양소와 식품구성자전거, 올바른 식습관 및 식사 예절, 채소 및 과일과 친해지기, 건강하고 안전한 간식 먹기, 손 씻기 등이 포함될 수 있다. 중학교 1학년~고등학교 3학년 약 7만 명(17개 시·도, 800개 학교)을 대상으로 하는 청소년건강행태온라인조사에 따르면, 청소년은 1일 1회 이상 과일과 우유를 섭취하는 비율은 2009년 24.7%, 28.7%에서 2017년 22.2%, 25.0%로 각각 감소한 반면, 주 3회 이상 패스트푸드와 탄산음료를 섭취하는 비율은 2009년 12.1%, 24.0%에서 2017년 20.5%, 34.7%로 증가하였다. 또한 청소년 3명 중 1명은 최근 한 달 동안 체중 감량을 시도하였으며, 시도했던 학생 중 20%는 단식, 의사 처

표 **12-12** 어린이 및 청소년기 영양문제 및 주요 교육내용

주요 영양문제 및 식습관 문제	어린이 및 청소년 대상 주요 교육내용
비만 섭식장애	• 건강체중/비만예방: 에너지 균형, 적절한 체중감량 방법 등 • 건강한 신체이미지: 섭식장애 예방
성장장애, 성장지연	• 영양과 식사/식품구성 자전거 • 편식예방: 골고루 먹기, 채소와 과일 섭취 • 아침식사 하기/규칙적인 식사 • 건강하고 안전한 간식: 단 간식 줄이기, 단 음료 섭취 줄이기, 패스트푸드 줄이기 • 영양표시 • 카페인 섭취 줄이기 • 식사예절 및 식사태도 • 우리나라와 외국의 식문화
저체중	
빈혈	
영양섭취불균형	
식행동 문제 – 결식, 불규칙한 식사, 편식, 패스트푸드 및 간편식 섭취, 단 간식 과다섭취, 카페인 섭취 등	
위생, 안전 습관	• 손씻기 • 식중독 예방 교육 • 안전한 식품 고르기
식품알레르기	• 식품알레르기가 있는 어린이에 대한 교육 • 식품알레르기가 있는 어린이의 반 친구들에 대한 교육

방 없이 마음대로 살 빼는 약 먹음, 설사약 또는 이뇨제, 식사 후 구토, 한 가지 음식만 먹는 다이어트 등 부적절한 방법으로 다이어트를 하였다. 따라서 청소년의 영양교육내용에는 초등학생 대상 영양교육 내용에 더하여 청소년의 영양, 에너지 균형, 적절한 체중감량법, 아침식사의 필요성, 식품에 대한 이해, 영양표시 등이 포함될 수 있으며 건강한 간식 및 음료, 카페인 섭취 줄이기 등도 중요한 내용이라 할 수 있다.

2) 어린이 및 청소년 영양교육 방법: 어떻게 교육할 것인가?

영양교사가 어린이와 청소년의 눈높이에 맞는 좋은 수업을 하기 위해서는 수업을 시작할 때 학생들이 **흥미**를 가질만한 내용과 매체를 활용하여 주의를 집중시키고 동기를 유발하는 것이 필요하다. 또한, 유아 교수 원리에서와 마찬가지로

영양교육을 하는 경우에도 여러 교육의 영역의 **통합적인 연계 교육**이 되도록 하는 것도 고려한다. 또한 학생 수준에 맞는 내용과 방법을 선택하고, **구체적인 행동변화**에 초점을 맞추며, 이를 위해 **학생 스스로 참여**할 수 있는 학습방법을 사용하는 것이 좋다. Evers는 어린이 영양교육의 원칙으로 F.I.B.(fun, integrated, and behavioral) 접근법을 제안하기도 했는데, 이 역시 즐거움(Fun)을 느낄 때 가장 잘 배우며, 여러 영역의 통합교육(Integrated)이 되도록 하고, 구체적인 행동(Behavioral)에 초점을 맞추는 것을 강조하고 있다. 또한 건강한 습관으로 자리잡도록 **지속적, 반복적 교육**이 되도록 하는 것이 좋다. 청소년의 경우 주위, 특히 친구의 영향을 많이 받는 시기이므로 **또래와 함께 하는 교육** 등을 적극 활용하는 것도 고려할 수 있다.

(1) 흥미를 유발하며 직접 참여하는 교육

이를 위해 특히 초등학생의 경우 단순한 강의형 교육이 아닌 토의형 교육, 조리실습, 견학 등의 실험형 교육요소를 잘 결합하여 교육하면 영양교육의 효과를 높일 수 있다. 그 외에 역할극, 인형극, 비디오 상영 등을 활용하고 교내 벽보, 교내 신문, 교내 방송 등 여러 방법을 활용하여 흥미를 유발하면서 반복적인 교육이 될 수 있도록 한다.

(2) 일상 경험을 통한 반복교육

학교에서 어린이와 청소년의 건강한 식습관을 갖도록 하기 위해서는 영양교육과 건강한 식환경 조성 두 가지 측면이 고려되어야 한다. 그러한 의미에서 학교 영양교육에서 가장 큰 비중을 차지하는 것은 매일 만나게 되는 학교급식을 통하여 건강한 식생활의 경험을 하는 것이라고 볼 수 있다. 이와 함께 포스터, 영상 등을 통해 식사시간에 간접적 교육이 이루어지도록 하는 것도 고려할 수 있다. 또한 학교에서의 영양교육과 함께, 가정에서도 실천할 수 있도록 학부모용 자료를 준비한다면 일상 경험을 통한 반복교육의 효과를 얻을 수 있을 것이다.

(3) 통합, 연계교육

영양교육을 다른 학과목이나 특별활동과 연계하여 실시하는 방안을 모색한다면 교육의 효과를 높일 수 있다. 교과목 교사와 협동교육(team teaching)을 실시하여 국어시간에는 식품의 이름을 구별하도록 하거나 식품, 건강, 영양에 관련된 스토리나 역사적인 이야기를 들려 줄 수 있으며, 과학시간에는 식품으로 음식을 만들 때 어떤 변화가 일어나며 음식이 우리 몸에 들어가서 어떻게 소화되고 변화되는지에 대해 다룰 수 있다. 사회시간에는 우리 지역에서 생산되는 농산물, 수입되는 농산물, 과잉 생산된 농산물 소비방법 등에 대하여 살펴보고, 실과시간에는 우리가 먹는 채소 중 간단하게 키울 수 있는 채소를 직접 키우고 관찰함으로써 채소의 성장에 대하여 탐구할 수도 있고 직접 조리하는 방법을 익힐 수 있다. 이러한 교과목간 연계 뿐 아니라 가정통신문 등을 통해 가정과 연계한 교육이 될 수 있도록 하고 지역사회의 보건소 등에서 이루어지는 교육과의 연계를 통해 교육의 효과를 높일 수 있다.

(4) 또래의 영향을 많이 받는 청소년의 교육

청소년기는 신체가 급성장하는 시기로 바람직한 식생활을 통해 심신의 균형 잡힌 발달뿐만 아니라 평생의 건강한 인생을 보장받을 수 있다. 청소년들은 자신을 또래집단의 친구들과 동일시하고 또래집단이 하는 것을 모두 따라 하려는 경향 등 또래집단에 강한 영향을 받으므로, 계획적 행동이론의 주관적 규범, 혹은 사회인지론의 사회적 환경요소를 교육과정에서 충분히 고려해야 한다. 또래와 함께 하는 교육이나 또래 중 성공사례 홍보대사 활용방안 등이 그 예라고 할 수 있다.

또한 특히 청소년기 여학생의 경우 외모에 대한 또래집단의 왜곡된 생각을 내재화함으로써 신경성 섭식장애를 겪기도 한다. 청소년에 대한 비만 예방교육 시 외모에 대한 건강한 인식을 가질 수 있도록 고려하고 신경성 섭식장애 증세가 있는지 주의 깊게 살펴보아야 한다.

청소년은 휴대폰과 인터넷을 많이 사용하므로 청소년 교육을 위한 어플리케이션 등의 개발을 위한 시도도 많이 이루어지고 있다.

3) 어린이 및 청소년 영양교육 프로그램 사례

(1) 돌봄놀이터 영양교육 프로그램

보건복지부와 한국건강증진개발원에서는 **초등학교 저학년의 학교 돌봄교실 혹은 지역아동센터를 활용한 '아동비만예방사업—아삭아삭 폴짝폴짝 건강한 돌봄놀이터'**를 운영하고 이를 위한 영양교육 프로그램을 개발한 바 있다. 이 영양교육 프로그램의 주제는 표 12-13과 같다. '다양한 음식을 골고루 먹어요, 알록달록 채소, 과일을 매일 먹어요, 올바른 건강간식을 먹어요, 건강 음료를 마셔요, 건강 식습관을 길러요, 건강체중을 가져요'의 6개 파트로 나누어 각 파트마다 4차시의 교육을 구성하여 1회성 교육이 아닌 연속교육이 될 수 있도록 구성되어 있다. 이 프로그램을 위한 학습지도안에서는 도입부에 '생각열기'로 흥미를 유발하고 학습안내를 한 후, 전개 부분에서는 해당 주제를 위한 3~4개의 활동을 진행한 후 내용을 요약하는 정리단계로 마무리하는 방식으로 구성되어 있다. 그 중 '알록달록 채소, 과일을 매일 먹어요' 파트의 1주차 및 4주차 학습지도안의 예를 표 12-14 및 표 12-15에 나타내었다. 채소, 과일 주제의 경우 1주차는 채소와 친해지기, 2주차는 과일빙고놀이, 3주차는 채소, 과일 카드놀이, 4주차는 채소, 과일 오감 맞추기로 놀이와 게임 등의 활동을 중심으로 구성되어 있다. 4주차의 채소, 과일 오감 맞추기는 오감으로 채소나 과일의 맛을 표현하기, 오감으로 채소나 과일 맞추기 등의 활동으로 이루어져 있는데, 이는 프랑스에서도 시행하고 있는 어린이 미각 교육의 요소를 활용한 교육이라 할 수 있다. 이 학습지도안에는 어린이 교육자료 뿐 아니라, 가정연계를 위한 자료를 함께 제시하고 있다.

표 **12-13** 아동비만예방사업-건강한 돌봄놀이터 영양교육 주제

주제	주요 내용	차시
1권 다양한 음식을 골고루 먹어요	1-1. 식품구성자전거	1
	1-2. 골고루 식품 장보기	2
	1-3. 건강밥상 만들기	3
	1-4. 식품 스피드 퀴즈	4
2권 알록달록 채소·과일을 매일 먹어요	2-1. 채소 친해지기	5
	2-2. 과일 빙고놀이	6
	2-3. 채소·과일 카드 놀이	7
	2-4. 채소·과일 오감 맞추기	8
3권 올바른 건강간식을 먹어요	3-1. 올바른 간식 섭취 방법 알기	9
	3-2. 건강간식 만들기	10
	3-3. 영양표시 알기(나트륨, 당)	11
	3-4. 건강간식 찾기 놀이	12
4권 건강음료를 마셔요	4-1. 건강음료 알아보기	13
	4-2. 바나나 우유 만들기	14
	4-3. 건강음료와 친해지기	15
	4-4. 건강음료 딱지놀이	16
5권 건강식습관을 길러요	5-1. 건강식습관 알아보기	17
	5-2. 건강식습관 빙고 놀이	18
	5-3. 아침밥의 중요성	19
	5-4. 건강식습관 카드 놀이	20
6권 건강체중을 지켜요	6-1. 건강체중 알아보기	21
	6-2. 건강체중 풍선 놀이	22
	6-3. 건강습관 알아보기	23
	6-4. 건강체중 비행기 놀이	24

자료 : 보건복지부, 한국건강증진개발원. 2016~2019 아동비만예방사업 아삭아삭 폴짝폴짝 건강한 돌봄놀이터 운영성과(2020)

표 **12-14** 아동비만예방사업-건강한 돌봄놀이터 채소, 과일 주제 교수학습계획안의 예1

② 알록달록 채소, 과일을 매일 먹어요!

학습목표	채소와 과일의 종류를 말할 수 있다.	차시	1차시

준비물	가위, 풀, 색연필, 종이부록, 색종이

단계(예상시간')		교수·학습활동	교재
도입	동기유발 (5')	● 생각열기 ▶ 알록달록 채소에 대해 알아보아요! – 채소는 어디에서 자라는지 알아보기 – 잎채소, 열매채소, 뿌리채소에는 어떤 종류가 있는지 알아보기 ▶ 새콤달콤 과일에 대해 알아보아요! – 과일은 어디에서 자라는지 알아보기 – 열매살 발달 형태에 따라 과일이 어떻게 분류되는지 알아보기 – 채소와 과일의 차이 구분하기 ※ 수박, 딸기, 참외 등은 한해살이풀에서 수확하는 열매로 당분이 풍부하여 과일로 취급되기도 하나, 열매채소로 분류하고 있음을 설명	1~2쪽
	학습안내	● 학습목표 확인하기 ▶ 채소와 과일의 종류를 말할 수 있다.	

전개	활동 1 (3')	● 어떤 종류의 채소와 과일이 있을까요?
		▶ 다양한 채소와 과일을 분류하여 알아보기
		 – 채소, 과일들을 구분하여 표시해보기
		   (정답: 잎채소–깻잎, 상추, 배추, 시금치, 파/열매채소–애호박, 가지, 오이, 고추/
		   뿌리채소–당근, 연근, 무, 우엉/과일–포도, 감, 귤, 배, 사과)
			3쪽

	활동 2 (18')	● 어떤 채소·과일을 좋아하나요? ▶ 채소·과일을 먹어본 경험 이야기해 보기 – 최근에 채소나 과일을 먹은 기억을 떠올려 보고 △ 언제 먹었는지, △ 어떤 종류를 먹었는지, △ 먹었을 때의 느낌(기분)은 어땠는지 적거나 그려보기 – 내가 좋아하는 채소나 과일 적거나 그려보기 – 채소나 과일을 먹어본 경험을 친구들에게 이야기해 보기	4쪽
	활동 3 (2')	● 맛있는 비빔밥에 어떤 채소를 넣을까요? ▶ 비빔밥 재료 붙임딱지의 채소이름을 맞춰보고, 예쁘게 붙여보기 – 붙임딱지 채소 외에 비빔밥에 더 넣고 싶은 채소 이야기해 보기 – 다양한 채소를 골고루 먹어야 함을 설명하기	5쪽 스티커북 5쪽
전개	활동 4 (10')	● 알록달록 채소·과일 종이 접기 ▶ 색종이 접기를 통해 채소, 과일과 친해지기 – 종이접기를 하며 채소 또는 과일의 특징 이야기해 보기 – 종이접기 완성 후 바구니에 붙여 꾸며보기 – 채소·과일 바구니 완성 후 선물하고 싶은 사람 이야기해 보기 ※ 종이접기 방법 시범 보여주기 ※ 부록1에 다양한 채소·과일 종이접기 준서도가 있으며, 소요시간에 따라 채소, 과일 접기 종류 선택하여 지도(부록1의 접기 활동에는 색종이 준비 필요) ※ 종이접기 채소·과일을 이용하여 '우리 반 텃밭만들기' 활동 가능(전지 필요)	6~8쪽 부록 1
정리	학습정리 (2')	● 오늘 배운 내용 정리하기 – 채소와 과일의 종류에 대해 이야기해 보고, 앞으로 채소와 과일을 잘 먹기로 약속하기 ● 다음 차시 안내하기	

자료 : 보건복지부, 한국건강증진개발원. 아삭아삭 폴짝폴짝 건강한 돌봄놀이터 놀이형 영양프로그램 학습지도안(2021)

표 **12-15** 아동비만예방사업–건강한 돌봄놀이터 채소, 과일 주제 교수학습계획안의 예2

| 학습목표 | 오감으로 맛을 표현할 수 있다. | 차시 | 4차시 |

준비물 채소·과일(사업 안내서 참고), 검정 주머니 또는 어둠상자, 눈가리개

단계(예상시간')		교수·학습활동	교재
도입	동기유발 (2')	● 생각열기 ▶ 오감으로 맛을 느낄 수 있어요! 　– 음식을 먹는 것과 관련 있는 감각기관에 대하여 이야기해 보기 　　(눈–시각, 코–후각, 입(술), 치아, 피부–촉각, 귀–청각, 혀–미각) 　– 각 기관을 통해 음식의 무엇을 알게 되는지 이야기해 보기 　　(눈–색과 모양, 코–냄새, 입(술), 치아, 피부–촉감, 귀–씹는 소리, 혀–맛)	22쪽
	학습안내	● 학습목표 확인하기 ▶ 오감으로 맛을 표현할 수 있다. 　※ 오감체험 식품(채소, 과일) 중에 알레르기가 있는 아동이 있는지 사전에 확인하여 대체 식품을 　　마련함으로서 교육과정에서 배제되거나 위험에 노출되지 않도록 배려하기	
전개	활동1 (5')	● 오감으로 맛을 어떻게 표현할까요? ▶ 오감으로 음식의 맛을 표현하는 방법 알아보기 　– 눈, 코, 입 등 감각기관으로 맛을 표현한다면 적절한 표현이 무엇일지 생각해보고 선으로 연결하기 　– 알아본 단어 외에 맛을 표현할 수 있는 단어나 문장을 더 이야기해 보기	23쪽
	활동2 (12')	● 채소와 과일을 관찰하고 먹어 보아요! ▶ 오감으로 채소, 과일을 먹어보고 맛을 표현해보기 　– 준비물: 토마토, 파프리카 등 생으로 먹을 수 있는 식품 　– 먹기 전에 사용하는 감각기관이 무엇인지 이야기해보고 오감을 이용해 관찰한 채소와 과일 내용 써보기 **[활동방법]** 　• 색깔과 모양(시각): 모양을 관찰하고 그려보기 　　(색깔, 외관, 여러 가지 단면) 　• 냄새(후각): 냄새 맡기, 들이마시기, 킁킁거리기 등 냄새 표현 　• 손으로 만졌을 때(촉각): 먹기 전 만지기, 누르기, 쓰다듬기, 무게감 　• 씹을 때 나는 소리(청각): 입안에서 나는 소리, 씹을 때 소리 　• 입안에서 느껴지는 음식의 감촉(촉각): 먹을 때 입술과 입안 피부에 닿는 촉각 느끼기, 이로 씹는 느낌 등 　• 혀에서 느껴지는 음식의 맛(미각): 맛보기(단맛, 신맛, 짠맛, 쓴맛 등) 　※ 아동들이 건강 간식과 친해질 수 있도록 식품에 호기심을 가지고 충분히 관찰할 수 있도록 안내하기	24~25쪽

(계속)

단계(예상시간')		교수 · 학습활동	교재
전개	활동3 (20′)	● 나는 무엇일까요? 　▶ 오감을 이용하여 채소, 과일 알아맞히기 　　– 준비물: 키위, 참외 등 제철과일과 오이, 당근, 파프리카 등 생으로 먹을 수 있 　　　는 채소 3~4가지/검정주머니, 눈가리개 　　　(놀이1) 손으로 만져서 채소, 과일 찾기 　　　(놀이2) 냄새를 맡아서 채소, 과일 알아맞히기 　　　※ 시간 소요에 따라 놀이1 또는 2를 선택하여 활용 　　　※ 너무 세게 만지면 채소, 과일이 으깨질 수 있음을 안내하고, 손 위생 관리를 철저히 하도록 함	26~27쪽
정리	학습정리 (1′)	● 오늘 배운 내용 정리하기 　– 오감으로 먹고 느껴본 채소와 과일을 평소에도 잘 먹기로 약속하기	

오감으로 맛을 어떻게 표현할까요?

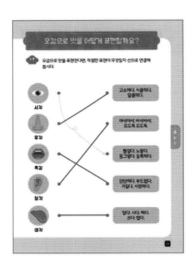

▶ 오감으로 음식의 맛을 표현하는 방법 알아보기
　– 눈, 코, 입 등 감각기관으로 맛을 표현한다면 적절한 표현이 무엇일지 생각
　　해보고 선으로 연결해보기
　　※ 음식의 맛을 어떻게 표현하고 무엇으로 느끼게 되는지 알아보기
　– 알아본 단어 외에 맛을 표현할 수 있는 단어나 문장을 더 이야기해 보기

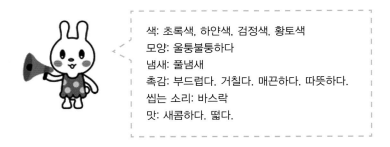

색: 초록색, 하얀색, 검정색, 황토색
모양: 울퉁불퉁하다
냄새: 풀냄새
촉감: 부드럽다. 거칠다. 매끈하다. 따뜻하다.
씹는 소리: 바스락
맛: 새콤하다. 떫다.

　　※ 아동들은 오감으로 음식을 표현하는 것이 익숙하지 않으므로, 오감을 표현하는 단어의
　　　예시를 제시하여 이해를 돕도록 함

자료 : 보건복지부, 한국건강증진개발원. 아삭아삭 폴짝폴짝 건강한 돌봄놀이터 놀이형 영양프로그램 학습지도안(2021)

⊕ 미각교육이란?

- 미각교육은 맛과 식품에 대한 직접 경험을 토대로 제맛에 대한 관심을 갖게 하는 것이며 제맛에 대한 관심을 높이기 위해 맛 표현 활동을 기본 교육 활동으로 구성하고 있다.
- 미각교육을 통해 학생들은 다양한 음식을 먹는 즐거움을 알게 되고, 특히 맛에서 쉽게 외면당하기 쉬운 전통음식이나, 채소, 통곡물과 같은 음식의 제맛을 알아 몸에 이로운 식품을 선택하고 먹는 즐거움을 알게 되는 효과가 검증되고 있는 영양교육의 한 방법이다.

* 출처 : 식품의약품안전처–2017년 초등학생(저학년) 식품안전·영양교육 지침서, 서울시교육청–오감으로 만나는 우리 음식

자료 : 보건복지부, 한국건강증진개발원. 아삭아삭 폴짝폴짝 건강한 돌봄놀이터 놀이형 영양프로그램 학습지도안(2021)

그림 12-5
건강한 돌봄놀이터
어린이 영양교육교재
및 가정연계활동지

자료 : 보건복지부, 한국건강증진개발원. 2016~2019 아동비만예방사업 아삭아삭 폴짝폴짝 건강한 돌봄놀이터 운영성과(2020)

그림 12-6
건강한 돌봄놀이터
학부모용 영양건강
정보지

자료 : 보건복지부, 한국건강증진개발원. 2016~2019 아동비만예방사업 아삭아삭 폴짝폴짝 건강한 돌봄놀이터 운영성과(2020)

| 골고루 먹기 말판 놀이 | 오감 활용 채소·과일 이름 맞히기 |

| 채소·과일 종이 접기 | 직접 만든 바나나 우유와 바나나 맛 우유 비교 |

그림 12-7
건강한 돌봄놀이터
영양프로그램
운영현장

자료 : 보건복지부, 한국건강증진개발원. 2016~2019 아동비만예방사업 아삭아삭 폴짝폴짝 건강한 돌봄놀이터 운영성과(2020)

(2) 식품의약품안전처와 교육부의 식품안전영양 교사용 지도서

식품의약품안전처와 교육부에서는 카페인, 식품첨가물, 식중독, 영양과 식사, 비만과 식이장애, 영양표시에 대한 내용을 교육할 수 있는 초, 중, 고등학교 교사용 '식품안전영양' 지도서와 교육자료를 개발하여 배포하고 있다(그림 12-8).

카드뉴스   책자

그림 12-8
식품의약품안전처와
교육부의 청소년 대상
교육자료의 예

자료 : 식품의약품안전처, 교육부. 식품안전영양 고등학교/중학교 교사용 지도서(2018)

   이 지도서에서 중학교 및 고등학교용으로 제시하고 있는 영양교육의 주제와 고등학교 학습지도안의 예를 표 12-16 및 표 12-17에 제시하였다. 청소년에게 맞는 식품안전 및 영양 주제로, 영양과 식사 주제로는 나의 모습을 살펴보아요, 나는 얼마나 먹어야 하나요? 등의 내용으로 구성되어 있고, 비만과 식이장애 내용으로 비만을 어떻게 예방할 수 있나요? 식이장애를 어떻게 예방할 수 있나요? 등의 내용으로 구성되어 있다.

   이 지도서에는 식품안전 주제가 함께 포함되어 있는데 식품안전주제로는 최근 청소년에서 문제가 되고 있는 카페인 섭취에 대해 다루고 있으며, 식품첨가물과 식중독에 대한 교육내용이 포함되어 있다.

표 **12-16** 식품안전영양 교사용 지도서의 교육주제: 식품안전·영양 지도 계획

대단원	중단원	학습내용
식품안전	1. 카페인	카페인이란 무엇인가요? 청소년은 고카페인 음료를 왜 섭취할까요? 카페인 과잉섭취, 무엇이 문제인가요? 식품 속에는 카페인이 얼마나 들어있을까요? 청소년의 카페인 최대일일섭취권고량은? 생활 속 고카페인 음료 섭취 줄이기 요령은?
	2. 식품첨가물	식품첨가물이란 무엇인가요? 식품첨가물은 안전한가요? 식품첨가물에는 어떠한 것이 있으며 왜 사용하나요? 식품첨가물을 어떻게 확인해야 하나요?
	3. 식중독	식중독이란 무엇인가요? 식중독의 종류와 증상은 무엇일까요? 식중독 예방을 위해 장소에 따라 어떻게 실천해야 할까요?
영양	4. 영양과 식사	현재 나의 모습을 살펴보아요. 나는 얼마나 먹어야 하나요? 식사 구성안에 대해 알아볼까요?
	5. 비만과 식이장애	비만이란 무엇인가요? 비만! 왜 문제인가요? 비만은 어떻게 예방할 수 있을까요? 식이장애란 무엇인가요? 식이장애는 어떻게 예방할 수 있을까요?
	6. 영양표시	영양표시란 무엇인가요? 영양표시는 왜 확인해야 할까요? 모든 식품은 영양표시가 있을까요? 영양표시는 어떤 순서로 읽나요? 영양표시에는 어떤 내용이 있을까요? 생활 속에서 영양표시는 어떻게 활용할까요?

자료 : 식품의약품안전처, 교육부. 식품안전영양 고등학교 교사용 지도서(2018)

표 12-17 식품안전영양 교사용 지도서의 교육내용의 예: 비만과 식이장애

> 지침서
> **05** **비만과 식이장애**

단원 개요

청소년기에 많이 나타나고 있는 잘못된 식생활에 대해 생각해 보고, 이러한 식생활로 인한 문제점인 비만과 식이장애의 의미와 예방법을 학습한다. 문제에 대한 생각해 보기, 실생활에 적용할 수 있는 활동을 통하여 올바른 식생활을 할 수 있도록 지도한다.

단원 배경

최근 많은 청소년들이 아침 결식, 패스트푸드 과잉 섭취, 잦은 야식 섭취, 원푸드 다이어트, 편식, 잘못된 신체상 등 식생활과 관련하여 잘못된 습관들과 인식을 갖고 있다. 아침 식사를 거르는 것은 규칙적인 식생활을 깨뜨리고, 패스트푸드나 야식을 과도하게 섭취하는 것은 비만의 원인이 된다. 소아청소년기의 비만은 성인 비만으로 이어질 가능성이 높고, 결국 여러 합병증으로 인해 건상이 나빠지고 삶의 질도 저하된다. 또한 최근 청소년들은 청상 체중에 대한 개념을 잘 세우지 않은 상태에서 대중매체 속 아이돌, 연예인들의 몸매를 이상적으로 생각하고 무분별하게 받아들여 잘못된 신체상을 갖게 된다. 이에 따라 체중 감량을 위해 원푸드 다이어트, 무조건 굶기 다이어트 등 잘못된 다이어트를 하고, 살이 찌는 것에 대해 극도록 두려워하는 청소년들이 증가하고 있다. 따라서 이로 인한 문제점을 알고, 예방하기 위해 올바른 식생활을 하는 것이 중요하다.

타 교과와의 연계

학년	관련 교과/출판사	해당 범위	교과 내용
고등학교	운동과 건강생활/ 두산동아	2. 운동과 비만 관리	• 비만의 정의, 원인, 문제점 • 비만 예방관리 • 식이장애, 외모와 신체이미지

◀ 1 교수 · 학습 목표

◎ 청소년기에 나타나는 식생활과 관련된 문제점에 대해 알 수 있다.
◎ 비만과 식이장애의 예방법을 실천할 수 있다.

◀ 2 중점 활동

◎ 고열량 · 저영양 식품 판별해 보기
　고열량 · 저영양 식품을 직접 판별해 보고, 실제 식품을 선택할 때 적용해보기
◎ 식이장애 판별해 보기
　식이장애 판별 기준을 통하여 식이장애 판별해 보기
◎ 올바른 식생활 실천 방법 생각하기
　식생활 개선이 필요한 가상의 인물들을 통하여 올바른 식생활을 위한 실천 방법을 생각해 보기

(계속)

3 지도상의 유의점

본 단원에서는 생각 열기를 통해 청소년기의 식생활 문제점이 무엇인지, 나에게 해당되는 문제점은 무엇인지 생각해 보고, 청소년기의 잘못된 식생활로 인해 발생되는 대표적인 문제점인 비만과 식이장애에 대한 개념을 이해하고, 예방하는 방법을 지도한다.

4 교수 · 학습 과정 개요

학습 문제 인지하기	• 청소년의 잘못된 식생활이 무엇인지 알아보고, 이로 인한 문제점이 무엇인지 생각해 보기
학습 내용 파악하기	• 비만이란 무엇인가요? • 비만! 왜 문제인가요? • 비만은 어떻게 예방할 수 있을까요? • 식이장애란 무엇인가요? • 식이장애는 어떻게 예방할 수 있을까요?
학습 내용 정리하기	• 비만과 식이장애에 대해 평가하기 • 잘못된 식생활로 인한 문제점을 알고 예방법 정리하기
행동 실천 다짐하기	• 비만과 식이장애 예방을 위한 올바른 식생활을 할 것을 다짐하기

자료 : 식품의약품안전처, 교육부. 식품안전영양 교등학교 교사용 지도서(2018)

(3) 식품의약품안전처와 대한지역사회영양학회의 어린이를 위한 영양 · 식생활 실천 가이드 전자책

그림 12-9
어린이를 위한
영양 · 식생활
실천 가이드 전자책
'똑똑하게 먹고
건강해지자'

대한지역사회영양학회와 식품의약품안전처에서는 어린이를 위한 영양·식생활 실천 가이드 전자책 '똑똑하게 먹고 건강해지자'를 개발한 바 있다(그림 12-9). 1차시에는 '올바른 식생활의 중요성에 대한 이유', 2차시에는 '똑똑하게 먹기', 3차시에는 '요리사 되어 보기', 4차시에는 '건강한 몸 만들기'로 구성되어 있다.

자료 : 식품의약품안전처, 대한지역사회영양학회

표 **12-18** 어린이를 위한 영양·식생활 실천 가이드 전자책 '똑똑하게 먹고 건강해지자' 교육 프로그램

차시	주제	학습목표	학습내용	학습자료
1	올바른 식생활의 중요성에 대한 이유	식품구성자전거를 설명할 수 있다.	식품구성자전거의 6대 영양소의 균형 있는 섭취	PPT 자료, 퀴즈
2	똑똑하게 먹기	• 좋은 간식을 선택할 수 있다. • 영양표시를 활용 할 수 있다.	바람직한 간식, 영양 표시	PPT 자료, 과자 포장지
3	요리사 되어 보기	좋은 간식을 만들 수 있다.	과일, 견과류, 요구르트, 시리얼로 요구르트탑 만들기	PPT 자료, 요구르트탑 재료
4	건강한 몸 만들기	간식 칼로리를 소모하기 위해 필요한 운동량을 안다.	일상생활에서 실천 가능한 신체활동과 운동법	PPT 자료

자료 : 박미란·김숙배(2018)

(4) 밥상머리 교육

어린이 및 청소년에게 직접 식생활 교육 및 영양교육을 제공하는 것이 아니더라도, 교육부를 중심으로 가정의 밥상머리 교육의 중요성을 강조하고 이를 위한 학부모 대상의 교육프로그램을 구성한 바 있다. 가족이 함께 하는 식사의 장점과, 이를 통한 신체적 건강 및 어린이의 안정감과 교육의 효과 등에 대해 교육하고, 부모의 양육태도와 가족식사의 방해 요소 등의 교육 프로그램으로 구성되어 있으며, 가족이 함께 하는 식사의 중요성을 강조하고 있다는 점에서 영양교육과 연계될 수 있는 내용이라 할 수 있다.

ACTIVITY

활동 1 영유아의 교수학습지도안의 예로 제시된 본문의 표 12-5~표 12-8에서 동일한 주제에 대해 0~2세와 3~5세 교육이 어떻게 다르게 구성되어 있는지 논의해보자.

활동 2 본문에 제시된 영유아 교수학습지도안과 영유아 교육원리을 참고하여 영유아용 영양교육을 위한 교수학습지도안을 개발해보자.

본문에 제시된 어린이 및 청소년용 교수학습지도안을 참고하여 어린이 혹은 청소년용 영양교육을 위한 교수학습지도안을 개발해보자.

활동 3

CHAPTER 13

생애주기별 영양교육 :
성인 및 노인

학습목표

- 성인 및 노인의 주요 영양문제를 설명할 수 있다.
- 산업체, 지역사회, 병원에서 시행되고 있는 영양교육 프로그램 사례를 설명할 수 있다.
- 각 현장에 맞는 성인 및 노인 대상 영양교육 프로그램을 계획할 수 있다.

우리나라는 만성질환 유병률이 증가하고 있는 것과 동시에 노인인구가 급격히 증가하고 있어 개인적으로나 사회적으로 질환 관리와 의료비의 증가에 대한 부담이 문제가 되고 있다. 한국인의 보건의식행태 조사결과에 의하면 좋은 식습관은 질병을 예방할 수 있다. 건강행위 실천 항목인 음주, 흡연, 비만 및 체중 조절, 식생활, 운동, 수면, 건강진단 및 예방활동에 관하여 바람직한 방향의 실천을 잘 할수록 질병 이환율이 낮게 나타났다. 따라서 만성질환 유병과 노인인구 증가로 인한 사회경제적 부담을 줄이기 위해서는 성인기 초년에서부터 개인뿐 아니라 지역사회, 국가 차원의 효과적인 영양교육 프로그램 개발이 필요하다.

1. 성인 및 노인의 영양교육

1) 성인 및 노인의 영양문제

(1) 만성질환

우리나라 30세 이상 성인의 만성질환 유병률은 최근 20년간 꾸준히 증가하고 있다(그림 13-1, 13-2). 그 중 고혈압, 이상지질혈증, 당뇨 등의 주요 원인인 비만의 유병률은 2019년 국민건강영양 조사결과 남자 43.1%, 여자 27.4%로 1998년 이후 남자 유병률은 크게 증가하고 있으나 여자 유병률은 큰 변화없이 유지하다가 2016년을 기점으로 소폭 감소하고 있다. 연령별 비만 유병률을 살펴보면 남자는 30대에서 가장 높은 46.4%인 반면 여자는 70대에서 가장 높은 37.0%로 나타났다.

30세 이상 성인의 고혈압 유병률은 27.2%로 남자는 31.1%, 여자는 22.8%였다. 남녀 모두 연령이 증가할수록 유병률이 높아지는 것으로 나타나 60대 이상에서의 고혈압 유병률은 50% 이상이며 여자의 경우 70대의 고혈압 유병률이 72.4%로 60대에 들어서면서 고혈압 유병률이 급격히 증가하는 것을 알 수 있다.

당뇨병 유병률은 평균 11.8%로 남자 14.0%, 여자 9.5%인 것으로 나타났다. 당뇨병 역시 남녀 모두 연령에 따라 유병률이 증가하여 70대 이상에서의 당뇨병 유병률은 30대에 비해 10배 이상 증가하는 것을 알 수 있다.

최근 만성질환 유병률 변화에서 눈에 띄는 것은 고콜레스테롤혈증이다. 2014년 이후 유병률이 다른 만성질환과 비교시 뚜렷하게 증가하고 있어 2019년 고콜레스테롤혈증 유병률은 22.3%로 2014년의 14.6% 대비 50% 이상 증가한 것을 알 수 있다. 특히 50대 이후에서는 남자에 비해 여자의 유병률이 더 높다.

이들 만성질환의 치료율 및 조절률은 꾸준히 증가하고 있지만 고콜레스테롤혈증의 치료율은 아직 53.1%에 불과하며, 특히 당뇨병의 경우 치료자 기준 조절률이 25.5%로 매우 저조한 수준이어서 지속적인 관심이 필요한 상황이다(그림 13-3).

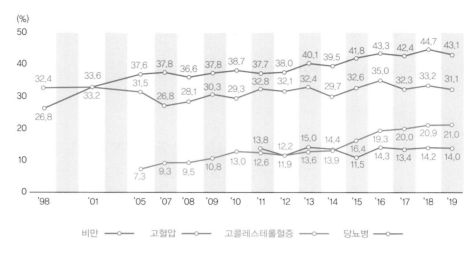

(A) 남자

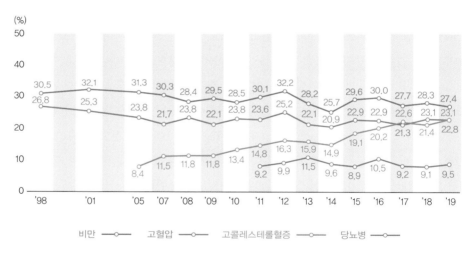

그림 **13-1**
성별 연도별
만성질환 유병률

(B) 여자

※ 비만 유병률(체질량지수기준) : 체질량지수(BMI, kg/m^2)가 25 이상인 사람의 분율, 만 30세 이상
※ 고혈압 유병률 : 수축기혈압이 140mmHg 이상이거나 이완기혈압이 90mmHg 이상 또는 고혈압약물을 복용한 분율,
  만 30세 이상('08년 7월~'10년 측정치 보정 산출)
※ 당뇨병 유병률 : 공복혈당이 126mg/dL 이상이거나 의사진단을 받았거나 혈당강하제복용 또는 인슐린 주사를 사용하
  거나, 당화혈색소 6.5% 이상인 분율, 만 30세 이상
※ 고콜레스테롤혈증 유병률 : 8시간 이상 공복자 중 총콜레스테롤이 240mg/dL 이상이거나 콜레스테롤강하제를 복용
  한 분율, 만 30세 이상
※ 연도별 : 2005년 추계인구로 연령보정한 표준화율
자료 : 질병관리청. 2019 국민건강영양조사 결과 발표(2020)

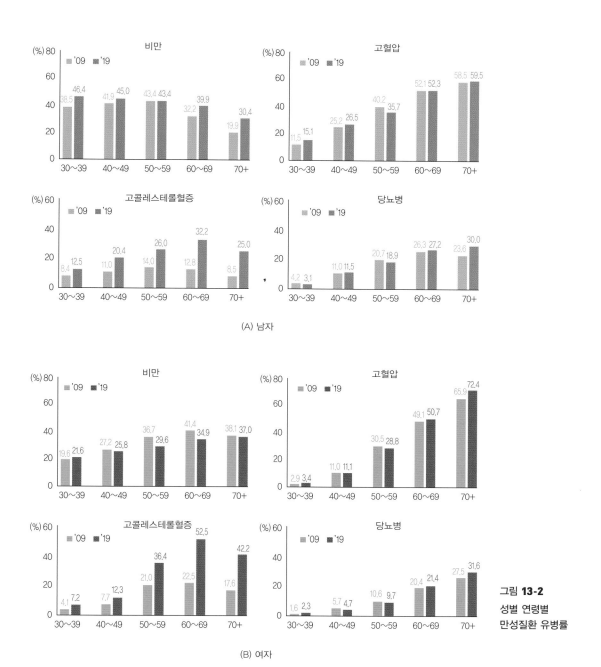

(A) 남자

(B) 여자

그림 13-2
성별 연령별
만성질환 유병률

자료 : 질병관리청. 2019 국민건강영양조사 결과 발표(2020)

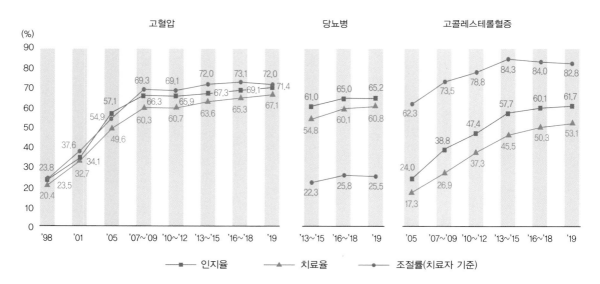

※ **고혈압 인지율** : 고혈압 유병자 중 의사로부터 고혈압 진단을 받은 분율, 만 30세 이상
※ **고혈압 치료율** : 고혈압 유병자 중 고혈압약물을 한달에 20일 이상 복용한 분율, 만 30세 이상
※ **고혈압 조절률(치료자 기준)** : 고혈압 치료자 중 수축기혈압 140mmHg 미만이면서, 이완기 혈압 90mmHg 미만인 분율, 만 30세 이상
※ **당뇨병 인지율** : 당뇨병 유병자(공복혈당 또는 당화혈색소) 중 의사로부터 당뇨병 진단을 받은 분율, 만 30세 이상
※ **당뇨병 치료율** : 당뇨병 유병자(공복혈당 또는 당화혈색소) 중 현재 혈당강하제를 복용 또는 인슐린 주사를 사용하는 분율, 만 30세 이상
※ **당뇨병조절률(치료자 기준)** : 당뇨병 치료자 중 당화혈색소가 6.5% 미만인 분율, 만 30세 이상
※ **고콜레스테롤혈증 인지율** : 고콜레스테롤혈증 유병자 중 의사로부터 고콜레스테롤혈증 진단을 받은 분율, 만 30세 이상
※ **고콜레스테롤혈증 치료율** : 고콜레스테롤혈증 유병자 중 현재 콜레스테롤강하제를 한 달에 20일 이상 복용하는 분율, 만 30세 이상
※ **고콜레스테롤혈증 조절률(치료자 기준)** : 고콜레스테롤혈증 치료자 중 총콜레스테롤 수치가 200mg/dL 미만인 분율, 만 30세 이상
자료 : 질병관리청. 2019 국민건강영양조사 결과 발표(2020)

그림 13-3 성인 만성질환 관리수준

　　암은 우리나라 사망률 1위 질환으로 2018 암등록통계 기준 조발생률은 10만 명당 남자 502.9명, 여자 447.8명, 전체 475.3명이다. 기대수명까지 생존 시 암발생 확률은 남자 39.8%, 여자 34.2%로 남자는 5명 중 2명이 여자는 3명 중 1명이 암이 발생하게 된다. 암 발생률 역시 연령에 따라 증가하여 60세 이후 남자에게서 암 발생률이 급격히 증가하고 있으며 연령군별로 발생하는 암종을 보면 연령이 높아질수록 생활습관과 관련이 높은 위암, 대장암, 유방암, 전립선암 등의 발생 비율이 높아짐을 알 수 있다(그림 13-4).

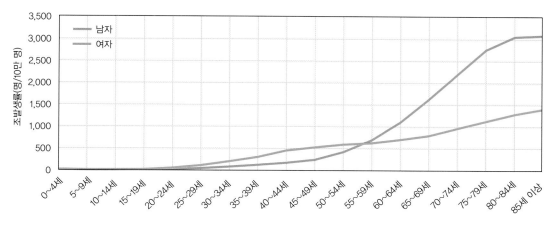

(A) 연령별 암 조발생률

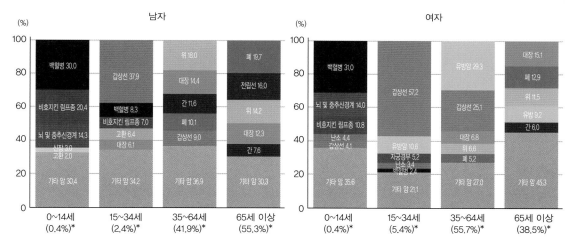

* 전체 암발생자 중 연령별 암환자수 분율

(B) 연령군별 주요 암종 발생분율

자료 : 보건복지부. 암등록통계(2018)

그림 13-4 연령별 암발생 현황

(2) 영양섭취 불균형

우리나라 성인에게는 영양부족과 영양과잉이 함께 공존하는 영양섭취 불균형 문제가 있다. 2019년 국민건강영양조사에 나타난 성인의 연령별 에너지 부족/과잉 섭취비율을 살펴보면 남녀 모두에서 19~29세와 65세 이상에서 에너지를 부족하게 섭취하는 비율이 다른 연령층에 비해 높은 것을 알 수 있다(그림 13-5). 또한 단백질을 비롯한 주요 영양소 섭취수준을 보면 칼슘, 비타민A, 리보플라빈, 엽산, 비타민C의 섭취수준이 낮은 것으로 보고되고 있다. 65세 이상 노인의 경우 철, 엽산을 제외한 모든 영양소에서 섭취기준 미만자 비율이 다른 연령대의 성인보다 높았으며 특히 지방의 섭취기준 미만 섭취자 비율이 50% 가까이 되고 있다(그림 13-6).

식생활 평가 지수는 성인의 식생활 권장사항 준수 여부를 정량적으로 평가하는 도구이다. 국내 성인의 식생활 평가 지수 점수는 62.4점이며 남자는 60.9점으로 여자 63.8보다 낮았다. 연령별로는 19~29세에서 54.6점으로 가장 낮은 점수를 보였고 60대까지는 점차 증가하다가 70세 이상에서 65.9점으로 다소 감소하

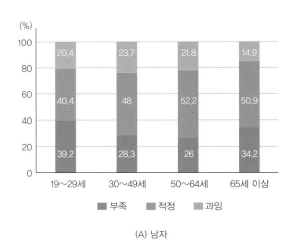

(A) 남자

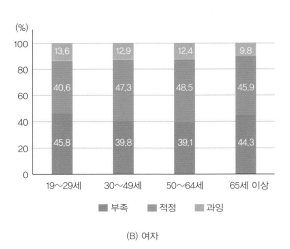

(B) 여자

부족 : 에너지 섭취량이 필요추정량[1]의 75% 이하인 분율
과잉 : 에너지 섭취량이 필요추정량[1]의 125% 이상인 분율
[1] 필요추정량 : 2015 한국인 영양섭취기준(보건복지부, 2015)
자료 : 보건복지부. 2019 국민건강영양조사(2020)

그림 13-5 성인 에너지 부족/과잉 섭취자 비율

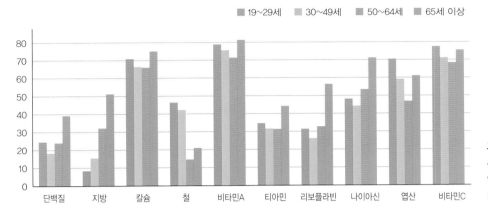

그림 13-6
성인 영양소별
영양소 섭취기준[1]
미만 섭취자 비율

[1] 2015 한국인 영양섭취기준(보건복지부, 2015); 지방, 지방 에너지 적정비율의 하한선; 그 외 영양소, 평균필요량
자료 : 보건복지부, 2019 국민건강영양조사(2020)

였다(그림 13-7). 연령별 식생활평가지수를 보면 우유 및 유제품 항목의 경우 모든 연령에서 50점 미만이었으며, 잡곡과 과일 섭취 항목의 경우 20, 30대에서 가장 낮았으며, 탄수화물 에너지 섭취비율은 60대 이상 노인에게서 가장 낮아 젊은 연령대의 성인은 잡곡이나 과일 섭취가 적고 노인은 탄수화물 섭취량이 많은 것으로 나타났다(그림 13-8).

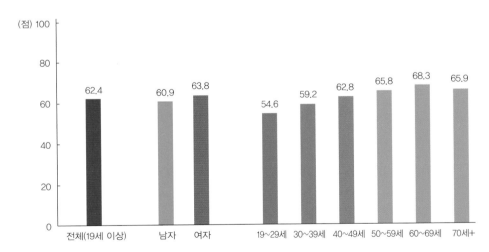

그림 13-7
성인의 식생활
평가 지수

자료 : 질병관리본부, 국민건강영양조사 FACT SHEET−건강행태 및 만성질환의 20년간(1998~2018)년의 변화(2020)

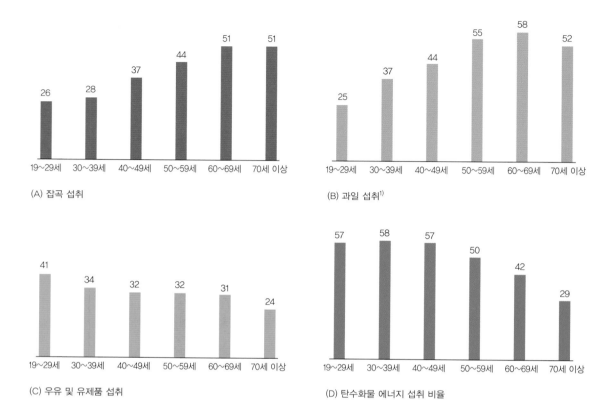

(A) 잡곡 섭취

(B) 과일 섭취[1]

(C) 우유 및 유제품 섭취

(D) 탄수화물 에너지 섭취 비율

[1] 총 과일 섭취와 생과일섭취 항목의 합
* 항목별 점수(10점 또는 5점)를 100점을 기준으로 환산
자료 : 질병관리본부. 국민건강영양조사 FACT SHEET-건강행태 및 만성질환의 20년간(1998~2018)년의 변화(2020)

그림 **13-8** 성인 연령별 식생활 평가 항목별 점수

(3) 나트륨 과다 섭취

2019년 국민건강영양조사에 따르면 우리나라 19세 이상 성인의 1일 나트륨 평균 섭취량은 5,772mg으로 2009년도 섭취량 6,974mg과 비교 시 상당히 감소하였으나 아직도 목표섭취량 2,000mg(2015 한국인 영양섭취기준)을 초과하고 있다. 그림 13-9에서 보듯이 여자보다 남자에서 나트륨을 과다하게 섭취하는 비율이 더 높으며, 남녀 모두 30~49세에서 나트륨을 과다하게 섭취하는 비율이 가장 높다. 우리나라 성인의 나트륨 급원 음식을 종류별로 살펴보면 국, 찌개, 면류에서 나트륨 섭취량이 높게 나타나고 있어 이들 음식의 섭취 관리가 필요하다.

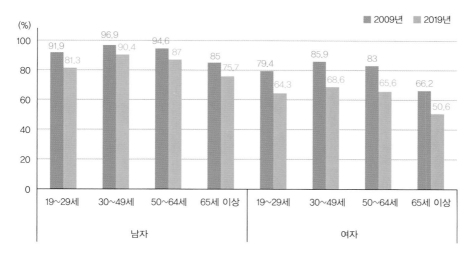

그림 **13-9**
나트륨을 목표섭취량
(1일 2,000mg) 이상으로
섭취하는 비율

자료 : 보건복지부. 2019 국민건강영양조사(2020)

(4) 건강행태와 만성질환

흡연은 암, 심장질환, 폐질환, 당뇨를 포함한 다양한 질환의 원인이다. 2019년도 우니라라 남자의 흡연율은 36.7%로 2009년의 47.0%에 비하면 크게 감소하였지만 여자의 경우 6.7%로 2009년의 7.1%와 유사한 수준이다(그림 13-10의 (A)). 여자의 경우 연령별로 보면 50대 이후의 흡연율은 1998년에 비해 감소하였으나, 20대~40대의 흡연율은 2배 가까이 증가하였다(그림 13-10의 (B)).

음주는 심혈관계 질환, 암, 간질환을 포함한 다양한 질환의 원인이다. 남자 음주수준은 감소 경향이나 월간음주율(최근 1년동안 월 1회 이상 음주한 비율)이 72.4%로 여전히 높은 수준이며. 여자의 월간음주율은 43.2%로 꾸준히 증가하고 있다. 최근 1년 동안 월 1회 이상 폭음(한 번의 술자리에서 남자 7잔, 여자 5잔 이상 음주) 비율인 월간폭음률은 남자 52.6%, 여자 24.7%이며 남자는 70대를 제외한 전 연령군에서 여자는 19~29세에서 폭음비율이 높게 나타나고 있다(그림 13-11). 폭음을 하는 경우 비만, 고혈압 등 만성질환 유병률이 폭음을 하지 않는 경우에 비해 더 높은 것으로 나타나고 있다.

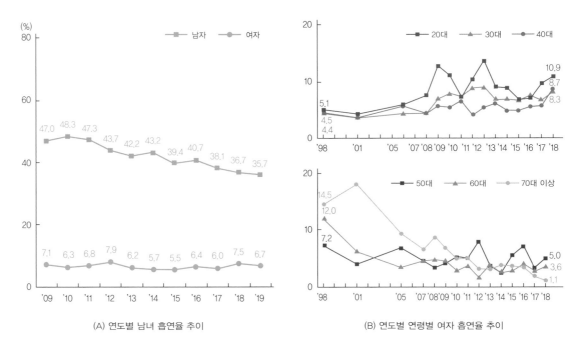

(A) 연도별 남녀 흡연율 추이   (B) 연도별 연령별 여자 흡연율 추이

※ 현재흡연율 : 평생 담배 5갑(100개비) 이상 피웠고 현재 담배를 피우는 분율, 만 10세 이상
자료 : (A) 보건복지부. 2019 국민건강영양조사(2020)
　　　(B) 질병관리본부. 국민건강영양조사 FACT SHEET-건강행태 및 만성질환의 20년간(1998~2018)년의 변화(2020)

그림 **13-10** 현재 흡연율 추이

규칙적인 신체활동은 체중조절에 도움이 되며, 고혈압, 당뇨병, 암 등의 만성질환의 위험을 감소시킨다. 국민건강영양조사에 나타는 연령별 유산소신체활동 실천율은 처음 조사가 실시된 2014년과 비교시 남녀 모두 10% 내외 감소했다. 유산소 신체활동 감소가 가장 큰 연령은 50대로 5년 동안 신체활동 실천율 변화가 56.3%에서 41.4%로 감소하였다. 근력운동 실천율은 최근 10년간 남녀 모두에서 약간 상승한 상태이지만 여자가 남자에 비해 2배 이상 실천율이 낮은 상태인 것으로 나타났다. 근력운동 실천자는 미실천자에 비해 비만, 고혈압, 당뇨병 유병률이 모두 낮은 것으로 나타나고 있다.

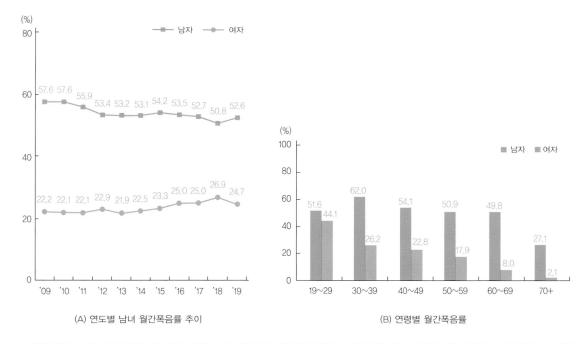

(A) 연도별 남녀 월간폭음률 추이

(B) 연령별 월간폭음률

※ 월간폭음률 : 최근 1년 동안 월 1회 이상 한번의 술자리에서 남자의 경우 7잔(또는 맥주 5캔) 이상, 여자의 경우 5잔(또는 맥주 3캔) 이상 음주한 분율, 19세 이상
자료 : (A) 보건복지부. 2019 국민건강영양조사(2020)
　　　 (B) 질병관리청. 2019 국민건강영양조사 결과 발표(2020)

그림 **13-11** 월간폭음률 추이

　요약하면 최근 우리나라는 전반적으로 신체활동이나 채소·과일의 섭취는 줄어들면서 지방 섭취는 증가하고 있다. 남자 흡연율은 큰 폭으로 감소하였고, 폭음률은 줄어들고 있음에도 여전히 높은 수준이다. 반면에 여자 흡연율은 감소하지 않은 채 폭음률은 꾸준히 증가하고 있다(그림 13-13). 이러한 인구학적 특성에 따른 건강행태 및 식습관을 이해하고 성인 및 노인기의 영양상담 과정에서 관련 요인들을 밝혀 영양상담 과정에 반영한다.

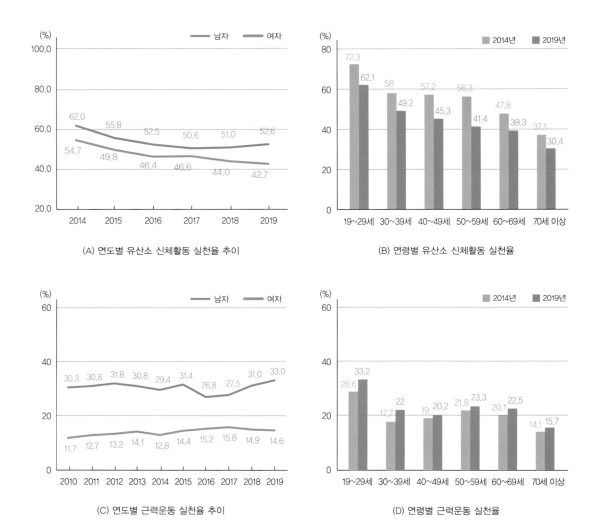

(A) 연도별 유산소 신체활동 실천율 추이

(B) 연령별 유산소 신체활동 실천율

(C) 연도별 근력운동 실천율 추이

(D) 연령별 근력운동 실천율

※ 유산소신체활동 실천율 : 일주일에 중강도 신체활동을 2시간 30분 이상 또는 고강도 신체활동을 1시간 15분 이상 또는 중강도와 고강도 신체활동을 섞어서(고강도 1분은 중강도 2분) 각 활동에 상당하는 시간을 실천한 분율
※ 근력운동 실천율 : 최근 1주일 동안 팔굽혀펴기, 윗몸 일으키기, 아령, 역기, 철봉 등의 근력운동을 2일 이상 실천한 분율
자료 : 보건복지부, 2019 국민건강영양조사(2020)

그림 **13-12** 신체활동 실천율 추이

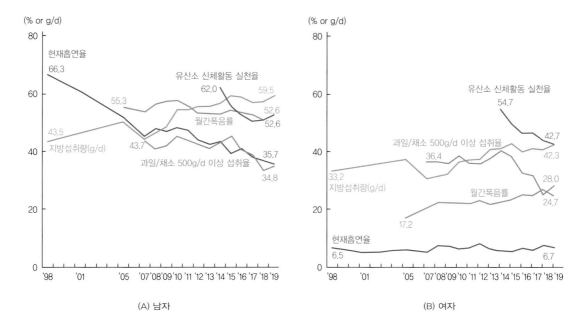

(A) 남자   (B) 여자

※ 현재흡연율(만 19세 이상) : 평생 담배 5갑(100개비) 이상 피웠고 현재 담배를 피우는 분율('98년에는 20세 이상 조사, '19년부터 일반담배(궐련)으로 문항변경
※ 유산소 신체활동 실천율(만 19세 이상) : 일주일에 중강도 신체활동을 2시간 30분 이상 또는 고강도 신체활동을 1시간 15분 이상 또는 중강도와 고강도 신체활동을 섞어서(고강도 1분은 중강도 2분) 각 활동에 상당하는 시간을 실천한 분율
※ 월간폭음률(만 19세 이상) : 최근 1년 동안 월 1회 이상 한번의 술자리에서 남자의 경우 7잔(또는 맥주 5캔) 이상, 여자의 경우 5잔(또는 맥주 3캔) 이상 음주한 분율
※ 지방섭취량(만 19세 이상) : 1일 지방 섭취량의 평균
※ 과일/채소 500g/d 섭취율(만 19세 이상) : 과일 및 채소를 1일 500g 이상 섭취한 분율
자료 : 질병관리청. 2019 국민건강영양조사 결과 발표(2020)

그림 13-13 연도별 성별 건강행태 변화 추이

(5) 노인의 영양문제

노인기에 접어들면 노화로 인해 감각인지 능력의 감퇴, 식욕감소, 저작, 연하기능 장애, 소화 능력의 감소 및 심리적인 변화를 동반하는 신체기능의 저하가 발생한다. 이와 동시에 다양한 질환이 발생하고 이로 인한 약물 복용이 증가하는 등의 문제로 경구 섭취가 감소하면서 영양불량의 빈도가 높아지게 된다. 또한 음식을 준비하는데 어려움이 있거나, 움직이지 못하는 경우(immobility), 우울증, 사회적 고립 등의 문제가 있는 경우 영양불량의 위험이 높아진다. 그림 13-14에서 나타난 바와 같이 노인에서 영양섭취를 부족하게 하는 비율이 더 높으며 노인 중에서

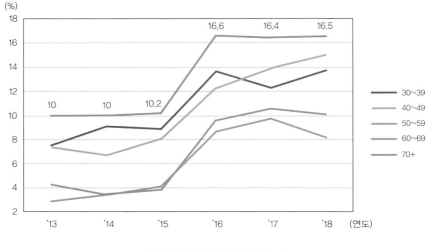

(A) 연령별 영양섭취부족 분율 추이

그림 13-14
우리나라 노인의
영양섭취부족 현황

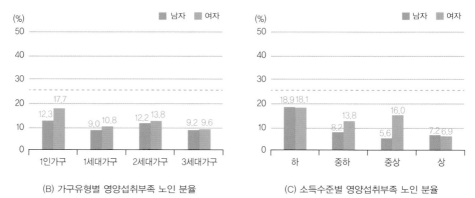

(B) 가구유형별 영양섭취부족 노인 분율   (C) 소득수준별 영양섭취부족 노인 분율

영양섭취부족 분율 : 에너지 섭취량이 필요추정량의 75% 미만이면서 칼슘, 철, 비타민A, 리보플라빈의 섭취량이 평균필
요량(2015 한국인 영양섭취기준) 미만인 분율
※ 국민건강영양조사 제6기(2013~2015), 만 75세 이상

자료 : (A) 보건복지부. 2019 국민건강영양조사(2020)
   (B) 보건복지부 질병관리본부. 우리국민의 식생활 현황(2018)

도 소득 수준이 낮거나 독거 형태로 거주하고 있는 노인에서 영양섭취부족 비율
이 높으므로 영양교육이나 상담 시 이에 대한 조사가 반드시 필요하다. 노인의 영
양불량 위험 요인에 따른 영양상담 전략은 표 13-1과 같다.

표 **13-1** 노인의 영양불량 요인에 따른 영양상담 전략

위험 요인	영양상담 전략
식욕부진	• 복용하는 약물의 부작용을 확인 • 소량씩 자주 섭취하도록 격려 및 영양보충식품 제공 • 제공하는 음식과 간식은 작은 용기에 보기 좋게 담아 제공 • 개별적 식품 기호 제공 • 수분 섭취는 식사 후에 하도록 유도 • 식사 시간이 즐거운 시간이 되도록 환경 조정 • 식욕을 증진시키는 방법 협의 − 식사 전 산책 등 • 필요시 식욕촉진제 처방에 대해 의료진과 상의
저작장애	• 구강검진 안내 및 구강 위생 교육 • 다진 음식 제공이 가능한 환경인지 확인하고 조리법 교육
연하장애	• 식사 중 기침, 사레 들림 여부 확인하고 필요시 정확한 진단을 위한 타 의료진 연계 • 삼킴 능력 단계에 따른 식사 준비 방법 교육 • 경구 섭취 가능 여부 확인 후 필요시 경관급식
피로감이나 신체능력 저하로 식사 준비 어려움	• 신체 기능에 문제가 있는 경우 물리 치료 연계 • 반조리 식품이나 밀키트 등 사용 교육 • 조리법 교육 • 식사 지원 연계
움직이지 못함	• 신체 기능에 문제가 있는 경우 물리 치료 연계 • 식사 보조 기구/ 보조원 연계
우울	• 복용하는 약물 확인 • 필요 시 치료를 위한 상담 및 의료진 연계
사회적 고립	• 사회적 지원 연계

이상에서 살펴본 바와 같이 성인 및 노인기의 건강 행태 및 영양관련 생활습관 문제는 만성질환과 밀접한 관련이 있고 노인인구 증가로 인한 의료비 부담을 줄이기 위해서는 성인기 초년에서부터 개인뿐 아니라 지역사회, 국가 차원에서의 영양교육 및 상담 프로그램이 필요하다.

2. 산업체 영양교육과 상담의 실제

성인들이 산업체에 근무하며 경제활동을 하는 시기에는 대부분 스트레스, 잦은 음주, 흡연, 운동 부족으로 식생활 및 생활습관과 관련된 문제를 가지고 있어 비만과 각종 만성질환 발생에 취약한 상태이다. 앞서 살펴본 바와 같이 이 시기에는 각종 만성질환이 점차 증가하는 시기이면서도 생활습관 관리가 가장 어려운 시기이기도 하다. 따라서 직장인들의 질병 예방을 위한 전문적인 영양교육과 상담 등 산업체 현장에서 요구되는 영양서비스의 필요성이 증가되고 있다. 또한 식품 생산과 관련되거나 산업체에서 직원들의 건강 복지에 대한 의사 결정 권한을 가지고 있는 산업체 경영자나 관리자들을 교육시킴으로써 산업체 현장에서 영양교육이 활성화되도록 유도할 수 있을 것이다.

1) 근로자 대상 영양교육과 상담

(1) 영양교육의 목표

근로자의 건강은 개인의 의료비 외에 기업의 생산성 향상과 경쟁력 강화는 물론 국가 경쟁력의 근간이 된다. 직장에서의 영양교육 프로그램이 확대되면 근로자들은 건강관리에 필요한 건강 및 식생활 정보를 편리하게 제공받을 수 있게 된다. 특히, 건강검진 후 검진 결과와 관련된 영양상담을 포함한 건강증진 프로그램을 실시한다면 더욱 효과적이다. 질병 예방을 위한 건강증진 프로그램의 한 부분으로써 영양교육 프로그램 교육목표의 예를 들면 다음과 같다.

- 올바른 식생활과 생활습관을 실천하도록 한다.
- 과다한 음주를 절제하고 적절한 음주습관을 갖도록 한다.
- 체중 조절을 통해 정상체중을 유지하도록 한다.

(2) 영양교육의 내용

근로자들을 대상으로 한 영양교육은 대상자들의 건강상태와 요구에 맞는 목표와 내용으로 구성하는 것이 바람직하다. 예를 들면, 고혈압 위험군에 속하는 근로자들을 대상으로 정상혈압을 유지하는 것을 목표로 정한 경우 교육내용은 식사 중

소금과 에너지의 섭취를 줄이는 방법, 규칙적인 운동과 신체활동 증가를 실천하는 방법 등으로 구성한다.

(3) 영양교육의 방법

근로자들에 대한 영양판정, 영양지식 정도, 근로자들이 관심을 가지고 있는 영양교육 내용 등을 기본으로 하고 산업체의 특성을 고려하여 여러 가지 영양교육 프로그램을 실시할 수 있다. 전체 근로자 대상으로는 올바른 식생활이나 외식의 문제점, 규칙적인 식사의 중요성 등 근로자 전반에 해당되는 내용에 대한 교육을 인터넷 사보나 사내 방송을 통해 진행할 수 있다. 반면에 당뇨병 위험군 등 같은 특성을 지닌 소규모 그룹을 대상으로 교육을 실시하면 공통적인 건강 문제를 서로 토의하고 사례연구를 할 수 있으며 동기유발도 될 수 있어 더 효과적이다. 직원 식당에서 제공하는 식사 중에 일부를 건강식으로 제공하면서 게시판 등을 이용하여 교육자료를 제공하는 방법도 있다. 사내에 있는 음료 자판기나 휴게실, 계단 등의 시설 등을 활용하여 건강한 식생활과 관련된 교육자료를 제공하는 방법도 있다.

그림 13-15
인터넷 사보를 통한
영양정보의 예

(4) 근로자 대상 영양교육과 상담의 사례

산업체에서는 다양한 영양교육과 상담이 이루어지고 있다. 그중 몇 가지 사례를 소개하면 다음과 같다.

① 사례 1 : 싱겁게 먹는 직장 만들기

산업체 단체급식소의 직원과 종업원 601명을 대상으로 인터넷 정보 웹사이트 (www.saltdown.com)에서 제공하는 나트륨 섭취 감소를 위한 다양한 교육매체를 사용하여 '싱겁게 먹는 직장 만들기'라는 5주 교육 프로그램을 진행하였다. 1주차는 '나는 얼마나 짜게 먹을까?'라는 주제로, 2주차는 '왜 싱겁게 먹어야 하나?'라는 주제로 진행하였다. 2주차의 학습내용 중 '내 이름은 김삼숙'은 일상생활에서 싱겁게 먹기의 필요성을 인식하지 못하고 짜게 먹는 식습관으로 인하여 고혈압을 판정 받게 된 주인공이 주위의 도움으로 싱겁게 먹는 식습관을 가지고 꾸준히 운동해서 혈압을 조절한다는 이야기로 교육대상자에게 흥미를 줄 수 있도록 만들었다. 3주차는 '어떻게 싱겁게 먹는가?'라는 주제로, 4주차는 '어떻게 싱겁게 조리하는가?'라는 주제로 교육하였고, 5주차는 교육 프로그램의 효과를 평가하였다. 이 중 첫 주와 마지막 주를 포함한 2회 이상 참석자는 335명으로 이들을 대

자료 : 싱겁게먹기센터

그림 13-16 소금 섭취 감소를 위한 자료 제공 사이트

표 **13-2** 싱겁게 먹기 프로그램의 학습지도안 예시(2주차)

제목	왜 싱겁게 먹어야 하나?		
학습목표	1. 하루 섭취해야 하는 소금의 양을 말할 수 있다. 2. 소금을 많이 섭취하면 어떤 질병에 걸리는지 설명할 수 있다.		
학습단계	**교수 · 학습활동**	**시간(분)**	**교육자료/준비물**
도입	• 첫째주 교육내용 복습 • '내 이름은 김삼숙'을 보면서 동기부여	5	PPT 자료, 플래시 만화
전개	• 적절한 소금섭취량 　하루 5g 섭취가 적절한데, 우리나라 사람들은 13.5g이 　나 먹고 있음을 설명 • 소금과 나트륨의 관계 　소금의 구성, 소금과 나트륨 사이의 관계를 계산하는 　방법 설명 • 나트륨 과잉 섭취와 질병과의 관계 　− 소금의 기능에 대해 설명 　− 소금의 과량 섭취에 의해 질병이 생기는 이유 설명 　− DASH 식단 설명	5 5 10	PPT 자료, 팸플릿
정리	• 하루의 소금섭취량을 말할 수 있는지 확인한다. • 소금 섭취와 질병의 관계를 설명할 수 있는지 확인한다.	5	PPT 자료

상으로 교육효과를 분석한 결과 짠맛 미각 판정치, 영양지식, 고염식태도 모두 바람직한 방향으로 변화하였다.

② 사례 2 : 대사증후군 관리를 위한 영양교육 1

김혜진 등(2016) 등의 연구를 사례로 제시한 직장 기반 식생활 중재 프로그램의 모형(그림 13-18)은 일본의 '직원식당을 통한 근로자의 건강만들기 모형'을 일부 수정하여 사용하였다.

　프로그램은 서울시 소재 1개 사업장 근로자 104명 중 대사증후군 위험군에 속하는 남성 근로자 37명(고위험군 17명, 저위험군 20명)을 대상으로 2014년 6월부터 8월까지 10주간 실시되었다. 대상자의 영양판정 단계로서 먼저 사업장의 식환경 모니터링을 실시하였고, 신체계측 및 혈압을 측정하였다. 생화학적 검사로는 중

그림 13-17
대사증후군 관리

자료 : 서울특별시·서울시 대사증후군관리사업지원단

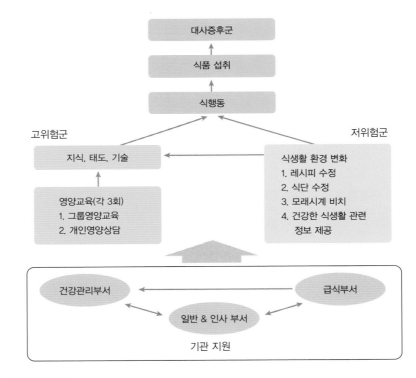

그림 13-18
대사증후군
관리를 위한
직장 기반 식사중재
프로그램의 모형

자료 : Ishhida 등(2009)

성지방, HDL-콜레스테롤 농도와 당화혈색소를 측정하였고 설문조사로 일반사항, 식생활 및 생활습관 항목을 조사하였다.

영양중재로 대사증후군 고위험군을 대상으로 영양교육 및 1 : 1 상담을 3, 5, 8 주차에 표 13-3과 같은 내용으로 실시하였다.

표 **13-3** 대사증후군 관리를 위한 영양교육 사례

단계	세부 프로그램 내용
1회 영양상담(3주차)	일반사항 설문, 식이섭취조사 개인별 영양문제 진단 행동목표 설정 및 대사증후군 관리에 필요한 내용 교육
2회 영양상담(5주차)	개인별 식생활 실태를 재평가 및 행동목표 달성도를 점검 목표 재설정 및 대사증후군 관리에 필요한 심화교육 실시
3회 영양상담(8주차)	개인별 식생활 실태를 재평가 최종 행동목표 달성을 위한 동기부여 유도 균형 있는 식사방법을 실천 교육

영양상담 프로그램을 적용한 결과 대사증후군 고위험군의 체질량지수, 허리둘레, 혈압, HDL-콜레스테롤이 모두 유의적으로 개선되었고 고위험군의 바람직한 식생활 실천 점수는 중재 전 3점(10점 만점)에서 중재 후 7점으로 높아지는 등 바람직한 식생활 실천율이 증가되었다.

③ 사례 3 : 대사증후군 관리를 위한 영양교육 2

박세윤 등(2011)의 연구에서는 직장 남성근로자의 대사증후군 관리를 위해 u-헬스케어(Ubiquitous Healthcare) 서비스를 이용한 영양교육을 실시하였다. 대상자는 서울 소재 사업장에 근무하는 만 20세 이상 60세 이하의 직장인 남성이었고, 검진에 참여한 114명 중 대사증후군 고위험군 72명을 대상으로 영양중재 프로그램을 실시하였다.

일반사항 및 생활습관에 대한 설문조사와 식품섭취조사를 통해 영양판정을 실시하였고 U-health 측정기기를 제공하여 체성분분석, 혈압, 신체활동을 모니

터링하였다. 영양상담은 12주 동안 4회에 걸쳐 실시되었으며 개인별 영양문제와 U-health 기기로 측정한 자료를 바탕으로 영양상담이 제공되었다. 각 회차별 세부 프로그램 내용은 표 13-4와 같다.

표 **13-4** 대사증후군 관리를 위한 영양교육 사례

단계	세부 프로그램 내용
1차(시작 시) 대면교육	대사증후군 정의 및 진단기준 교육 과거 생활습관 점검 올바른 식습관 변화의 장점 교육을 통한 행동변화 유도
2차(4주차) 전화상담	신체변화 확인, 식사일기와 운동일기 점검 대사증후군 식사요법 교육
3차(8주차) 전화상담	신체변화 확인, 식사일기와 운동일기 점검 개선된 식습관 유지 격려 개인별 대사증후군 위험요인에 따른 식사지침 정보 제공
4차(12주차) 전화상담	신체변화 확인, 식사일기와 운동일기 점검 지속적인 식습관 개선과 유지에 대한 동기부여 장기계획 수립 개인별 대사증후군 위험요인에 따른 식사지침 정보 제공

U-health 기반 영양교육을 적용한 결과 대사증후군 위험요인을 저하시키고 식습관 개선에도 바람직한 영향을 미치는 것으로 나타났다.

④ 사례 4 : 심혈관계질환 관리를 위한 영양교육

본 사례는 서울시내 대형병원의 정기 건강검진에 참여한 남성 직장인 157명을 대상으로 문기은 등(2011)이 12주동안 실시한 프로그램이다. 우선 영양판정을 통해 파악된 개인별 영양문제를 토대로 표 13-5와 같은 영양교육 프로그램을 진행하였다.

이러한 영양중재 프로그램 실시 결과 대상자의 체중감량 및 질환과 관련된 혈액지표가 개선되는 등 심혈관계질환의 위험요인이 개선되었음을 확인할 수 있었다.

표 **13-5** 심혈관계 질환 관리를 위한 영양교육 사례

단계	세부 프로그램 내용
1차	영양판정(일반사항 설문, 식이섭취조사, 신체계측 실시, 건강 데이터 분석) 영양교육 목표설정 및 동기부여
2차	개인별 일일 권장 열량 제시 올바른 식품 선택방법, 식품 중 영양소 함량 교육
3차	질환 위험요인과 관련한 잘못된 생활습관 개선 방법 교육 질환 식사요법에 대한 교육
4차	질환 예방 및 관리를 위한 운동지침 교육
5차	영양재판정(일반사항 설문, 신체계측 실시) 변화된 생활습관 유지 방법 교육

⑤ 사례 5 : 산업체 근로자 건강증진활동

한 산업체에서 근로자의 건강관리 및 건강증진을 위한 체계적인 건강관리시스템을 구축하여 건강하고 일하기 좋은 사업장을 만들기 위해 다음과 같은 건강증진운동을 추진하였으며 세부 프로그램은 다음과 같다.

⊕ **건강증진운동 세부 프로그램**

1. 금연 및 절주 프로그램
2. 근골격계 질환 예방 활동
3. 체력별 직무 배치
4. 체력증진 프로그램 운영
   - 몸짱 선발대회 및 아름다운 배만들기 펀드 프로그램 진행
   - 4개월 후 개인별 변화에 따라 목표 달성한 사람에게 시상
5. 웰빙 영양지도
   - 생활습관병 환자를 대상으로 한 영양상담
   - 염도 측정을 통한 저염식단 운영
6. 작업환경 개선

프로그램 실시 결과 고혈압과 고지혈증 유병률이 각각 52%, 33% 감소하였으며, 금연 성공자도 전년 대비 76% 증가하였고, 근로자의 만족도 지수도 전년 대비 9.4% 상승하였다.

그림 **13-19**
영양상담(왼쪽)과
음식 염도 측정(오른쪽)

자료 : 스테코(주)

2) 산업체 관리자 대상 영양교육

(1) 영양교육의 목표

오늘날 식생활 환경이 급격하게 변화됨에 따라 가공식품의 소비와 외식의 빈도가 크게 높아지고 있다. 따라서 식품업체, 외식업체 등의 경영자나 관리자는 국민 건강에 많은 영향을 미치게 되었다. 이러한 관점에서 산업체 관리자를 위한 영양교육의 필요성이 대두되고 있다.

산업체 관리자를 대상으로 한 영양교육 프로그램의 교육목표를 예로 들면 다음과 같다.

- 국민 건강을 위한 식품 및 음식 제조에 대한 윤리의식 고취
- 건강위해요인을 감소시키는 방법으로 식품 생산 유도
- 식품 생산 및 음식 조리 시 위생적으로 안전한 관리 교육

(2) 영양교육 내용

산업체 관리자들을 대상으로 한 영양교육은 국민건강의 요구에 맞는 제품 생산을 유도하는 목표에 맞게 내용을 구성하는 것이 바람직하다. 예를 들자면 가공식품 제조 시에 영양 위해요소의 사용을 줄인다든지 외식업체에서 음식을 만들 때 소금 사용을 줄인 메뉴의 활용 등을 교육할 수 있다. 영양표시, 식품 안전, 건강기능성식품, 올바른 외식문화 등의 내용에 대한 교육을 진행할 수 있다. 또한 가공

식품 생산과정에서 트랜스지방 함량 감소 등을 통해 건강한 식품을 생산할 수 있도록 정부와 함께 체계적인 기술 지원도 할 수 있다. 캠페인 등을 통하여 산업체와 국민이 함께 동참할 수 있는 프로그램을 마련하면 동기유발이 되어 더 효과적이다.

(3) 산업체 및 외식업체 관리자 대상 영양교육 사례

① 사례 1 : 당류 저감화 교육

식품의약품안전처에서는 2012년 커피 등 음료 전문점, 패스트푸드 전문점 등을 대상으로 '당류 섭취 줄이기 캠페인'을 실시하여 외식업체 경영자들의 인식 변화를 촉구하였다. 이 캠페인에는 커피 전문점 등 총 22개 업체 1만 2,500여 매장이 참여하여 당류 등 영양성분 표시 확대, 매장 내 당류 섭취 줄이기 홍보물 비치, 당 함유량이 적은 레시피 및 신제품 개발 등을 유도하였다.

또한 당류 과잉 섭취 방지를 위한 고열량·저영양 식품 판매 및 광고를 제한하도록 권장하였다. 즉 가공식품에 '당' 함량표시 의무화, 건강한 식품 선택을 위한 고속도로 휴게소, 어린이놀이시설, 패밀리레스토랑 등 외식업체의 당류 등 자율 영양 표시를 추진하였다. 또한 가공식품, 외식 등의 당류 함량 모니터링, 섭취량 평가를 실시하도록 하고 영양표시·식생활 교육 프로그램 및 당류 저감화 모델 등 기술 지원방안 개발 연구를 지원하였다. 업체들은 제품의 당류 함량을 줄이도록 기존 레시피를 변경하거나 신제품 개발에 적극 동참하겠다고 결의하였다.

그림 13-20
당류 섭취 줄이기
캠페인용 홍보물

자료 : 식품의약품안전처

② 사례 2 : 나트륨 저감화 교육

식품의약품안전처는 지방자치단체·음식업중앙회와 공동으로 나트륨 줄이기에 자율적으로 참여한 음식점을 '나트륨 줄이기 참여 건강음식점'으로 지정하였다. 이 음식점들은 나트륨을 평균 14% 정도 줄인 음식을 제공하게 된다. 이와 같이 외식업체 관리자들을 대상으로 자율적인 방법으로 소비자에게 건강한 음식을 제공하도록 유도하는 것도 영양교육의 한 방법으로 볼 수 있다.

식품의약품안전처는 음식점의 대표메뉴 레시피와 영양성분을 분석하고, 이 중 나트륨 함량이 높은 음식을 대상으로 양념이나 육수의 염도를 낮추거나 사용량을 줄이도록 교육하여 음식에서 나트륨을 낮추도록 유도하였다. 또한 '나트륨 줄이기 참여 건강음식점'으로 지정된 음식점에 대해서는 나트륨 함량이 변함없이 유지될 수 있도록 해당 음식의 나트륨 함량을 분석하여 나트륨 함량을 초과할 경우 원인분석 등을 통해 개선을 지원하였다. 이러한 건강음식점 지정사업은 음식점에서 소비자들이 나트륨이 저하된 음식을 선택할 수 있게 함으로써 건강한 식생활문화 정착에 기여할 것이다.

③ 사례 3 : 트랜스지방 저감화 교육

식품의약품안전처에서는 식품 산업체 관리자들을 대상으로 제품에 트랜스지방 함량 저감화를 유도하는 교육을 꾸준히 실시한 결과, 전 세계에서 유래를 찾을 수 없을 정도로 트랜스지방 저감화에 빠르게 성공했다고 보고하였다. 산업체의 트랜스지방 저감화 성공요인은 저포화지방, 무트랜스 지방 기술 개발 및 제조공정 개선지원, 식품업체의 트랜스지방 자율 저감화 유도, 트랜스지방의 영양표시 대상 의무화 등으로 지적되었다.

또한 트랜스지방과 포화지방의 함량을 낮추기 위해 제과·제빵점 등에도 저감화 사업을 확대하고, 산업체 기술 지원 등을 통해 산업체를 지속적으로 지원해 나가고 있다.

3. 보건소 영양교육과 상담의 실제

지역주민의 건강을 증진시키는 것은 복지사회의 중요한 목표 중 하나이며 영양상태 개선은 이러한 목표를 달성하기 위한 가장 기초적인 방법이다. 그런데 지역주민의 영양상태 개선을 위한 기본적인 정책수단은 보건소 영양사업이라고 할 수 있다. 이러한 영양사업과 이를 통한 영양상태 개선의 결과 만성 퇴행성 질환 등으로 인한 의료비 지출도 절약할 수 있다.

보건소 영양사업은 연령, 소득수준, 결혼상태, 교육수준이나 신체적 특성인 체질량지수 등 사업대상 주민들의 특성에 맞추어 구분·계획하는 것이 효과가 높다. 또한 각종 영양사업이나 교육은 지역사회주민의 요구를 근거로 하여 이루어져야 차질 없이 수행될 수 있다. 특히, 국민건강증진을 위한 각종 시책을 수행함에 있어서는 영양취약집단을 선별해서 취약 영양 문제에 관한 영양사업을 맞춤형으로 계획하고 수행한다면 더 큰 효과를 거둘 수 있다.

국민건강증진사업 중 영양개선사업은 올바른 식습관과 식생활에 대한 인식 변화로 영양과잉이나 결핍으로 인한 질병 예방 및 건강 증진에 기여할 목적으로 수행되는 사업으로 보건소 주관 체중 조절 프로그램, 고혈압 등 생활습관병 예방 프로그램, 어린이 비만캠프 등이 이에 포함된다.

1) 보건소 영양교육의 목표와 내용

(1) 교육 목표

보건소에서의 영양교육은 대상자에 대한 진단, 영양교육의 계획, 영양교육 실행, 교육효과 평가 등을 통해 지역주민의 영양 개선을 도모한다. 교육 실시 전후의 지역주민의 영양상태 평가는 향후 영양정책에 반영한다. 지역주민을 대상으로 한 영양교육의 목표는 다음과 같다.

- 성인 : 바람직한 식습관 형성을 통한 영양상태 개선 및 만성 퇴행성 질환 비율 감소
- 노인 : 노인에 적합한 식사 교육을 통한 노인의 신체적 기능 저하 방지
- 가임기 여성 : 임신과 출산 및 육아에 필요한 영양교육을 통한 산모와 영유

그림 13-21
보건소에서의
영양상담

자료 : 서울시 강북구 보건소

아 건강 증진
- 성장기 어린이 : 올바른 식습관 형성을 통한 정상적인 발달 도모

(2) 교육내용

보건소에서 할 수 있는 영양교육 내용의 예는 표 13-6과 같다.

표 **13-6** 보건소 영양교육 내용

교육대상자	교육 내용
전체	개인별 건강한 식생활 교육
임산부	임신과 출산에 의한 신체 변화, 영양요구량 변화 모유 수유방법, 모유의 장점, 이유식 방법
유아 보호자	어린이 영양관리의 중요성, 어린이 편식교정법, 어린이 비만관리, 치아관리
만성질환자	퇴행성 질환의 원인, 증세, 예방 방법 목표 체중, 개인별 1일 섭취량 및 영양판정을 통한 개인별 식사요법 저염식 실천 방법, 외식 시 식사요령
성인	음주와 흡연의 문제점, 신체에 미치는 영향, 금연 방법
노인	신체 생리적 변화, 노화 현상, 노화 예방방법 섭취량 증진을 위한 식사요령, 식생활 안전관리

2) 보건소 영양교육의 방법과 요령

보건소에서는 보건소를 방문하는 다양한 연령층을 대상으로 영양교육 및 상담을 실시할 수 있다. 영유아의 예방접종을 하러 온 어머니를 대상으로 영유아의 영양 관리에 대해 상담하거나 이에 관련된 슬라이드나 비디오를 보여줄 수 있으며, 간단한 책자나 리플릿을 줄 수도 있다. 비만아, 저체중아, 편식아를 대상으로 1박 2일이나 2박 3일 일정으로 '어린이 영양캠프'를 실시하는 등 집단 영양교육을 할수도 있다. 임산부를 대상으로 임신과 출산과 관련한 영양교육 내용을 집단 강의한 후 실제로 궁금한 점에 대하여 질문을 받고 대답하는 것도 효과적이다.

당뇨, 고혈압 등의 성인병을 진료하기 위해 보건소를 방문한 질환자 등을 대상으로 식품 모형을 이용하여 개별 상담을 제공할 수 있으며 양로원, 집단급식시설 등을 순회 방문하여 대상에 맞는 상담이나 교육을 할 수도 있다. 노인의 영양교육에서는 대상이 쉽게 이해할 수 있도록 전달하는 것이 중요하며, 천천히 반복학습을 하는 것이 필요하다. 또한 자료의 글자 크기도 크게 하고 주로 그림이나 사진 자료를 많이 활용하며 슬라이드나 비디오를 통한 교육을 한다.

(A) 독거노인을 위한 식생활 교육 소책자   (B) 임신 · 수유부 대상 카드뉴스 형식의 교육자료

그림 **13-22**
보건소에서
활용가능한
교육매체 예

자료 : 식품의약안전처

보건소 영양교육에서는 식품의약품안전처, 다이어트넷 등 신뢰할 만한 웹사이트에서 제공하는 게임이나 전자책 등을 교육자료로 활용하는 것이 바람직하다. 최근 식품의약품안전처 보도자료에서 임신·수유부의 올바른 영양관리를 위한 카드뉴스 형식의 교육자료를 제공하고 있어 보건소에서의 임신·수유부 대상 영양교육을 할 때 활용할 수 있다(그림 13-22).

끝으로 영양상담이나 집단교육 외에도 주제를 정해서 주민들이 참석하도록 하는 '식단 전시회'나 '당뇨병 걷기대회' 등의 이벤트를 통해 영양교육의 효과를 증대시킬 수 있을 것이다. '식단 전시회'나 '당뇨병 걷기대회'는 많은 교육내용을 전달하기는 어려우나 많은 사람의 관심을 끌 수 있다는 장점이 있다.

3) 보건소에서의 영양교육과 상담의 사례

① 사례 1

전북 소재 보건소를 이용하는 과체중 및 비만 중년 여성(50세 이상 65세 미만 여성 중 체질량지수 23 이상)인 교육군 30명을 대상으로 체중 조절 프로그램을 실시하였다. 영양교육은 강의식 집단교육과 개별 교육을 병행하여 5주간 총 5회(40분/1회) 실시하였다. 교육내용은 1차시 '개요 : 비만과 건강(집단교육)', 2차시 '6대 영양소와 6가지 식품군(집단교육)', 3차시 '나의 비만도 및 나의 하루 필요에너지(집단교육 및 개별교육)', 4차시 '균형 식사 구성(집단교육 및 개별교육)', 5차시 '올바른 식품 선택(집단교육)'으로 구성하였다(표 13-7).

영양교육의 효과를 측정한 결과 교육을 받은 사람들이 교육을 받지 않은 사람보다 교육 후 체중, 근육량, 콜레스테롤이 바람직한 방향으로 변화하였고 영양지식과 태도 점수도 더 높아졌으며 에너지 및 영양소 섭취의 양적·질적면에서 긍정적인 개선효과가 나타났다.

② 사례 2

심·뇌혈관질환 고위험군 등록관리사업과 관련하여 보건소에 등록된 당뇨병 환자 26명을 대상으로 영양교육 프로그램을 실시하였다. 영양교육은 12주간 식사요법 집중관리 프로그램으로, 1차시에 개인별 열량 처방에 따른 당뇨 식사 차리

표 **13-7** 보건소 영양교육 프로그램 사례

차시	주제	학습목표	학습내용	학습자료
1	개요 : 비만과 건강	• 비만과 만성질환의 관계를 이해한다. • 비만관리에서 식사요법의 중요성을 안다.	비만의 정의, 비만 판정, 비만과 만성질환, 식사요법의 중요성	PPT 자료
2	6대 영양소와 6가지 식품군	• 6대 영양소를 열거한다. • 식품군 및 식품 종류를 구분한다.	6대 영양소의 종류 및 기능, 식품교환표의 식품군 및 식품종류	PPT 자료, 식품모형, 1회 분량, 식품영양가표 책자
3	나의 비만도 및 나의 하루 필요에너지	• 나의 비만도를 계산한다. • 나의 하루 필요 에너지를 계산한다.	바람직한 체중, 체중유지를 위한 하루 필요 에너지	PPT 자료
4	균형된 식사 구성	하루 필요 에너지에 맞는 각 식품군별 단위를 안다.	각 식품군별 섭취 단위 수와 끼니별 배분	PPT 자료, 식품모형, 1회 분량, 식품영양가표 책자
5	올바른 식품 선택	에너지를 낮추는 식품, 간식 및 외식 선택방법을 실천하려고 한다.	에너지를 낮추는 올바른 식품 선택 및 저열량 조리법, 올바른 간식 및 외식 선택	PPT 자료, 1회 분량, 식품영양가표 책자

자료 : 김세연·김숙배(2017)

기 실습 및 시식을 하고 저염식을 비롯한 당뇨병 식사요법 집단교육을 하였고, 2차시에 당뇨병의 진단과 치료 및 합병증 관리에 대한 교육과 유산소 및 근력 운동을 하였으며, 3차시에 당뇨병에 맞는 식품교환표를 이용한 식단 작성과 스트레칭 운동을 한 후 식사일기를 개인적으로 나누어주고 작성하도록 하였다. 4차시에 섭식 조절 및 장애 훈련 교육과 스트레스 관리 및 체조를 하였고, 5차시에는 작성해 온 식사일기를 개인적으로 점검하고, 올바른 간식 섭취와 저혈당 대처 방법 및 식품교환을 이용한 바꿔 먹기 교육을 하였다. 6차시에서 11차시까지는 중요한 내용은 반복하면서 식단을 작성하고 조리실습을 하고 운동도 하였다. 교육 후 HDL-콜레스테롤, 식후 2시간 혈당, 당화혈색소, 일상활동량, 당뇨병 관련 지식 및 식사요법 지식이 바람직한 방향으로 변화하였다.

표 **13-8** 보건소 영양교육 프로그램 사례 2의 교수·학습지도안의 예(3차시)

학습주제	식품교환표를 이용한 식단 작성		학습형태	강의식
학습목표	1. 건강에 좋은 식사를 할 수 있다. 2. 식품교환표를 활용하여 식단을 작성할 수 있다.			
학습자료	PPT 자료, 식품교환표 탈부착자료, 식사일기			
단계	교수·학습활동		시간	자료 및 유의점
도입	• 동기유발 　– 지난 차시 배운 당뇨의 관리에 대한 이야기를 한다. 　– 당뇨를 제대로 관리하지 않을 때 발생할 위험에 대해 복습한다. • 식단 작성 방법에 대한 관심 유도		5′	PPT
전개	• 건강에 좋은 식사의 원칙 　– 어떤 식사가 건강에 좋은지 알아본다. 　– 일상생활에서 혈당을 잘 관리하는 방법을 열거한다. • 식품교환표 　– 건강에 좋은 식사를 하기 위해 식품교환표를 활용한다. 　– 식품교환표의 식품군을 탈부착자료로 구분한다. • 식사일기 　– 하루에 필요한 열량을 계산한다. 　– 식사일기를 쓸 수 있다.		10′ (15′) 25′ (40′) 15′ (55′)	PPT 자료 식품교환표 탈부착자료 식사일기
정리	• 다짐하기 　– 식품교환표의 각 식품군을 적정량 먹을 것을 다짐한다. 　– 채소를 자주 먹을 수 있는 방법을 열거한다. 　– 식사일기를 작성할 것을 다짐한다.		5′ (60′)	유인물
평가계획	• 평가하기 : 식사일기를 작성하려고 하는가? 　평가기준 상 : 건강에 좋은 식사를 알고 식사일기를 작성하고자 하는 태도를 보임 　평가기준 중 : 건강에 좋은 식사를 알고 있으나 식사일기를 작성하고자 하는 태도를 보이지 않음 　평가기준 하 : 건강에 좋은 식사를 알지 못함			

자료 : 이수정·김복희(2018)

4. 병원 영양교육과 상담의 실제

입원 환자의 치료효과를 높이려면 의료진의 적절한 치료와 간호는 물론 질병치료에 도움이 되는 식사요법이 중요하다. 따라서 환자들이 치료식을 이해하고 퇴원

후에도 자신에게 맞는 식사요법을 지속적으로 실천할 수 있도록 지도해야 한다. 이를 위해서는 임상영양사는 충분한 임상영양 지식을 가지고 의사와 협의하여 환자에게 치료식을 제공하면서 적절한 영양교육을 하는 것이 바람직하다. 병원에서는 영양치료를 할 때 영양관리과정(NCP)을 적용하여(11장 참고) 체계적이고 구체적인 영양교육과 영양상담을 수행하고 있으며 긍정적인 효과가 나타나고 있다.

보건복지부에서는 만성질환 증가에 적극 대처하기 위해 동네의원에서 만

그림 **13-23**
당뇨환자 상담 사례

자료 : 서울대병원

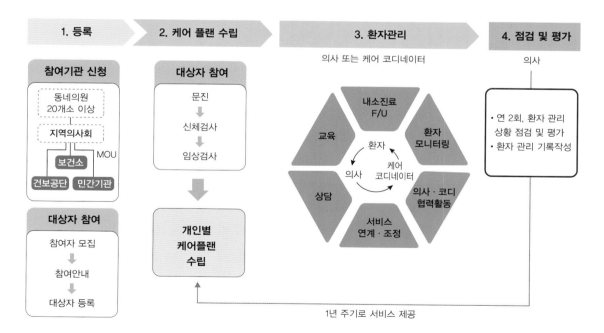

자료 : 보건복지부, 한국건강증진개발원. 일차의료 만성질환관리 통합사업 운영지침(2020)

그림 **13-24** 일차의료 만성질환관리 통합 서비스 프로세스

성질환을 관리할 수 있도록 일차의료 만성질환관리 시범사업을 시작하였다. 이 사업의 핵심은 그간 주로 종합병원 이상에서 실시되어 온 만성질환관리 종합 교육을 일차의료에서 간호사 또는 영양사 등의 자격조건을 갖춘 '케어 코디네이터'가 환자의 교육 및 상담을 실시하는 것이다(그림 13-24).

1) 병원 영양교육 목표와 대상 질환

(1) 교육목표

병원에서의 환자를 대상으로 한 영양교육의 목표는 다음과 같다.
- 올바른 식습관 형성을 통한 질환의 예방과 관리
- 건강한 식생활을 통한 영양불량 예방 및 개선
- 식생활을 바탕으로 한 지속적 자가관리
- 환자 가족 교육을 통한 지속적 자가관리를 위한 환경조성

(2) 교육대상 질환

일부 질환에 대해서는 환자에 대한 교육이 질환의 치료와 관리에 효과가 있다는 점이 인정되어 일정 전문자격을 갖춘 의사·영양사·간호사 등이 팀을 이루어 하는 교육의 수가를 국가에서 인정해주고 있다. 이와 관련한 질환은 표 13-9와 같다.

표 **13-9** 의료기관에서 영양교육이 시행되는 주요 질환

구분	대상 질환	필수 교육자
급여[a]	암환자(항암화학요법, 방사선 치료, 수술 후) 심장질환, 장루·요루 만성신부전(투석전, 복막투석, 혈액투석) 비만(수술 후)	의사, 간호사, 임상영양사, 약사 등 상근 전문인력
비급여[b]	당뇨병교육, 고혈압교육, 고지혈증교육, 재생불량성빈혈교육, 유전성대사장애질환교육, 난치성뇌전증 교육	의사, 간호사, 임상영양사 등 상근 전문인력

[a] 교육 수가를 국가에서 정하며 교육비의 일부를 건강보험에서 부담
[b] 교육 수가를 각 의료기관에서 정하며 교육비 전액을 환자가 부담

(3) 병원 영양교육의 방법과 요령

병원에서의 영양교육도 영양상담과 집단 영양교육이 함께 이루어질 때 더욱 효과적이다. 질병의 유형 및 환자의 교육수준, 연령, 직업, 생활환경에 맞는 영양지도 방법이 필요하므로 많은 사람을 대상으로 하는 교육보다는 동질의 환자를 대상으로 한 소규모 교육이 바람직하다.

병원에 입원한 환자나 외래환자를 대상으로 한 영양교육 중에서 당뇨병 환자를 대상으로 한 당뇨뷔페(당뇨조식회 또는 당뇨중식회)는 식사 전 이론교육과 이를 실제로 적용하여 개인의 필요열량에 따라 음식을 선택하는 실습교육을 병행함으로써 좋은 반응을 얻고 있다(표 13-10, 11). 특히, 환자 자신이 선택한 음식이 식품교환표에 맞추어 적절하게 선택되었는지 평가해 주고 격려해 주는 개별상담을 통해 교육효과를 높일 수 있다.

개별교육 시에는 상담자와 환자 간의 친밀관계를 통해 신뢰를 구축하여 내담자가 자신의 문제를 스스로 해결할 수 있도록 하는 것, 논리에 맞는 동시에 감동적인 방법을 사용 하는 것, 행동요법을 통하여 문제가 해결되도록 하는 것이 효과적이다. 또한 식습관 변화에 부정적인 영향을 줄 수 있는 사람 간의 상호관계 등 문제와 관련되어 영향을 주는 숨은 요소를 찾아내고 가족의 협력을 확보함으로써 합심하여 문제를 해결한다면 좋은 결과를 가져올 수 있다.

환자를 대상으로 하는 영양교육에서 가장 중요한 점은 환자 스스로 병을 치료하고자 하는 강한 의지와 식사요법이 반드시 필요하면서도 실천하기에 어렵지 않

표 **13-10** 당뇨 중식회의 예

시간	교육내용
11 : 00 ~ 11 : 30	식사요법 교육 – 식사요법 원칙 및 식품교환 이용법 – 합병증 시 식사요법 및 외식 시 식사요령
11 : 30 ~ 13 : 30	당뇨뷔페 실습 – 뷔페식사 선택(개인별 배식) – 식사량 평가(개별상담)
13 : 30 ~ 14 : 00	사례담 나누기

자료 : 서울삼성병원

표 **13-11** 당뇨교육 프로그램

일정	내용	교육담당자
1일	• 오리엔테이션 • 혈액검사	간호사
2일	• 당뇨병의 개요 • 식사요법과 중식회 • 운동	내분비내과 전문의 영양사
3일	• 자가 혈당 측정법 • 식사요법 • 운동	간호사 영양사
4일	• 시청각 교육 • 자율신경검사, 발검사 • 운동	간호사 재활의학과 전문의
5일	• 안저 촬영 • 아픈 날 관리, 인슐린 주사법 • 운동	안과 전문의 간호사
6일	• 저혈당관리 • 집단 토의	간호사 내분비내과 전문의

자료 : 송민선 외(2005)

다는 생각을 갖도록 하는 것이다. 따라서 치료의욕을 잃지 않도록 삶에 대한 의욕을 자극하고, 먹으면 안 되는 식품을 강조하기보다 먹어도 괜찮은 음식을 제시하는 것이 바람직하다. 특히, 환자들이 식욕을 잃었을 때 환자가 좋아하는 음식 중에서 식사요법에 맞게 섭취할 수 있거나 조리방법을 달리하여 섭취할 수 있거나 또는 다른 유사한 음식으로 대체 가능한 것이 무엇인지 등 해결책을 찾아주는 것이 바람직하다. 또한 최신 영양정보나 관심의 초점이 되고 있는 문제를 인용하여 설명을 하는 것도 주의를 끌 수 있다.

(4) 병원에서의 영양교육과 상담의 사례

병원에서는 다양한 영양교육과 상담이 수행되고 있는데, 그중 한 가지 사례를 소개 하겠다.

알코올 중독으로 입원한 성인 남자 환자 37명을 대상으로 동기부여요인, 행동
가능요인, 행동강화요인(3장 참고)을 고려하여 5차시 영양교육을 하였다. 동기부여
요인과 관련하여 알코올 중독이 초래하는 부정적인 제반 영향에 대한 이해를, 행
동가능요인으로는 올바른 식습관 실천에 활용할 수 있는 기초 식품군과 6대 영양
소 등에 대한 지식을, 행동강화요인과 관련하여 올바른 식습관 실천에 따른 건강
상의 혜택에 대한 인식과 올바른 식습관을 실천하고자 하는 결심에 대한 칭찬을
선택하였다. 영양교육 프로그램은 표 13-12와 같으며 매 차시는 80분이었고, 전
후반 40분 사이에 10분의 휴식시간을 두었다. 교육 전후를 비교하였을 때 교육
후 영양지식이 향상되었고 식습관도 개선되었으며, 비타민과 무기질의 섭취가 증
가했다.

표 13-12 병원 영양교육 프로그램 사례

차시	주제	학습목표	학습내용	학습자료
1	올바른 식습관	• 나의 식습관을 분석한다. • 올바른 식습관을 이해한다.	자신의 식습관 생각하기, 알코올 중독자의 식습관, 바람직한 식습관	○× 퀴즈, 칠판, PPT 자료, 유인물
2	양호한 영양 상태와 건강	• 각 영양소의 체내 기능과 급원 식품을 열거한다. • 식품구성자전거를 이해한다. 식생활지침을 열거한다.	각 영양소의 체내 기능과 급원식품, 식품구성자전거, 식생활지침	○× 퀴즈, 칠판, PPT 자료, 유인물, 포스터, 노래
3	바람직한 식사계획	• 에너지 섭취량을 계산한다. • 식단을 작성한다.	에너지 섭취량 계산, 하루 식단 구성	○× 퀴즈, 칠판, PPT 자료, 유인물, 식품모형
4	알코올의 영향	• 알코올 대사를 이해한다. • 알코올 중독으로 인한 영양 불량과 질병을 안다.	알코올의 대사, 알코올이 영양소의 소화와 흡수에 미치는 영향	○× 퀴즈, 칠판, PPT 자료, 유인물, 플래시, 사진
5	알코올 중독자를 위한 영양관리	• 알코올 중독자에게 영양관리가 필요한 이유를 설명한다. • 올바른 식습관 실천을 결심한다.	알코올 중독자에게 영양관리가 필요한 이유, 올바른 식습관 실천 중요성	○× 퀴즈, 칠판, PPT 자료, 유인물, 플래시, 노래

자료 : 김안나·임현숙(2014)

ACTIVITY

활동 1   저작 및 삼킴 장애가 있는 노인의 보호자를 대상으로 하는 영양교육은 어떤 내용으로 어떤 방법과 매체를 활용하면 좋을지 생각해 보세요.

활동 2   본문에 제시된 보건소 영양교육 프로그램 사례 2(표 13-8)에 제시된 교수·학습지도안 예시를 참고로 다음 내용으로 진행되는 당뇨환자 교육프로그램의 교수·학습지도안을 작성해 보세요.

차시	교육 주제
1차시	당뇨병 식사요법 원칙 개인별 열량 처방에 따른 당뇨 식사 구성
2차시	당뇨병의 진단과 치료 및 합병증 당뇨환자를 위한 운동지침
3차시	식품교환표를 이용한 식단 작성
4차시	식품교환표를 활용한 올바른 간식 섭취 저혈당 대처 방안

게이츠재단. 홈페이지 http://www.gatesfoundation.org/Bill & Melinda Gates Foundation

관계부처합동(2021). 제5차 국민건강증진종합계획(2021-2030).

교육과학기술부·서울대학교 학부모정책연구센터·인천광역시 교육청(2012). 밥상머리교육 프로그램 매뉴얼. 단회기 프로그램.

교육부(2015). 초·중등학교 교육과정 총론. 교육부고시 별책 1.

교육부(2015). 초·중등학교 교육과정 총론. 교육부고시 별책 10 실과(기술, 가정)/정보과 교육과정.

교육부·보건복지부(2019). 2019개정 누리과정 해설서.

구재옥·김경원·김창임·박동연·박혜련·윤은영(2007). 영양교육의 이론과 실제. 파워북.

국민건강보험공단(06.21.2021). 청소년건강웹툰-비만. https://www.nhis.or.kr/nhis/healthin/wbhace09200m01.do

권석만(2012). 현대심리치료와 상담이론. 학지사.

권성연·김혜정·노혜란·박선희·박양주·서희전·양유정·오상철·오정숙·윤현·이동엽·정효정·최미나(2018). 교육방법 및 교육공학. 교육과학사.

글로벌리제이션. http://www.globalization101.org/types-of-media-2 Types of Media

김미란(2006). 아들러의 개인심리학에 근거한 격려집단상담 프로그램 개발 및 효과분석. 한국상담학회 상담학연구, 7(4): 1,093-1,106.

김은경·박태선·박영심·장미라·이기완(1996). 한국 신문에 게재된 식생활 전반에 관한 기사내용의 영양과학적 분석-제2보; 특수영양, 건강 및 질병에 관한 영양정보의 분석평가. 한국식생활문화학회지, 11(4): 527-538.

김환(2006). 상담면접의 기초. 학지사.

김희섭(1996). 텔레비전 식품광고에 관한 고찰. 한국식생활문화학회지, 11(4): 507-515.

노안영(2016). 불완전할 용기. 솔과학.

대한비만학회(2018). 비만진료지침.

대한영양사협회 사업체분과 위원회(1993). 게시판을 이용한 영양교육.

대한영양사협회(06.21.2021). 당류·나트륨 저감 홍보. https://www.dietitian.or.kr/work/business/kb_reduction.do

대한영양사협회(1994-2005). 언론과 인터넷 모니터 활동보고서.

대한영양사협회(1997). 예방과 치료를 위한 사계절 당뇨식단 180.

대한영양사협회(2003). 교육과정 교육자료 안내.

대한영양사회(2011). 국제임상영양 표준용어 지침서.

문용현. 미리보는 2020 외식트렌드.

문형경·윤진숙·박혜련·김복희·이윤나(2018). 예비전문가를 위한 지역사회영양학 이론과 실제. 신광출판사.

박미란·김숙비(2018). 기존 참고문헌.

박성희·이동렬(2001). 상담과 상담학 2: 상담의 실제. 학지사.

박혜련(1999). 영양교육 매체개발에 응용할 수 있는 다양한 매체 소개. 국민영양(1, 2).

보건복지부(2017). 제2차 국민영양관리기본계획(2017-2021).

보건복지부(2020). 2018 국가암등록 통계.

보건복지부(2020). 2019 국민건강영양조사.

보건복지부(2021). 건강검진 실시기준.

보건복지부·육아종합지원센터. 제4차 어린이집 표준보육과정- 0~1세 보육과정/2세 보육과정 리플렛.

보건복지부·한국건강증진개발원(2020). 2016~2019 아동비만예방사업 아삭아삭 폴짝폴짝 건강한 돌봄놀이터 운영성과.

보건복지부·한국건강증진개발원(2020). 2019 영양플러스사업 추진성과.

보건복지부·한국건강증진개발원(2020). 2020년 지역사회통합건강증진사업안내- 영양.

보건복지부·한국건강증진개발원(2021). 아삭아삭 폴짝폴짝 건강한 돌봄놀이터 놀이형 영양프로그램 학습지도안.

보건복지부·한국건강증진개발원(2020). 일차의료 만성질환관리 통합사업 운영지침.

보건복지부·질병관리본부(2018). 우리 국민의 식생활 현황.

서정숙·이보경·이혜상·이수경(2018). 영양교육과 상담. 6판. 교문사.

식품의약안전처(06.21.2021). 영양표시 리플릿. https://www.foodsafetykorea.go.kr/portal/board/boardDetail.do

식품의약안전처(2016). 삼키기 어려운 어르신을 위한 식품섭취 안내서.

식품의약안전처(2017). 임신·수유 여성과 어린이 대상으로 생선안전섭취 가이드.

식품의약품안전처(2014). 식품안전·영양교육 지도서 만 1-2세 어린이.

식품의약품안전처(2014). 식품안전·영양교육 지도서 만 3-5세 어린이.

식품의약품안전처·교육부(2018). 식품안전영양 고등학교 교사용 지도서.

식품의약품안전처·교육부(2018). 식품안전영양 중등학교 교사용 지도서.

식품의약품안전처·대한지역사회영양학회(2018). 어린이를 위한 영양·식생활 실천 가이드 전자책 '똑똑하게 먹고 건강해지자'.

식품의약품안전처·보건복지부·농림축산식품부. 건강한 식생활을 실천해요!: 정부, '한국인을 위한 식생활지침' 발표 (보도자료).

식품의약품안전처. 칼로리코디. https://www.foodsafetykorea.go.kr/mkisna/intro.do.

신지연·신혜원·서원경·박원순(2018). 영유아 교수학습방법. 파워북.

옥스포드 사전. http://oxforddictionaries.com/definition/english/media Oxford dictionary

유구종·강병재(2005). 교육방법 및 공학. 창지사.

유혜령(1996). 유아 교수매체의 이론과 실제. 창지사.

윤은영(2005). 영양교육용 콘텐츠의 개발과 활용. 2005년도 영양취약집단 영양교육용콘텐츠 개발 세미나 자료집.

윤진숙(1998). 올바른 영양정보 보급을 위한 대중매체: 전문가와 정부의 역할. 한국영양학회 춘계학술대회 초록집, 17-21.

이경혜·김경원·이연경·이송미·손숙미(2016). 영양교육 및 상담의 실제. 제3판. 라이프사이언스.

이경혜(2008). 학생비만관리를 위한 Vision과 Goal. 한국학교보건학회지, 21(1): 53-58.

이명숙 옮김(2012). 임상영양학. 양서원.

이미숙·이선영·김현아·정상진·김원경·김현주(2018). 임상영양학. 파워북.

이승미(2009). 영양교사를 위한 수업기법. 국민영양, 32(9), 32-36.

이영미·이민준·이승민(2016). 영양교육과 상담. 신광출판사.

이영미(2000). 영양교육에 있어서 매체의 활용. 한국영양학회지, 33(8).

이정원·이보경(1998). 식생활 관련 TV프로그램의 전문가 자문에 대한 제작자 태도와 출연자 구성의 분석. 대한지역사회영양학회지, 3(2): 317-328.

이정원·이보경(1998). 영양 관련 프로그램의 내용 분석을 통한 텔레비전의 영양교육적 역할의 검토. 대한지역사회영양학회지, 3(4): 642-654.

정의철(2008). 헬스커뮤니케이션과 건강증진: 헬스커뮤니케이션의 발전, 이론, 사례, 전망. 의료커뮤니케이션, 3: 1-15.

조재형·엄우용(2013). 인쇄 자료의 한글 글자체가 초등학교 6학년의 선호도와 가독성에 미치는 영향. 아동교육, 22(1): 301–312

질병관리본부(2020). 국민건강영양조사 FACT SHEET-건강행태 및 만성질환의 20년간(1998-2018)년의 변화.

질병관리청(2020). 2019 국민건강영양조사 결과 발표 자료집.

질병관리청·심뇌혈관질환관리 중앙지원단(2020). 2020 만성질환 현황과 이슈-만성질환 FACT BOOK.

최영선(1999). 국내외 영양 관련 Webpage 자료 비교 및 영양정보화의 방향. 한국영양학회지, 32(8): 985-987.

최정호·강현두·오택섭(1995). 매스미디어와 사회. 나남.

최혜미·김경원·김창임·김희선·손정민·최경숙·현태선(2017). 지역사회영양학. 파워북.

테레사 톰슨·얼리샤 도르시·개서린 밀러·록산 패롯 편저, 이변관·백혜진 역(2010). 헬스 커뮤니케이션. 커뮤니케이션북스.

통계청(2020). 2019년 사망원인통계 보도자료.

통계청(2020). 2020 통계로 보는 1인가구 보도자료.

통계청. 지표로 본 우리나라. https://www.index.go.kr/potal/info/idxKoreaView.do?idx_cd=2758

하해화·김우경(2019). 한국 성인의 가공식품으로부터의 식품 및 영양소 섭취량 평가 : 제 6기 (2013~2015) 국민건강영양조사를 바탕으로. Journal of Nutrition and Health, 52: 422-434.

한국보건산업진흥원 DHRA 홈페이지 www.khidi.or.kr/dhra

한국언론진흥재단(2020). 2019 10대 청소년 미디어 이용 조사 보고서.

한국언론진흥재단(2021). 2020 어린이 미디어 이용 조사 보고서.

한국언론진흥재단(2021). 2020 언론수용자 조사 보고서.

한국영양학회. 학령기 어린이용 영양지수(NQ). 홈페이지 http://www.kns.or.kr/FileRoom/FileRoom.asp?BoardID=Nq

한국외식정보(주)(2020). 2020년 국내외 외식 트렌드 조사.

NIA 한국지능정보사회진흥원(2021). 2020 인터넷이용실태조사 최종보고서.

American Dietetic Association(2007), Nutrition Care Manual. Chicago: ADA.

Bauer K, Sokolik C(2002). Basic nutrition counseling skill development. Wadsworth.

Bauer KD, Liou D(2015). Nutrition Counseling and Education Skill Development 3rded. Boston, CENGAGE Learning.

Berg-Smith SM, Stevens VJ, Brown KM, Van Horn L, Gernhofer N, Peters E, Greenberg R, Snetselaar L, Ahrens L, Smith K(1999). A brief motivational intervention to improve dietary adherence in adolescents. The Dietary Intervention Study in Children (DISC) Research Group. Health Educ Res, Jun; 14(3): 399–410. doi: 10.1093/her/14.3.399. PMID: 10539230.

Bernhardt JM(2004). Communication at the core of effective public health. AJPH, 94: 2051-2053.

Boyle MA, Morris DH(2010). Community nutrition in action, an entrepreneurial approach. West.

Choi I, Kim WG, Yoon J(2017). Energy intake from commercially-prepared meals by food source in Korean adults: Analysis of the 2001 and 2011 Korea National health and Nutrition Examination Surveys. Nutrition Research and Practice, 11: 155-162.

Contento I(2016). Nutrition education linking research, theory and practice, Third edition. Jones & Bartlett Learning.

Contento IR. Koch PA(2020). Nutrition Education: Linking Research, Theory, and Practice, 4thed. Burlington, MA: Jones & Bartlett Learning.

Evans D(2008). Chapter 25. Teaching patients to manage their asthma. In: Clinical asthma. Castro M, Kraft M. Mosby, 221–228.

Evans SK(1997). Nutrition education materials and audiovisuals for grades preschool through 6, Gov. Docs., Special Reference Briefs Series, Food and Nutrition Information center. National Agricultural Library, Agricultural Research Service. U.S. Department of Agriculture.

Evers CL(1995). How to teach nutrition to kids : A integrated, creative approach to nutrition for children. 24 Carrots Press, Tigard.

Ferris-Moris M, Kraak V, Pelletier DL(1995). Using communication to improve nutrition-relevant decision-making in the community. CBNM Communication Mannual. Division of Nutritional Sciences, Cornell University, 94–114.

Frankle RT, Owen AL(1993). Nutrition in the community; the art of dilivering services, 3rd ed. Mosby.

Gibson SR(1990). Principles of nutrition assessment. 2nd edition. New York: Oxford University Press.

Glanz K(2021). Social and Behavioral Theories In: e-Source Behavioral & Social Sciences Research. Available at https://obssr.od.nih.gov/training/online-training-resources/esource/Accessed 2021.6.17.

Glanz K, Rimer BK, & Viswanath K(2015). Health Behavior: Theory, Research, and Practice, 5th Edition, Jossey-Bass.

Holli BB, Beto JA(2018). Nutrition Counseling and Education Skills: A Guide for Professionals. 7th ed. Philadelphia: Wolters Kluwer Health.

Holli BB, Calabrese RJ(1998). Communication and education skills for dietetics professionals, 3rd ed. Lippincott Williams & Wilkins.

http://navigator.tufts.edu/ : Nutrition navigator-A rating guide to nutrition website

Katharine RC, Amy J(998). Nutrition counseling & communication skills. Saunders.

Kondrup J, Allison SP, Elia M, Vellas B, Plauth M(2003). ESPEN Guidelines for Nutrition Screening 2002. Clinical Nutrition, 22: 415–421.

Ledoux T, Griffith M, Thompson D, et al.(2016). An educational video game for nutrition of young people: Theory and design. Simul Gaming. 47: 490–516

Majumdar D, Koch P, Gray LH, Contento IR, Islas A, Fu D(2015). Nutrition Science and Behavioral Theories Integrated in a Serious Game for Adolescents. Simulation & Gaming, 46(1): 68–97.

McLeroy, K.R., D. Bibeau, A. Steekler, K. Glanz(1988). An ecological perspective on Health promotion programs. Health Education Quarterly. 15:351–377.

Miller, W.R. & Rollnick, S. Motivational Interviewing: Preparing people to change addictive behaviour. New York: Guilford Press; 1991

NASCO(2000–2001). Nutrition teaching aids; The dietitian's favorite catalog.

NASCO(2001–2002). Nutrition teaching aids; The dietitian's favorite catalog.

NASCO(2002). Hands-On-Health; The health teacher's favorite catalog.

NASCO(2002–2003). Nutrition Teaching Aids; The dietitian's favorite catalog.

Nestle Nutrition Institute. MNA® Mini Nutritional Assessment. Available at: https://www.mna-elderly.com/default.html. Accessed 2021.6.4.

NIH, NCI(1993). Developing effective print materials for low-literate readers. MSU Extension.

Nnakwe N(2013). Community Nutrition: Planning Health Promotion and Disease Prevention, second edition. Jones & Bartlett Learning.

Olson CM, Kelly GL(1989). The challenge of implementing theory-based intervention research in nutrition education. J Nutr Educ, 21(6): 280-4.

Parker JC, Thorson E eds(2009). Health communication in the new media landscape. New York : Springer Pub.

Prochaska JO, Redding CA, Evers KE(1997). The transtheoretical model and stages of change. In: K. Glanz, F.M. Lewis, & B.K. Rimer (Eds.), Health behavior and health education: Theory, research, and practice (2nd ed.) San Francisco: Jossey-Bass.

Ratzan SC, Payne JG, Bishop C(1996). The status and scope of health communication. Journal of Health Communication, 1: 25-41.

Rodriguez JC(1999). Legal, ethical, and professional issues to consider when communicating via the internet: A suggested response model and policy. J Am Dietet Assoc, 99(11): 1428-1432.

Rollnick S, Heather N, Bell A(1992). Negotiating behavior change in medical settings: The development of brief motivational interviewing. Journal of Mental Health, 1: 25-37.

Sahyoun NR, Jacques PF, Dallal GE, Russel RM(1997). Nutrition Screening Initiative checklist may be a better awareness/educational tool than a screening one. Journal of the American Dietetic Association, 97: 760-764.

Snetselaar, LG(1989). Nutrition Counseling Skills. Rockville ASPEN.

Sobell LC, Cunningham JA, Sobell MB, Agrawal S, Gavin DR, Leo GI, Singh KN(1996). Fostering self-change among problem drinkers: A proactive community intervention. Addictive Behaviors, 21: 817-833.

Stages by Processes of Change. By Pcbs-wiki2 - Own work, CC BY-SA 3.0, https://commons.wikimedia.org/w/index.php?curid=17882440.

Stott NC, Rollnick S, Rees MR, Pill RM(1995). Innovation in clinical method: diabetes care and negotiating skills. Fam Pract. Dec; 12(4): 413-8. doi: 10.1093/fampra/12.4.413. PMID: 8826057.

Swan WI, Vivanti A, Hakel-Smith NA, Hotson B, Orrevall Y, Trostler N, Beck Howarter K, Papoutsakis C(2017). Nutrition Care Process and Model Update: Toward Realizing People-Centered Care and Outcomes Management. J Acad Nutr Diet, Dec; 117(12): 2003-2014.

Tate DF, Jackvony EH, Wing RR(2003). Effects of internet behavioral counseling on weight loss in adults at risk for type 2 Diabetes. JAMA, 289: 1833-1836.

Terry RD(1994). Introductory community nutrition. Mosby.

Walter JL, Peller JE(1992). Becoming solution focused in brief therapy. Levittown, PA: Brunner/Mazel.

William Glasser(1984). Control Theory. Harper & Row.

Windsor R, Clark N, Boyd NR, Goodman RM(2003). Evaluation of health promotion, health education and disease prevention programs, 3rded. Mcgraw-Hill Companies, New York, NY, US.

World Health Organization(2003). Diet, nutrition and the prevention of chronic diseases: report of a joint WHO/FAO expert consultation. Geneva.

Writing group of the nutrition care process/standardized language committee. Nutrition care process and model part I: the 2008 update. J Acad Nutr Diet, 108: 1113-1117.

저자 소개

서정숙
서울대학교 가정대학 식품영양학과 졸업
서울대학교 대학원 식품영양학 전공, 석사
서울대학교 대학원 영양학 전공, 박사
미국 위스콘신대학교(메디슨) 방문교수
미국 캘리포니아대학교(데이비스) 방문교수
현재 영남대학교 식품영양학과 명예교수

이보경
서울대학교 가정대학 식품영양학과 졸업
서울대학교 대학원 식품영양학 전공, 석사
한양대학교 대학원 식품영양학 전공, 박사
미국 미시간주립대학교 방문교수
현재 유한대학교 식품영양학과 교수

이혜상
서울대학교 가정대학 식품영양학과 졸업
서울대학교 대학원 식품영양학 전공, 석사
연세대학교 대학원 식품영양학 전공, 박사
미국 캔자스주립대학교 방문교수
현재 안동대학교 식품영양학과 교수

이수경
서울대학교 가정대학 식품영양학과 졸업
서울대학교 대학원 식품영양학 전공, 석사
런던대학교 대학원 보건학 전공, 석사
미국 코넬대학교 영양학 전공, 박사
미국 뉴저지주립대학교 영양학과 교수
현재 인하대학교 식품영양학과 교수

이윤나
서울대학교 가정대학 식품영양학과 졸업
서울대학교 대학원 식품영양학 전공, 석사
서울대학교 대학원 영양학 전공, 박사
미국 펜실베니아주립대학 박사후연수 연구원
한국보건산업진흥원 영양정책팀 책임연구원, 팀장
현재 신구대학교 식품영양학과 교수

정상진
서울대학교 가정대학 식품영양학과 졸업
서울대학교 대학원 식품영양학 전공, 석사
미국 미시간주립대학교 영양학 전공, 박사
성균관대학교 의과대학 연구조교수
현재 국민대학교 식품영양학과 교수

김원경
서울대학교 가정대학 식품영양학과 졸업
서울대학교 대학원 식품영양학 전공, 석사
서울대학교 대학원 영양학 전공, 박사
전 서울대학교병원 임상영양사
현재 신구대학교 식품영양학과 교수

현장 중심의 ——————
영양교육과 상담

2021년 8월 31일 1판 1쇄 펴냄
2023년 1월 31일 1판 2쇄 펴냄
등록번호 1968. 10. 28. 제406-2006-000035호
ISBN 978-89-363-2210-6 (93590)
값 25,000원

지은이
서정숙·이보경·이혜상·이수경·이윤나·정상진·김원경
펴낸이
류원식
편집팀장
김경수
책임진행
심승화
디자인
신나리
본문편집
우은영

펴낸곳
교문사
10881, 경기도 파주시 문발로 116
문의
Tel. 031-955-6111
Fax. 031-955-0955
www.gyomoon.com
e-mail. genie@gyomoon.com